目次

はじめに

——地球環境を理学する

　私はタクラマカン砂漠（写真）をここ5年間調査しています。何を調査しているかというと、一つは広い意味での砂漠化です。地球の歴史の中で、中央アジアの砂漠化はいつごろ、どのように始まったのかを知りたい。もう一つは、日本に飛んでくる黄砂の起源です。日本の場合、黄砂は私たちの生活にそれほど大きな影響を与えませんが、中国や韓国では人々の健康にも大きく影響しますし、農作物などにも影響します。場合によっては砂塵嵐によって死者が出るというようなことすらあります。その砂自体、いったいどこから来たのか、そもそもどうやって作りだされたのかが、今興味をもって研究しているテーマの一つです。地球環境が地球の歴史の中でどのように変化し、変動してきたか、それを制御するメカニズムは何なのか、そもそもわれわれがここにいるのは偶然なのか、それとも必然性があるのか、それを知りたいというのが、私の研究の究極的な目的です。

＊

私は理学部というところにおりますので、ちょっと理学に関して宣伝させていただきます。というのは、「理学」というと、趣味の学問だとか、世の中に直接的に役に立たない学問だと思われることがままあるようですが、ほんとうは決してそうではないことを最初に強調しておきたいからです。理学はいったい何をやっているかというと「自然の原理を知る」こと、もう少し具体的に言うと、ある現象がなぜ起こるのだろう、どのようにして起こるのだろうということを研究している、それを通じて自然の成り立ちを研究している学問です。

たとえば私は、砂漠がなぜそこにあるのか、どうしてそれができたのかを知ろうという動機で研究を進めているわけですが、このごろは何をやるにも「社会貢献」とか世の中にどういう役に立つのかというのを必ず聞かれます。理学もその例外ではありません。ところが理学は基礎科学ですから、すぐには役に立たないかもしれない。むしろ、より長い目で見たときにわれわれ人類の繁栄を下支えしている、そういう学問なのです。一方、端的に言って、いわゆる工学はすぐに役立つ。確かに研究の成果が、即座に会社なりなんなりの実益につながっていきやすいし、そもそもそれを志向してもいるでしょう。けれども、研究の役割は必ずしもそれがすべてではありません。すぐに役立つもの以外にも必要なものがじつはあるわけです。たとえば、短期的には大いに世の中の役に立つ、みんなにとって便利になると思ったことが、もう少し長い目で見るといろいろな弊害が出てくることも多々ありますね。そういう長期的な弊害みたいなものを研究する学問はなかなか経済の原理には乗らないので、企業はなかなか投資できない。だから、そういう研究は国がきちんと支えてくれないといけない。理学というのはそういうものだと思います。

人によっては理学のことをおもしろければいいのだと説明していますが、それでは理学の存在意義としては不十分だと思います。やはり中長期的に見て、それがやがて社会の利益になっていくことを、理学をやっている本人たちもしっかり意識しないといけないと私は考えています。

＊

こういう考えのもと、「地球環境を理学する」ことが必要、重要なのだと私たちは主張しています。二十一世紀という時代は、この世界の一人一人が地球環境のことを考えなければいけない、人任せにはもうできない時代です。たとえば国のさまざまな政策の選択の際に、環境問題との関わりがきわめて重要になってきています。それを人任せにする、もしくは新聞記事などでこれがよいと書いてあればそれをよしとするといったことでは済まされない時期にきているのではないでしょうか。情報が巷に非常にたくさん溢れているけれど、言われていることがさまざまで、いったいどれが本当でどれが嘘かわからない、そういうことに最近ひんぱんに出くわしませんか。それは多数決で決められることでもないし、有名人がこう言ったからそれでいいというものでもない。結局は、真偽を自分で判断しなければいけない、それが今必要になっていることです。そして自分で判断するためには、いちばん基礎にある原理を理解することが必要なのです。

もちろんすべてを理解するのは非常に難しい。私だってすべてを理解しているわけではありません。けれども、やはり重要なポイント、重要なものの考え方、原理、そういうものがいくつかあって、それをおさえることが必要なのではないでしょうか。

私がつねづね考えているこうした思いと日立環境財団のアイディアとが一致して、本書のもとになったサイエンスカフェの企画が実現しました。地球環境の研究を一般の方に理解していただくのはなかなか難しいと感じていたので、サイエンスカフェは一般の方に地球環境研究の重要さを知っていただく企画を試すよい機会でした。

カナダやアメリカ北部、イギリスやドイツも、
繰り返し厚い氷床に覆われた

第1回

地球の気候はどのように制御されてきたか

地表温度はどのようにして決まるか

放射平衡とは？

「地球の気候はどのように制御されてきたか」、ちょっと堅苦しいタイトルですね。なるべく数式は出さないつもりでいますが、今回は少しだけ出てきます。しかし中学の数学ぐらいの知識で理解できるものなので心配しないでください。では、本題に入りましょう。

気候を特徴づける要素にはいろいろあるのですが、そのなかでいちばん根本的な要素はやはり温度だと思います。われわれも日頃から気温を気にします。今日はどのくらい着ていけばいいかとか、エアコンによる電力需要が供給限界を超えそうかとか、日々の生活にさまざまな影響を与えるからです。雨も重要な要素ですが、基本的には降水も温度にコントロールされています。ですから、気候を特徴づけるすべての要素のなかで、あえて最も基本となる一つを選ぶとすれば、「地表温度」ということになるでしょう。

地球表面の温度は、基本的には、地球が受けている太陽エネルギーの流量と、地球が放出するエネルギー（長波長の赤外線）流量のバランスで決まっています。そこで、地球が受けている太陽エネルギーの流量のほうから具体的に見ていくことにしましょう。太陽から地球に届く放射エネルギー流量を考えるときには、地球は太陽放射を地球の〝断面積〟で受けとっていると考えます（図1-1）。これは、直観的にも理解しやすいですよね。

これを数式で表すと、

1式　（地球が太陽から受けるエネルギーの流量）＝ $S_0 \times (1-A) \times \pi r_e^2$

となります。1式のS_0は、地球が単位時間に単位面積あたりで太陽から受けるエネルギーで、太陽定数といいます。1m^2あたりおよそ1370W（ワット）です。1m^2で1370Wというと、100W電球で14個ですからけっこう明るいわけですね。πr_e^2（r_eは地球の半径）は、地球の断面積で、これをS_0にかけると、地球全体が受ける太陽エネルギーの流量になります。

しかし、地球は、それが受ける太陽エネルギーのすべてを吸収するわけではありません。人工衛星から地球を見るとわかるのですが、たとえば海は青黒く見えます。一方、雲もたくさんあって、雲は白い。また、陸地は海よりは明るいですよね。何を言いたいかというと、地球は受けた光をすべて吸収するわけではなくて、一部を反射しているということです。反射する割合を1式ではAと表していますが、これをアルベド（反射能）と呼びます。そうすると1式の（1-A）は、反射されずに地球に

1-1 地球の放射収支の考え方

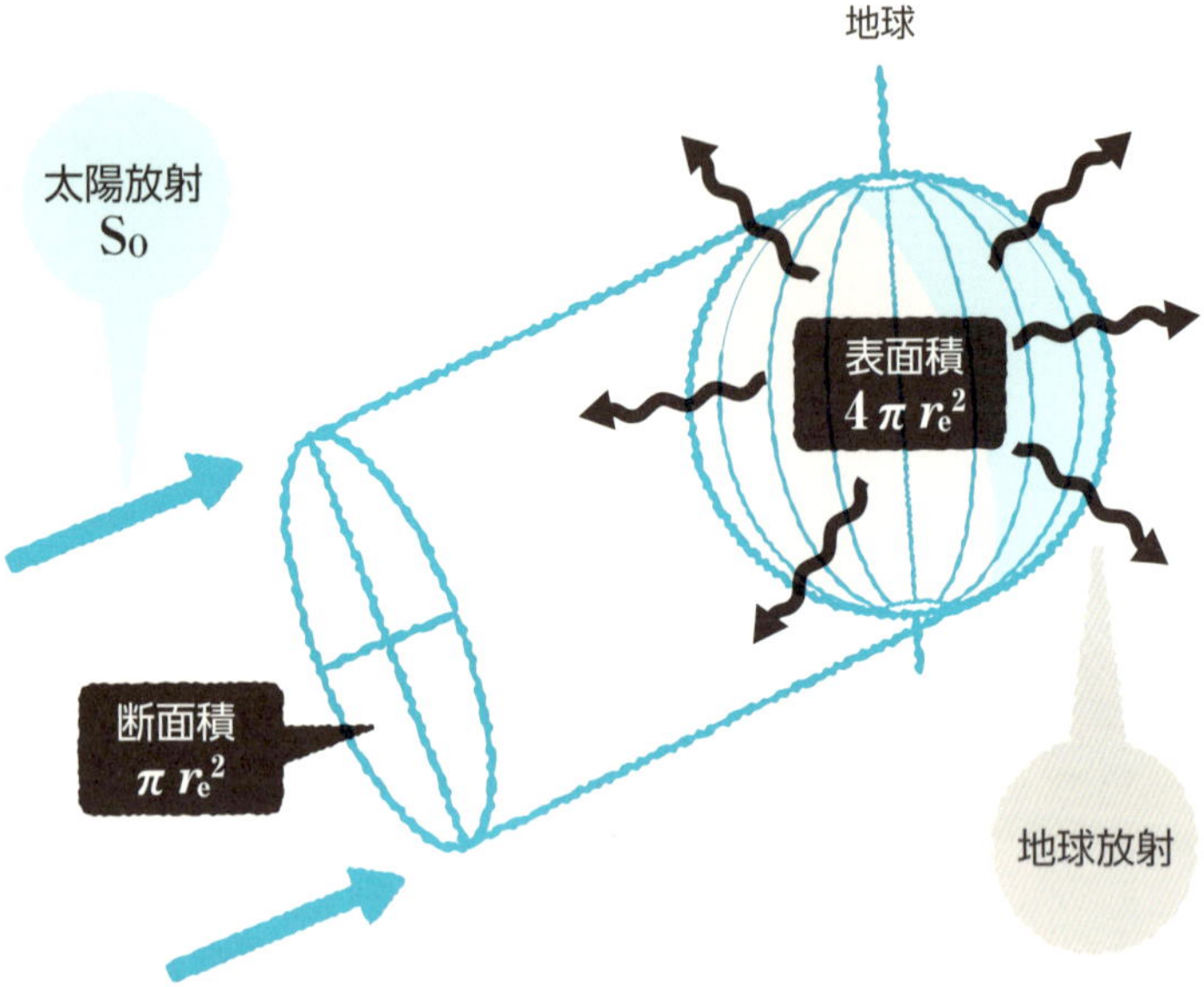

地表温度は、地球が受けるエネルギーと放出するエネルギーのバランスで決まっている（放射平衡）。

（小倉『一般気象学』掲載の図に基づく）

吸収される太陽エネルギー流量の割合になります。

つまり1式のように、〈太陽から地球まで届いた光の、1m^2あたりのエネルギー流量〉に〈地球の断面積〉をかけて、さらに〈反射されないで吸収される割合〉をかけてやると、地球が受けとるエネルギー流量が求まるわけです。

――太陽定数1370W/m^2には時間の項が入っていませんが、それでよいのですか？

太陽定数の単位に入っているW（ワット）はエネルギーを時間で割ったエネルギーの流量を示す単位なので、そのなかに時間の項が入っています。WはJ/s（ジュール/秒）に等しいので、1式は1秒あたりのエネルギー流量を考えていることになりますね。

今回みなさんに理解していただきたい式は、これと次にお見せする2式、そしてそれらをイコールでつないだ式だけです。

ところで、アルベド（反射能）についてもう少し説明しておきましょう。たとえば地球がミラーボールだったら、アルベドは1です。地球が真っ黒だったらアルベドはゼロです。ちなみに地球の表面はいろんなものから構成されますが、たとえば雪で覆われた場合、アルベドはいくつぐらいだと思いますか？

――0・9。

その通り、0・8〜0・9です。ようするに、当てられた光を非常によく反射するわけです。だからこそわれわれはスキーに行くときにサングラスがないとひどい目にあうわけですが、では、砂漠はどうでしょう。

――半分ぐらい、0・5。

それぐらいある砂漠もあると思うのですが、一般には0・3～0・4ぐらいといわれています。森はどうでしょうか?

――0・1ぐらいでは。

素晴らしいですね。植物は太陽の光を使って光合成をしていますから、なるべくエネルギーを吸収しようとする。その結果、森のアルベドは0・1ぐらいです。海はちょっと厄介なのですが、光が真上から当たるときはほとんど吸収するのでアルベドは0・1ぐらいで、斜めにあたると基本的には反射します。ただ表面が波立っていて一部吸収をするので、0・7ぐらいとされています。地球全体の平均は0・3ぐらいだといわれています。

ここまで地球が吸収するほうのエネルギーの話をしたので、次に地球が自分から出すエネルギーの話をしましょう。すべての物質は熱を持っており、それを電磁波として放射して冷えようとします。放射される電磁波の波長は物質の温度に依存し、温度が高いと放射される電磁波の波長は短くなり、温度が低いと長くなります。以前に遠赤外線のストーブが流行りましたが、これは、熱を出す物質の温度を抑えて、波長の長い電磁波を出すようにしたストーブです。放熱物質の温度が高いと、肌に刺すような熱さを感じますが、温度が抑えられていると、肌触りのやさしい熱を感じるというわけです。地球自体は赤外線を放射します。地表の温度は摂氏で0～30℃程度と低いですから、地球が放つ電磁波は、長い波長の赤外線になるのです。地球が受ける太陽放射の量は断面積と関係づけられるのに対して、地球からの放射は$4\pi r_e^2$で表されるように地球表面全体から出ています（図1-1）。ここで、ステファン・ボルツマンの法則式が出てきます。

2式　**（地球が放射するエネルギー）＝$4\pi r_e^2 \times \sigma T_e^4$**

ステファン・ボルツマンの法則の意味は、簡単に言うと、温度を持っている物質は、温度に応じて異なる波長の電磁波（波長が短ければX線とか紫外線、長ければ可視光から赤外線など）として熱を放出しているということです。もう少し詳しく言うと、物質（たとえば地球）の放射強度は物質（地球）の表面温度（T_e）の4乗に比例するという法則です。この放射強度に先ほど言った地球の表面積をかけると、地球が外に向かって放射するエネルギーになるわけです。2式の右辺のシグマ（σ）は、ステファン・ボルツマン定数といわれます。

それでは、いよいよエネルギー・バランス（放射平衡）を見ていきましょう。2式に示される地球が放射するエネルギーと、先ほどの1式の地球が受けるエネルギーとは、基本的には釣り合っています。それを示したのが3式です。

3式　$$S_0(1-A)\pi r_e^2 = 4\pi r_e^2 \sigma T_e^4$$

――基本的には釣り合っていると、どうして言えるのですか？

たとえば、何らかの理由で太陽の明るさが明るくなって、地球が受けるエネルギーが増加したとしましょう。このとき、もし、地球が放射するエネルギーが変わらない、すなわち、地球表面の温度が増加しないとすると、地球が受けるエネルギーの増加分は、地球表面の温度を上げる以外のことに使われていなければなりません。じつは、これは、ありえないことではありません。たとえば、植物は太陽の光を浴びて光合成を行い、地球が受ける太陽のエネルギーを化学的なエネルギーに変えて有機物の形で固定します。これが、埋没して貯留されたのが石油、石炭といった化石燃料なのです。また、一部は風や海流などの運動エネルギーに変えられたりします。ですから、厳密に言えば、両者は、必ずしも完全に釣り合っているとはかぎりません。ただ、このようにして熱以外の形で蓄積されるエネルギーの蓄積速度は、地球が受けたり放射したりするエネルギー流量に比べて、少なくとも自然界では無視できる程小さいのです。また、つねに蓄積される一方ではなくて、蓄積されたり放出されたりしているのです。ですから、通常の状況下では、地球が受けるエネルギーと放射するエネルギーは釣り合っていると言ってよいと思います。ただし、今後このまま、人類が使用するエネルギー消費速度が果てしなく増大してゆくと、化石燃料や太陽電池の形で蓄積されていたエネルギーの放出の影響が無視できなくなるかもしれませんね。

話を戻して、３式を解いてみましょう（図１‐２）。一見面倒くさそうに見えますが、計算していただくとすぐに地表面温度が２５５Ｋと求まります。

このKというのは絶対温度のことで、255Kを摂氏に直すとマイナス18℃になってしまいます。でも平均地表温度がマイナス18℃というのは低すぎますよね。南極、北極ではこれぐらいになっているかもしれませんが、地表の大部分ではもっと温度が高く、具体的にはプラス11℃から13℃くらいと見積もられています。だからこの答えは合っていないわけです。最初から早速困ってしまいました。

なぜ合わないのでしょうか？ 計算間違い？（笑）時々やりますが、今回は大丈夫だと思います。

——地球が熱を持っているから。

地球自体も内部から熱を放出しているのは確かです。ただ少なくとも現在は、地球が内部から放出するエネルギー流量というのは太

1-2 放射平衡の計算

地球が太陽から受けるエネルギー　　地球が放射するエネルギー

$$S_0\,(1-A)\,\pi r_e^2 = 4\pi r_e^2\,\sigma T_e^4 \quad \cdots\cdots 3式$$

3式から、

$$S_0\,(1-A) = 4\sigma T_e^4$$

$$A = 0.3,\ \sigma = 5.67\times 10^{-8}\,\mathrm{Wm^{-2}K^{-4}}$$

とすると、

$$T_e = 255\mathrm{K}\ (= -18℃)$$

r_e＝地球の半径　T_e＝地表の温度　σ＝ステファン・ボルツマン定数
A＝地球の平均アルベド　S_0＝太陽定数

この計算では地表温度が－18℃になってしまう。実際の地表温度が＋11～13℃にものぼるのはなぜだろう？

陽から受けるエネルギー流量の何千分の1ぐらいで、無視できる程度なのです。

――では、放熱している分がまた戻ってきているのでは。地球からの放熱が温室効果ガスでまた戻ってきている、つまり全部放熱しているわけではないからではないかと。

その通りです。どういうことなのかを次にご説明します。

温室効果とは？

地球が太陽から受けるエネルギー流量と地球が放射するエネルギー流量がバランスしているという仮定はそのままにして、そのバランスのしかたをもう一度考えてみましょう。

先ほどの質問のお答えにもあったように、地表から放射されたエネルギーの一部は温室効

1-3 射出率を考慮した放射平衡の計算

地表からの放射エネルギーのうち、αで表される割合（$0<\alpha<1$）が地球外に出て行くとする。

地球が太陽から受けるエネルギー　　地球が放射するエネルギー

$$S_0(1-A)\pi r_e^2=\alpha 4\pi r_e^2\sigma T_e^4 \quad \cdots\cdots 4式$$

地表温度 T_e を 288 K とし、 $A=0.3$,

$\sigma=5.67\times10^{-8}\,\mathrm{Wm^{-2}K^{-4}}$ とすると、4式から

$$\alpha=0.61$$

$\alpha=0.61$ は、地表から放出されたエネルギーのうち 61% しか地球外へ出て行かないことを意味する。

果により地表に戻されるので、必ずしも全部は出ていかないのです。そこで、その効率をα（射出率）というパラメータで見ていこうと思います（図1-3）。

次の4式を3式と比べてみてください。4式では右辺に射出率αが入っているのがおわかりでしょう。射出率（α）というのは、地表からの放射エネルギーのうち地球外に出ていく割合がαという意味で、αは0から1の間の値を取り、すべてが出ていけば1、まったく出ていかなければ0です。

4式　$$S_0(1-A)\pi r_e^2=\alpha\times4\pi r_e^2\sigma T_e^4$$

4式が3式と違うのは右辺にαをかけたことだけですが、これで、大気から地表に戻されるエネルギーも考慮できるようになりました。

地表温度を先に与えると、ステファン・ボルツマンの法則から、地表からどれだけ放射があるか（4式の$4\pi r_e^2\sigma T_e^4$の部分）は計算できます。地表温度T_eを288K（＝15℃）として（計算しやすいようにちょっと高めにしていますが）、4式からαを求めてみましょう。太陽定数を1370Wにし、アルベドを地球にあたった太陽の光のうちの3割が反射されるとして、ステファン・ボルツマン係数も代入します。こうしてαを求めてやると0・61になります。

これは、地表から放射されたエネルギー流量のうちの61％は外に出て行くけれど、残りの39％は出ていかずにまた地表に戻ってくるということを意味します。残りの39％が戻る仕組みは、地表から放射されるエネルギーのある割合を大気が吸収して熱エネルギーを獲得し、そのエネルギーを大気自身がふたたび放射するというものです。その際に大気は、地球の外側にもエネルギーを放射するけれども内側にも放射します。その内側に放射したエネルギーによって、地表が温められるのです。まさしくこれが温室効果なのですが、たぶんここまでの説明だけでは温室効果のイメージはまだ漠然としているのではないでしょうか？　そこで、もう少し説明をすることにしましょう。

大気を通る光と通れない光

ご存じのように、太陽が放射する光（人間の目では感知できない波長のものも含まれているので、より厳密には電磁波）は、さまざまな波長の光から成り立っています。熱を持った物体は、その温度に応じて波長の異なる電磁波を放射しますが、太陽の場合、その表面の平均温度がおよそ5780Kあるため、放射される電磁波の波長は0・8マイクロメートル付近の可視領域（0・4〜0・8マイクロメートル）にピークを持ち、およそ0・2〜6マイクロメートルの範囲に及んでいます（図1-4a）。太陽の光の強さを大気の上端と地表で測って、波長別にその透過度を調べてみますと、その分布の裾の部分にあたる紫外領域（＜0・4マイクロメートル）や赤外領域（＞0・8マイクロメートル）では、太陽の光があまり地表に届いていないことがわかります。これは、これらの波長の太陽光が大気で吸収されていることを意味します。

いわゆる「可視領域」を中心とした0・3から1・3マイクロメートル辺りの波長帯は、そのほと

1-4 太陽および地表からの放射スペクトルと、大気による吸収率

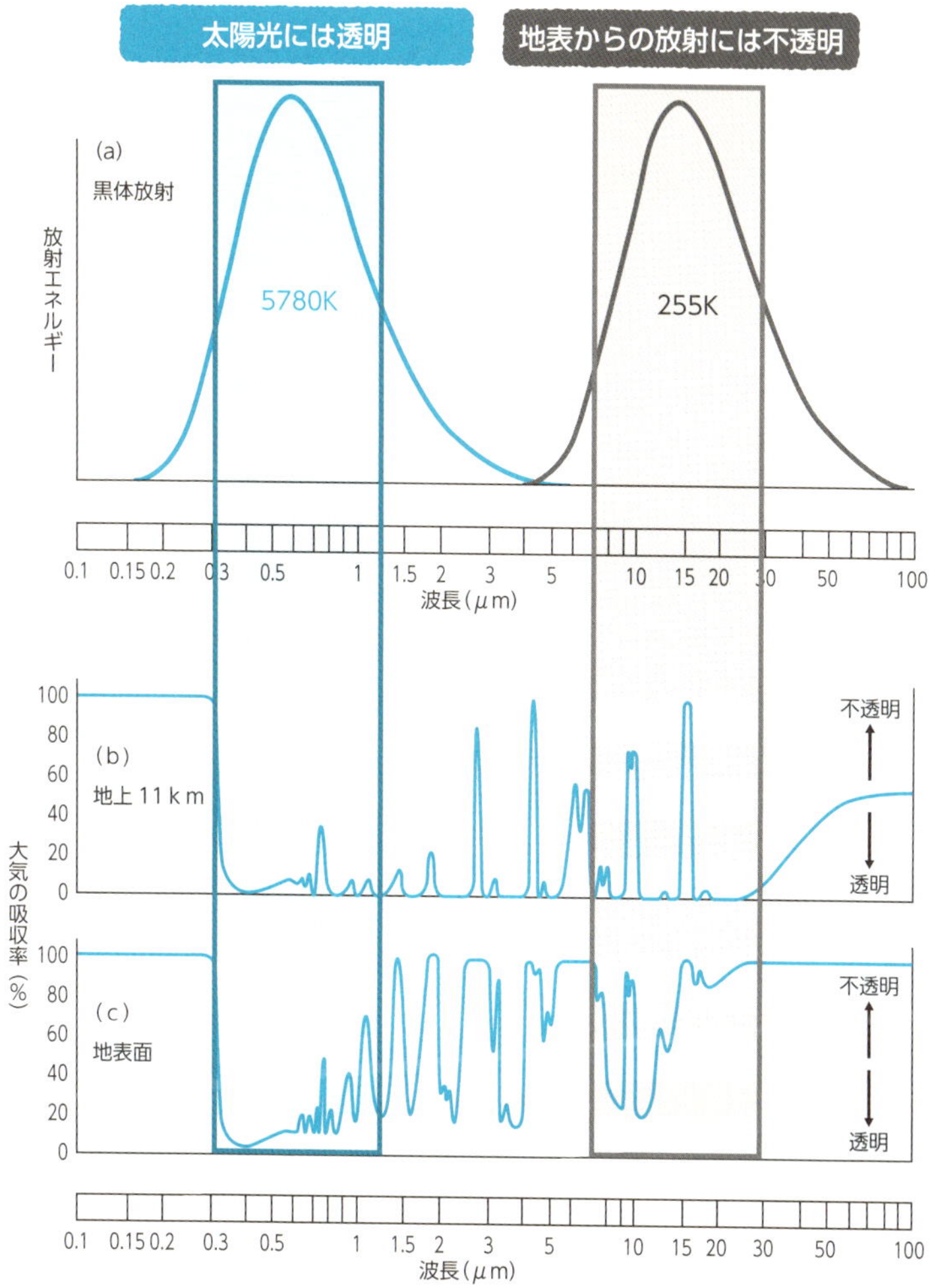

(Goody 1964 に掲載の図に基づく)

んどが地表に届いているのですが、1・3マイクロメートルより長い波長帯では、ところどころで光が地表まで届く波長帯があるものの、基本的には大気によって吸収されてしまい、地表まで届いていません（図1-4bとc）。

先に述べたように、太陽の表面温度は非常に熱いので、短波長（0・2〜6マイクロメートル）の電磁波を放射します。それに対して地球表面の温度は255K（厳密には大気の上端での温度なのですが）であり、赤外線に対応するより長い波長（10〜50マイクロメートル）の電磁波を放射しています。大気による吸収との関係を見ますと、太陽の光に対しては、地球の大気はその大部分を通している。すなわち透明なのです。少し吸収する波長帯もありますが、地球の大気は太陽の光をほとんど通しています。

話はやや脱線しますが、太陽が放射する電磁波に対して地球の大気が透明な波長帯が「可視領域」にあたるのは、じつは偶然ではありません。生物の目は太陽の光の反射を使って周辺のものを察知しようとするので、われわれの目で見える波長の領域（可視領域）というのは、大気を透過してきた太陽光の反射がよく見える領域になっているわけです。

一方、地球の表面から放射される電磁波は、5〜100マイクロメートルという長い波長（遠赤外線）をもっていますが、この波長の電磁波に対しては、地球の大気はかなり不透明です（図1-4bとc）。「不透明」というのは、大気が電磁波を吸収してしまうということです。地表から放射される赤外線は大気によってほぼすべて吸収されるので、もし赤外線だけが見えるめがねをつけて地球の外から地球を見たら、大気より下の地球は何も見えません。

ようするに地球の大気というのは、太陽の光はほとんど通すけれど、地球が出す長い波長の電磁波はあまり通さない。ですから先ほどの計算で見つかった、地球から出て行かない「残りの39％」のエネルギーは、地表が出す長波放射を大気が吸収し、それにより大気が暖められてまた放射をすることによって地表を暖めるのに使われていたのです。これが温室効果です。

温室効果の様子を、簡単なモデルを使って説明してみましょう（図1-5）。図にも示されるように、太陽放射S_0は直に地表に届きます。そして、このうちのおよそ3割が反射されます。一方、地球は、その表面温度（T_g）の4乗に比例して長波長の電磁波を放射します。単位面積あたりのこの放射熱流量が$4\sigma T_g^4$です。このごく一部は大気を通り抜けますが、大部分は大気に吸収されます。仮に、77％が大気に吸収されるとしましょう。そうすると吸収されたエネルギーが大気を温め、大気はその温度（T_a）にみあう量のエネルギーを放射します。このとき、大気は上と下の両側に分け隔てなく放射をします。これにより、地球の表面は、単位面積あたり$4\sigma T_a^4$の放射熱を大気からもらうことになります。これと太陽からの放射S_0を合わせたものが、地表が出す放射とバランスしているはずです。すなわち、

5式

$$4\sigma T_g^4 = 0.7S_0 + 4\sigma T_a^4$$

一方、大気についても、大気が吸収するエネルギーと、大気が放射するエネルギーとがバランスしていると考えてよいでしょう。すなわち、

6式　$0.77 \times 4\sigma T_g^4 = 8\sigma T_a^4$

5式と6式は簡単な連立方程式として解くことができ、地表温度がだいたい288Kぐらい、大気の温度は、実際よりはだいぶ低いですが227K（約マイナス46℃）ぐらいと求まります（図1-5）。ようするに温室効果とは、地表からの放射を大気が全部通さずに、その半分近くを地表にキックバックすることで地表を暖める作用なのです。これが、温室効果の基本的な仕組みです。

もっとも、実際の温暖化予測では、こんな単純化されたかたちでは計算していません。地球表面を細かくグリッドに切って、さらに大気も何十層にも分けて、各ボックス間の物質やエネルギーのやりとりを全部式にしてスーパーコンピューターで解いているのです

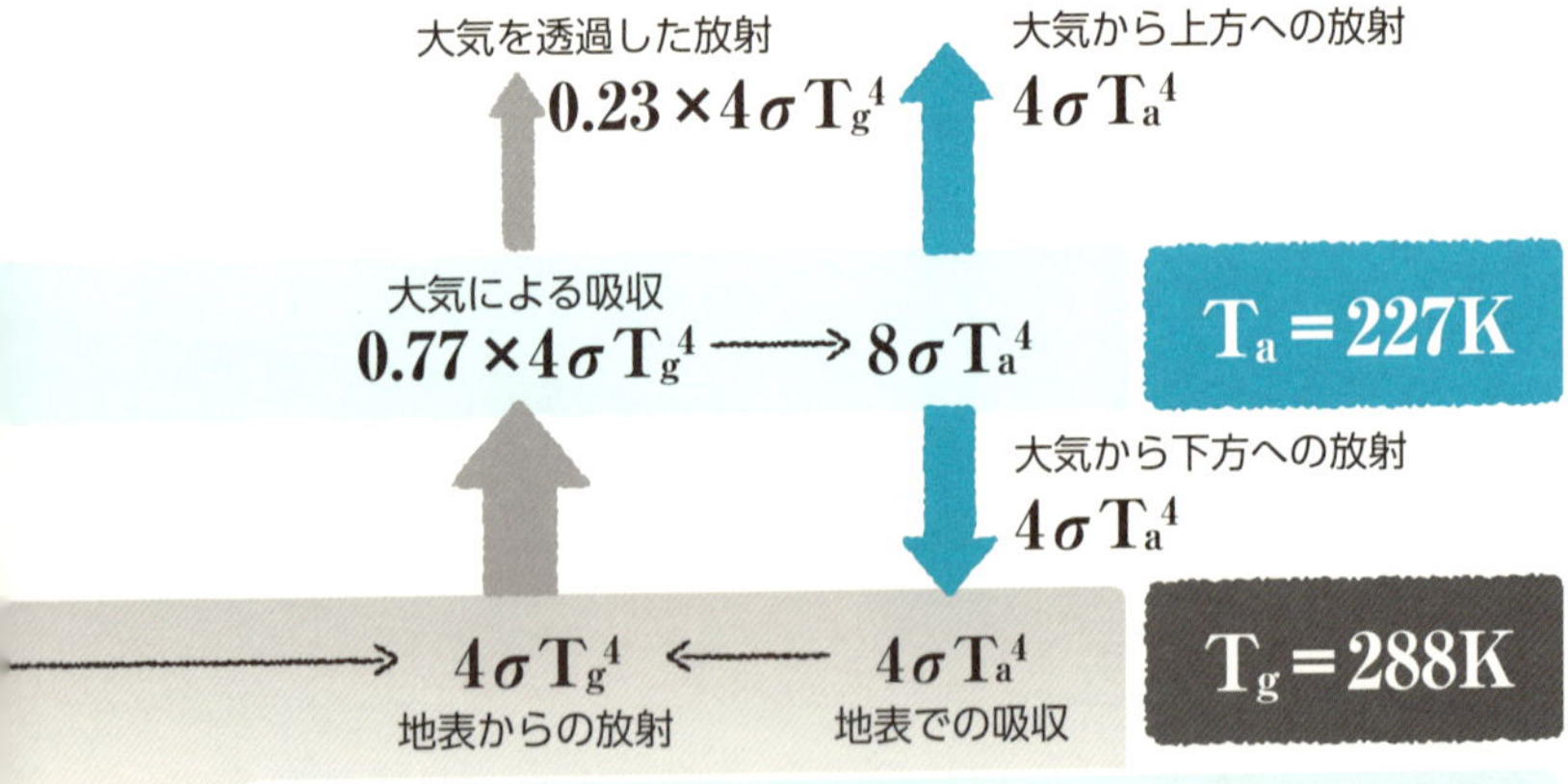

大気による吸収と大気からの再放射を考慮した放射平衡。T_a は大気の温度、T_g は地表温度。

が、それを極限まで簡略化して見せると、だいたいこのようなことになるのです。ここまでの話を基本にしてこの次の話がありますので、ここまではぜひおさえておいてください。

——今までのところをまとめると、地球というのは鉄球じゃなくて、周りに空気の層があり、そこの部分が熱を吸収する役目をしている何か座布団みたいなものとしてついているというような理解でいいのでしょうか？

そうですね。毛布をかぶせているような感じ。イメージとしてはそうです。ただ、ここであえて数式を使っているのは、エネルギーのバランスを一つ一つたどりながら、どこで何が起こっているかを理解していただくのがポイントだからです。イメージだけではなく、複数のエネルギーの具体的なバランスが気温を決めていく原理をぜひわかっていただきたいのです。

——入ってくる太陽定数S_0の値にも、地表に着く前に大気で吸収される部分があるわけですよね。それはどういう格好ですか？

実際の過程はおっしゃる通りもっと複雑で、太陽放射は大気にだいたい1割強ぐらい吸収されます。

1-5

地表からの放射の39%は、
大気が吸収し、地表を温めるのに
使われている

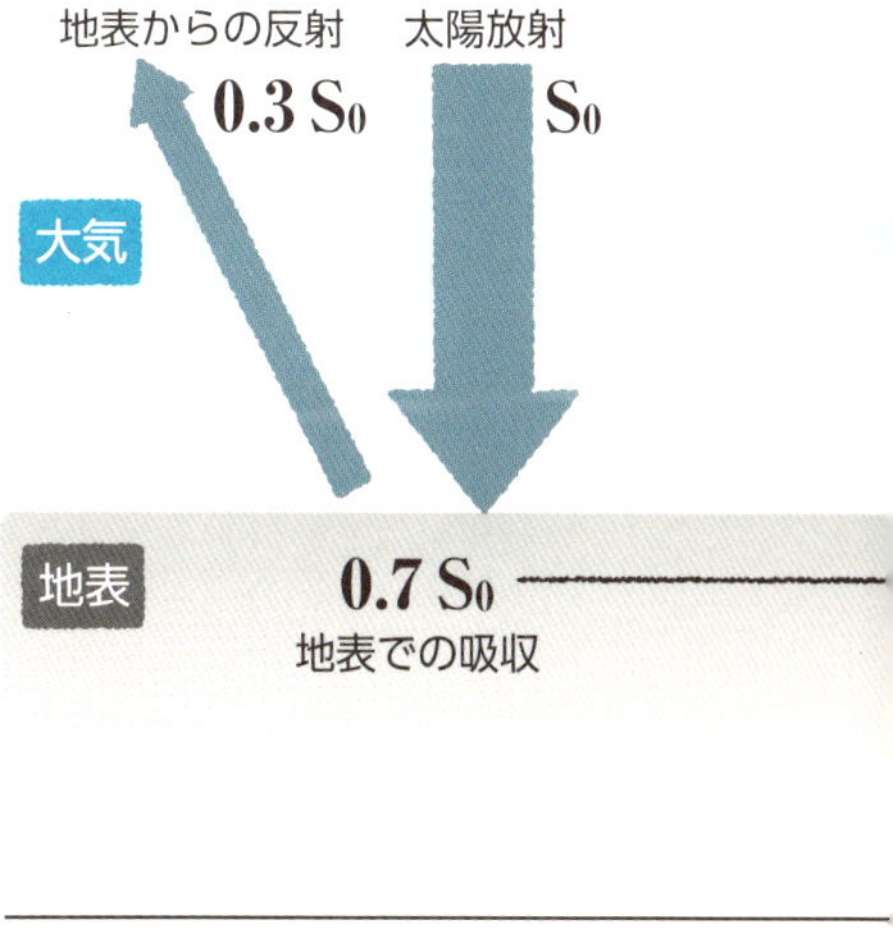

それから、じつは雲の部分で散乱されるものもあるので、実際はさらに複雑になります。これからもこういうシンプルな形で説明していきますが、それは現実を非常に単純化しているので、出てくる数値自体は現実と必ずしもぴったりとは合いません。正確な数値はすべての過程を正確に数式で記述して解かないと出ないということを一応了解したうえで、仕組みを理解してください。

全球凍結をめぐる謎

暗い太陽のパラドックス

次に、アメリカの著名な惑星科学者・宇宙科学者であるカール・セーガンが提唱した「暗い太陽のパラドックス」という謎の話をしたいと思います。今度は太陽の話になります。太陽系ができたのがおおよそ46億年前、地球ができたのはそれより少し若くて45億数千万年前です。そのころのできたての太陽は今より暗かったのです。

これはわれわれ地球科学者の領域は超えていまして、太陽物理学とか、恒星進化論の分野の話になります。太陽のような星がどうやってできて、どう進化してきたかの研究に基づくと、恒星（自分で光を放つ星）は、いわゆる主系列星になってから徐々に光を増していくというのです（図1-6）。それは確立された理論であって、疑問を挟む余地はないらしい。なぜそうなるかというと、太陽のなかで核融合が起こっているからです。水素が燃焼してヘリウムになっていき、その過程で放出されたエネルギーが太陽の光となって放射される。それが徐々に活発化していくのですが、どういうふうに明るくなっていくかは物理法則に則ってちゃんと予測できるのだそうです。

――太陽は今も明るくなっているのでしょうか?

今も明るくなっています。ちょっと正確な数字は忘れましたが、10億年ぐらいのうちには、地球は大気中のCO_2を全部なくしてもなお熱くなりすぎて、暴走温室効果というのですが、人間が住めない金星のような星になるといわれています。

1-6 地球ができてから45億年の太陽の明るさの変化

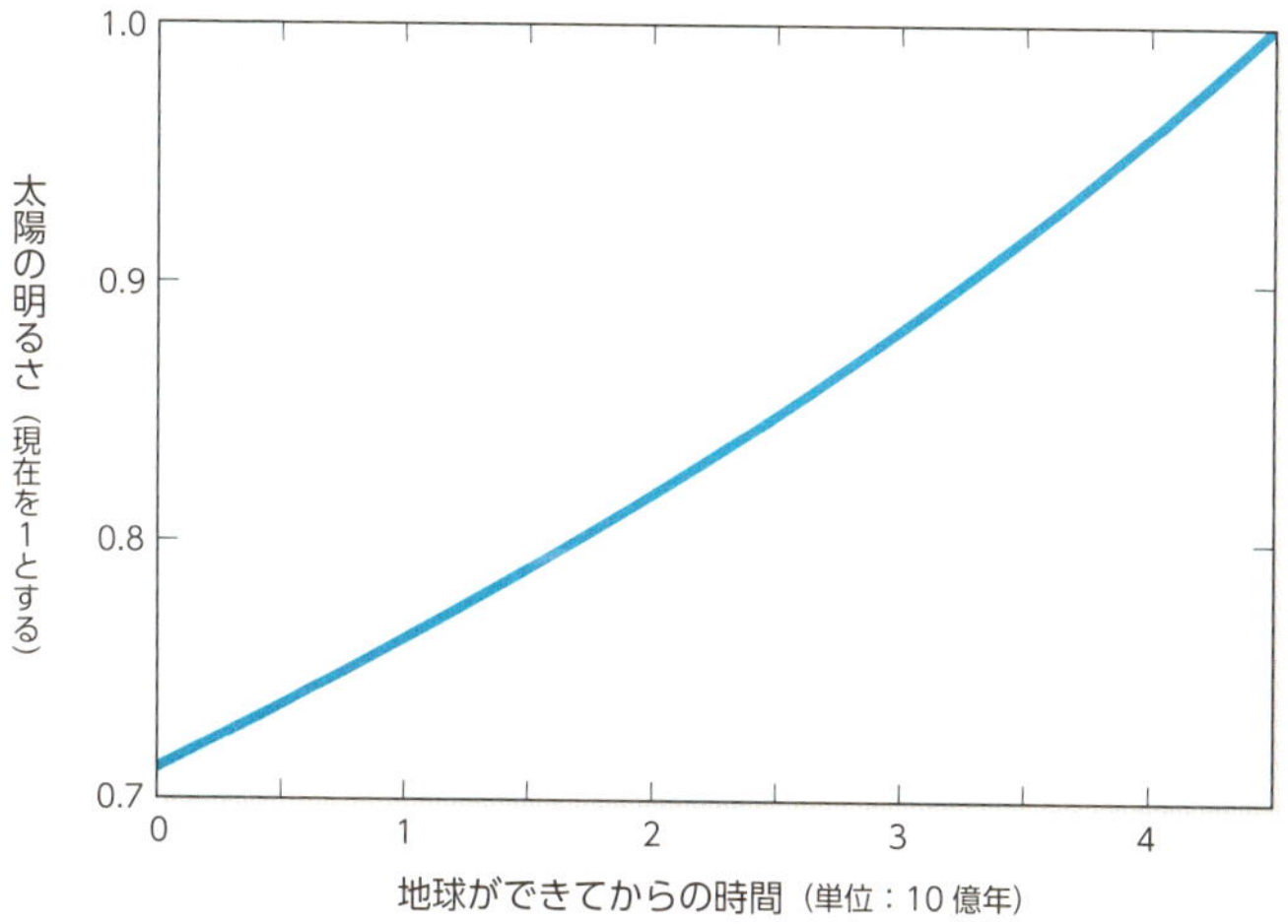

(Tajika and Matsui 1990)

——ちょっと心配ですね。

そうですね、億年ぐらいの寿命があれば（笑）。

逆に、現在から過去にさかのぼって今から44億年前の太陽が現在の7割ぐらいの明るさしかなかったとしたら、地球はどうだったのでしょうか。今度は太陽定数（S_0）が現在の70％であるとして、さっきの式をもう一回解いてみましょう。簡単です。4式のS_0に0・7をかけてあとは全部同じです。これを解いていきますと、今度は地表温度が264Kになりました。264Kというのは0℃より低いので、地球の表面は凍るということです（図1-7）。そうすると、ことは、それだけでは済まなくなります。

どういうことかというと、氷点下になるから水が氷になる、それから雨が雪になる。当然と地球の表面は雪で覆われる結果になる。それから海も凍る。するとこれまで地球表面のアルベドが0・3だったのが、低めに見積もっても0・8ぐらいになる。太陽放射が現在の70％、射出率が同じで、アルベドを0・8にして計算してみると、地表温度は193Kとなります。ちょっと半端じゃない寒さです。これでは全球がガチガチに凍ってしまいます。

氷で地球表面のアルベドが0・8になった「全球凍結」状態から脱出するためには、たとえば太陽の明るさを明るくする必要があります。しかし、その場合、図1-7のなかの式によれば太陽が今の約4倍の明るさにならなければ脱出できません。三次元のモデルを使って、もう少しきちんとした計算をすると、4倍は必要なくて1・3倍程度となるのですが、それでも現在より明るい太陽が過去に存在しないかぎりは脱出できません。1・3倍という明るさは恒星進化論のほうから見るととんでもない話で、「地球科学者は何を寝ぼけたことを言っているのだ」と言われてしまいます。

一方、私は地層の記録を調べるという仕事をしているのですが、少なくとも36億年前には、地球にすでに海があったと言えます。どういうことかというと、グリーンランドにある今から36億年前の地層から、きれいに円磨された礫岩が見つかっているのです。円磨された礫は、水の流れがなければできません。

これ以外にもいろいろな種類の地質学的な証拠があり、それらを調べるとどうしても36億年前には海がなければならないことになります。そうすると全球凍結はありえないという結論になるのです。

1-7 全球凍結の謎

太陽が現在の 70%の明るさで、
射出率が現在と同じ 0.61 の場合の地表温度の推定

$$0.7 \times S_0 (1 - A) \pi r_e^2 = 0.61 \times 4 \pi r_e^2 \sigma T_e^4$$

A=0.3 として、この式を解くと、

$$T_e = 264K$$ （氷点下）

水分が凍って雪となるので、A = 0.8 と修正して上式を解きなおすと、

$$T_e = 193K$$ （全球凍結）

いったん A = 0.8 になると、太陽放射が現在の～4倍まで上がらないと
全球凍結から脱出できない計算になるが、
それは恒星進化論的にありえない

これが、セーガンが提唱した「暗い太陽のパラドックス」です。太陽の明るさが今の7割しかなかったら、地球の表面は凍りつき、凍ったら現在に至るまで絶対にそこから抜け出せないはずだというのです。けれども、実際は少なくとも36億年前には海があったのです。矛盾ですよね。それがパラドックスです。

セーガンの答え――40億年前の大気

では、このパラドックスはどうやったら解けるのでしょうか。全球凍結に陥らずに現在に至ったとしたら、どういう理由で現在まで凍結に陥らずにすんだのか、それが、セーガンが投げかけた問いです。答えがわかる方、いかがでしょう？

――たぶん、大昔は炭酸ガスがいっぱいあったのでは？ 今までの話を聞いていて、そうだろうなと。

はい、そうなのです。セーガンは答えを用意していたのです。それは、「40億年前の地球の大気がより強い温室効果をもっていた」というものでした。だから全球凍結は免れたのだ、と。先ほどの簡単な式を用いて計算すると、射出率が0・15と低く、地表からの放射が地球外にほとんど出て行かなければ、地球の表面は水が存在する状態に保たれるというわけです。セーガンはじつは温室効果ガスとしてCO_2ではなくてアンモニアを想定していました。いわゆる「還元大気」を想定していたのですが、今でもそれについては議論があります。いずれにせよ、「強い温室効果をもつガスで地球が覆われていたから、全球凍結を免れた」というのが、セーガンが用意した答えでした。

さらなる謎——地球は幸運な星だったのか？

ただ、私はこの答えだけでは満足しません。どういうことかというと、40億年前に温室効果が非常に強かったとしても、一方で40億年前から現在にかけて太陽は徐々に明るくなってきています。それに対して液体の海が本当にずっと存在し続け、生命が育まれ続けたのだとしたら、何らかのメカニズムが、太陽が明るくなるのとバランスするように大気中の温室効果ガス濃度を減らしていかないといけなくなります。私が気にするのは、その過程が偶然だったのか、必然だったのか、ということです。

図1-8は、液体の海を保ち、生命が存在し続けるのに必要な温室効果の程度の時代変化を、縦軸に射出率（二酸化炭素（CO_2）などによる温室効果の大きさの指標。温室効果が強いほど射出率が小さくなる）をとり、横軸に時代をとって表しています。たとえば隕石重爆期（月のクレーターの研究から、41〜38億年前に地球が隕石の衝突にひんぱんに見舞われたことが示された）が終わった38億年前には、射出率が0・58以下でないと地球は凍ってしまいます。これは、もしCO_2が主要な温室効果ガスであったとすると、そのころCO_2の分圧が0・1気圧（現在の300倍）以上もあったことに相当します。その後、太陽は徐々に明るくなってきますから、液体の海を保つのに必要な温室効果の程度は徐々に低下していく（射出率は徐々に増加していく）はずですが、射出率が図中で網をかけた範囲の下限を切ら

ないように変化していけば地球は全球凍結に陥らずにすむということをこの図は示しています。放射平衡の計算に基づけば、地球はいったん全球凍結に陥ったらそこから簡単には脱出できないということを考えると、CO_2などの温室効果ガスの濃度が何らかの理由で下がって射出率が図の網掛けの範囲の下の境界を切ったら、元には戻れないことになります。また、過去に温室効果ガス濃度が何らかの理由で上がって、射出率が図の上の境界を切ると、今度はシアノバクテリアや真核生物が生存できなくなってしまい、地質記録に反します。そうならないためには、何らかの理由で、網をかけた範囲内で射出率を、つまりは温室効果ガスの濃度をうまく変化させて現在までやってこなければいけないことになります。

1-8

地球表層に生物が存在し続けるための大気射出率（温室効果の強さ）の時代変遷。

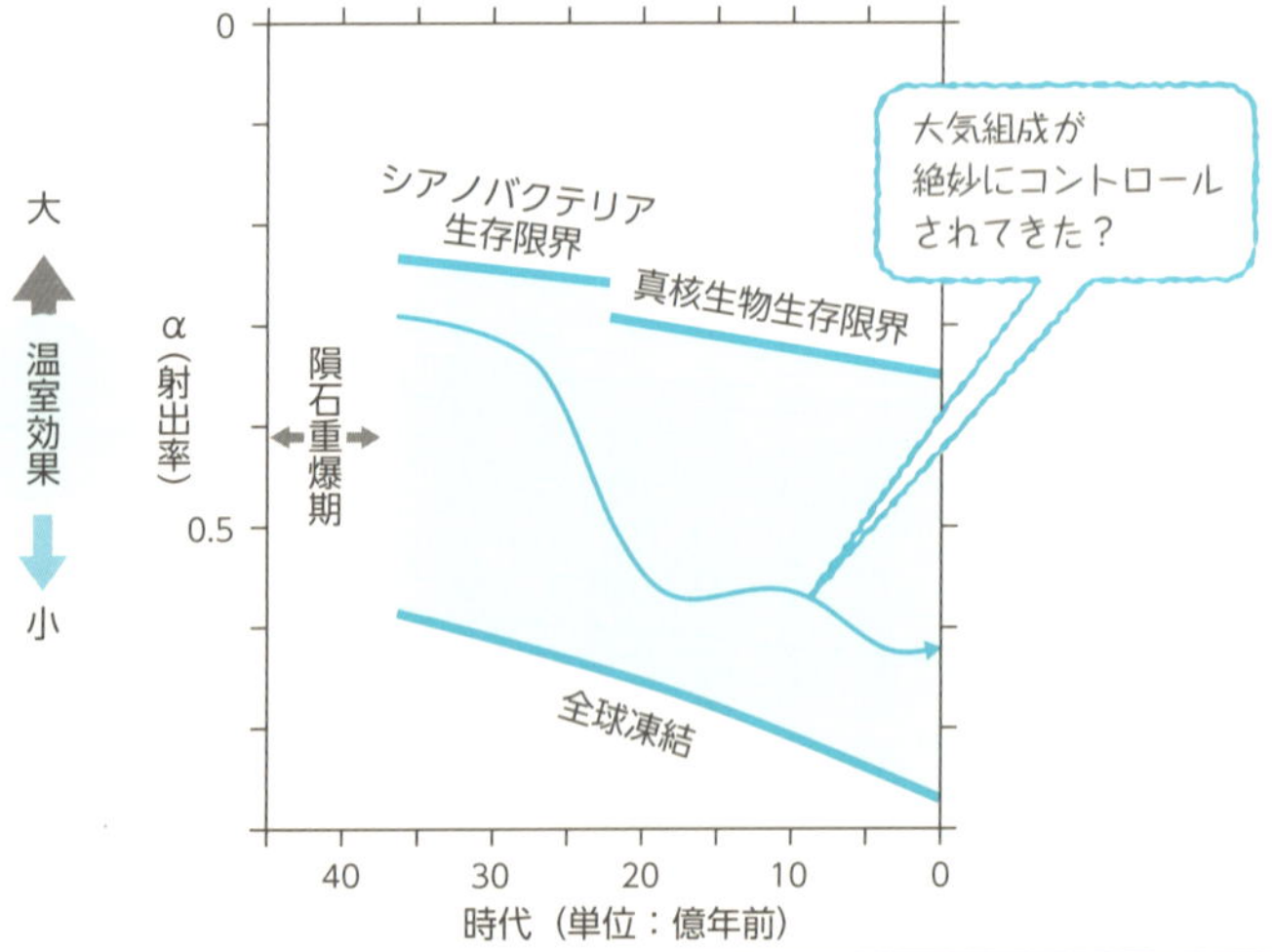

では、地球というのは本当にラッキーな惑星で、偶然あるいは神様が意図的に大気組成をコントロールして現在に至ったのでしょうか。そうだとしたら、われわれは本当にラッキーな生物になるわけですが、本当にそうなのだろうか。それが次の話題です。

全球凍結は起きていた

さきほど、全球凍結に陥ったら二度と脱出できないからだめだ、だから絶妙に大気が組成を変えつつ現在に至らなければいけないという話をしましたが、われわれ地質学者はそうではない証拠を見つけたのです。どういうことかというと、全球凍結が起こったらしい証拠が見つかったのです。実際にこれは気の遠くなるような昔の話なのですが、24億から22億年前、それから9億から6億年ぐらい前にも、大陸氷床（雪が降り積もって厚さが何キロメートルにもなった氷の台地。たとえば、今の南極）が赤道付近まで、しかも高度の高いところではなくて海岸にまで広がっていた、そういう地質学的な証拠がいろいろ見つかってきたのです。

たとえば、当時、赤道付近で永久凍土があった証拠が見つかりました。永久凍土は、日本だと北海道の高地にわずかに見られるぐらいで、年間の平均気温がマイナス10℃から15℃ぐらいよりも低いところでしかできません。こうした環境では、土壌が凍ったまま溶けない。けれども温度には季節変化がありますから、凍った土壌の体積が変化して地面に割れ目ができ、夏には地面の表面が溶けてできた泥水が割れ目に流れ込んで、また冬に凍結する。そうすると泥水が凍結して広がった割れ目が楔《くさび》状に凍結した土壌を切り込んだ構造ができる。こうした構造を氷の楔（ice wedge）と呼びますが、永久凍土の確実な証拠になります。そういう構造が、オーストラリアにある6億5千万年前の地層から見つかったのです。もしこれが本当なら、全球凍結からは抜け出せないはずなのにどうやって抜け出したのかという疑問がでてきます。

じつは全球凍結があったという話が出てきたのは、それほど昔のことではありません。一九八〇年代になってオーストラリアの研究者が6・5億年くらい前に海岸付近の環境で永久凍土があった証拠を示しました。しかもその地層が堆積した場所の当時の緯度が赤道付近だったことが、地層のなかにある磁性鉱物の磁化の向きからわかりました。地層中の磁性鉱物の磁化の向きからは地層が堆積した当時の磁力線の向きがわかります。地球の磁場がつくる磁力線の向きは、赤道付近ではほとんど水平ですが、緯度が高くなるにしたがってだんだん高緯度側に角度をもって沈みます。その角度を伏角《ふっかく》と呼ぶのですが、伏角を調べることによって地層が堆積したときの緯度を知ることができるのです。それによると、先ほどお話しした海岸付近まで永久凍土があった証拠をもつ地層は、ほとんど赤道の下で堆積したということがわかったのです。そういう報告をオーストラリアの学者たちが一九八〇年代にしました。

それに対してカリフォルニア工科大学のカーシュビンクという、過去の地球の磁場を調べている有名な学者（古地磁気学者）が「そんなのは嘘に決まっている」と反論しました。彼はオーストラリアに行って、その説が間違っていることを証明しようとしたのです。しかし、調べれば調べるほど間違っていないという結論になってしまい、彼はとうとう低緯度まで氷床が広がったのは本当だという論文を書きました。いちばん反対していた人が寝返ったというか、自分で証明してしまったわけで、この説にはずみがつきました。

ただ、カーシュビンクという方を私もよく知っているのですが、転んでもただでは起きない人です。彼はこの全球凍結からなぜ地球が脱出できたかという謎の答えを出したのです。一九九二年にその説を発表したのですが、彼の考えが広く知られるまでにはそれから10年近くかかりました。最初は反対者がとても多かったのですが、いろんな人が調べるとそれが合っている、特に、反対している人が調べても合っている証拠が出てきてしまうということが繰り返されて、今はかなりの人が信じるようになってきています。

地球規模の炭素循環

カーシュビンクの出した答えを理解するには、「地球規模での炭素循環」について話をしないといけません。地球規模での炭素循環を知るということは、地球の大気中のCO_2濃度がいったいどういうふうに制御されているかを知ることなのです。それを説明するため、まず図1-9を見てください。

地球規模での炭素の循環に関してまず地表への炭素の供給源を考えると、まず海洋地殻がつくりだされる中央海嶺、それからそれが地球内部に沈み込んでゆく沈み込み帯、日本をはじめ環太平洋の火山帯はみなそうですが、そういうところから火山活動によってCO_2が放出されています。図の左が大陸縁辺の火山です。図では海が火山の後ろ側にないので、日本列島というより南米チリのイメージでしょうか。じつは大陸をつくる地殻というのは海底をつくる地殻とは組成が異なります。大陸地殻のほうが海洋地殻より相対的に比重が軽いので、マントルの上に浮いています。その下に沈み込んでいるのが海洋プレート（海洋地殻と上部マントル最上部が構成する岩盤）です。海洋プレートは海の底を構成しており、たとえば大西洋だとその真ん中に中央海嶺という海底山脈が延々と走っていて、その頂上からマグマが噴出して海洋底をつくりだしているのです。こうしてつくられた海洋プレートが何千万年もかけて徐々に動いていく。たとえば太平洋だと東太平洋の低緯度域に海洋底の拡大の軸（太平洋中央海膨といいます）があって、そこでできた海洋プレートが延々と西北に動いていって、日本列島の下に沈み込んでいる。その沈み込みによって日本には火山もできるし、地震も起こるというわけです。こうしたプレートの沈み込みに伴う火山活動が、CO_2を大気に放出しています。

ではがCO_2が大気と海洋から取り除かれる過程はどうでしょうか。これは海水からの$CaCO_3$の沈澱により行われています。$CaCO_3$とは石灰のことです。貝や珊瑚、海に住むプランクトンのうち石灰質の殻をつくる種類が炭素を石灰として固定する。それから有機物としてもCO_2を固定するのです。これが大気と海洋から炭素を除去する過程です。これら供給と除去過程のバランスで、大気＋海洋中のCO_2濃度は決まっています。それから、この炭素循環で重要な役割を果たしているのが陸上

1-9 グローバル炭素循環の概要、およびCO_2固定の過程

地球規模での炭素循環

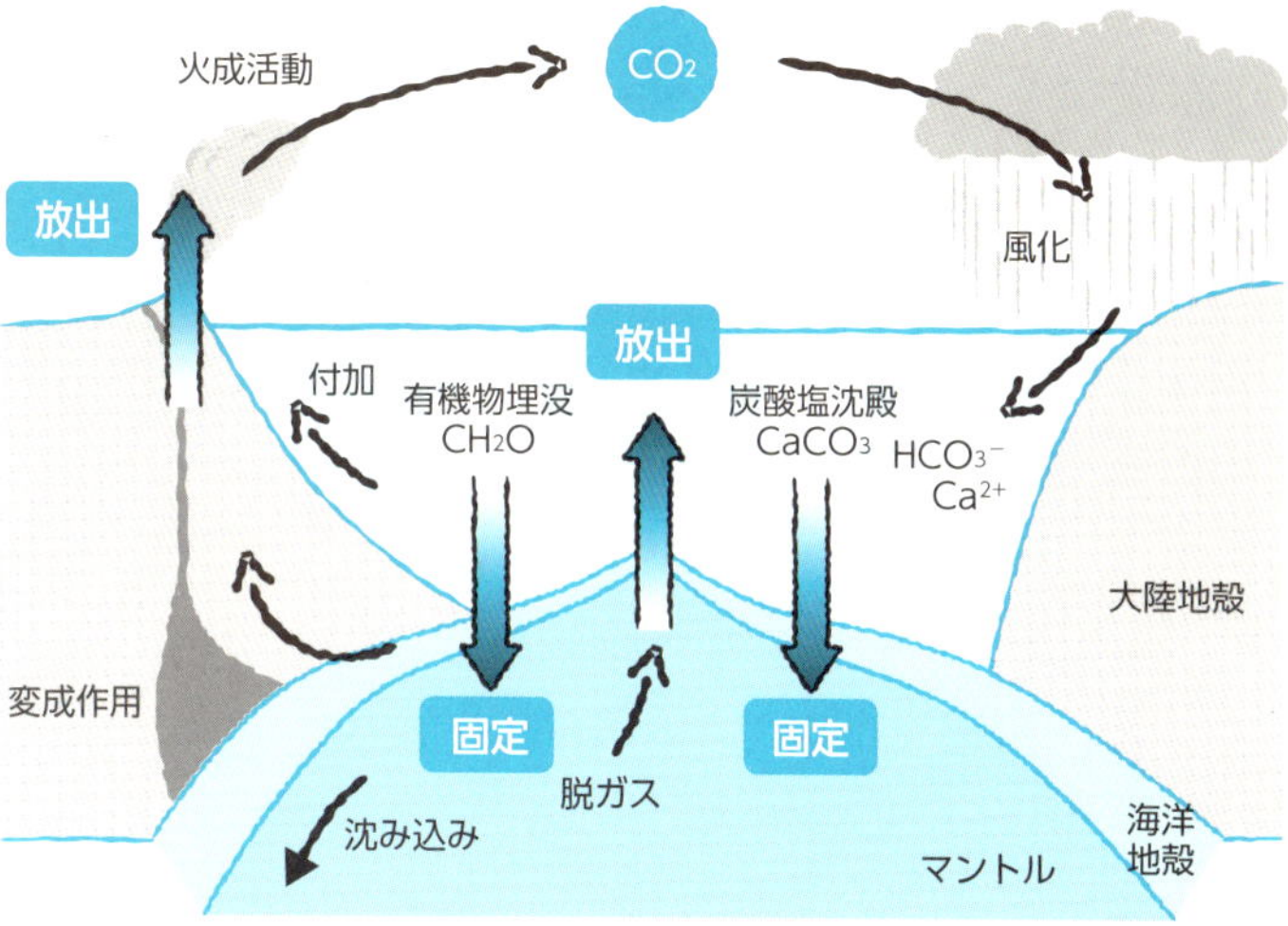

(Tajika and Matsui 1992 に基づく)

CO_2の固定

1）岩石の化学的風化と石灰岩の堆積

$$\underset{\text{岩石}}{CaSiO_3} + CO_2 \rightarrow \underset{\text{石灰岩}}{CaCO_3}\downarrow + \underset{\text{チャート}}{SiO_2}$$

2）光合成による有機物の形成と堆積

$$CO_2 + H_2O \rightarrow \underset{\text{有機物}}{CH_2O}\downarrow + O_2\uparrow$$

O_2の放出

2）の過程は、酸素の放出過程でもある

で起こる化学風化です。これはCO_2を溶かし込んで炭酸になった雨水と岩石が化学反応する過程のことで（図1-9の右端）、岩石から溶け出たカルシウムなどが、陽イオンのかたちで炭酸イオンとともに海に流れ出ます。海ではそれを使って生物が石灰質の殻をつくり、それが堆積して炭素を固定・除去するわけです。

今言ったことをもう少し厳密に、式で書いたのが図1-9の下です。まず一つ目の式は岩石の化学風化です。岩石はカルシウムだけではなくていろんな陽イオンを含んでいるのですが、そのうち特にカルシウムとマグネシウムが重要です。それらはSiO_2（これを私たちはシリカと呼んでいます）とくっついて鉱物をつくっています。それらのうちCaを含む鉱物がCO_2と反応すると溶解して、最終的に海底に石灰岩と、ほとんどSiO_2からなる火打石のような石（これをチャートと呼ぶのですが）を堆積させます。

二つ目の式が有機物の形成です。* これはようするにプランクトンや陸上植物がたくさん繁殖して、その死骸がたまって石油、石炭になっていくプロセスです。基本的には二酸化炭素と水を使って炭水化物をつくり（微量のリンとか窒素などの栄養塩類が必要ですが）、それら有機物が地中に埋め込まれる過程です。埋没した有機物が熟成すると石油や石炭になります。

じつは、この過程は副産物として酸素を放出します。今日のお話とはちょっとずれるのですが、この過程は大気中に徐々に酸素が出てきてわれわれみたいに酸素呼吸をする生物が出現し、進化してきたことと関係しています。

化学風化と動的平衡

では、こうした炭素の供給や除去過程は、大気中のCO_2を、いったいどのようにしてコントロールしているのでしょう。

多くの方は、大気＋海洋という容器のなかにCO_2を入れる際、容器にCO_2をたくさん入れれば濃度は高くなるし、入れる量が少なければ濃度は低いというイメージをもたれているのではないかと思います。しかし、先ほど言ったように炭素は地球というシステムのなかで循環しているので、容器中のCO_2濃度は、容器に入れる（供給する）速度と容器から出る（除去する）速度のバランスで決まっているのです。たとえばCO_2を入れる大気＋海洋という容器がドラム缶のようなものだと考えてみましょう。ドラム缶の上に蛇口があって、そこから水がザーザー入っていく、一方、ドラム缶の下部には穴があいていて水はそこからザーザーと出て行く、とイメージしてください（図1-10）。

今、蛇口をひねって水の流量を増やしてやると、ドラム缶のなかの水面が上昇します。しかし、水面があるレベルまで上昇すると、蛇口から入る水の流量に下の穴から出て行く水の流量が追いついて

＊図1-9中のCH_2Oというのは炭水化物を示しますが、これは有機物の化学組成を単純化して表したものです。実際の有機物はこれよりはるかに複雑な化学式を持ちますが、おおざっぱにこう表しても、物質収支の面からはそんなに間違いではありません。

1-10 大気のCO_2レベルは動的平衡で決まる

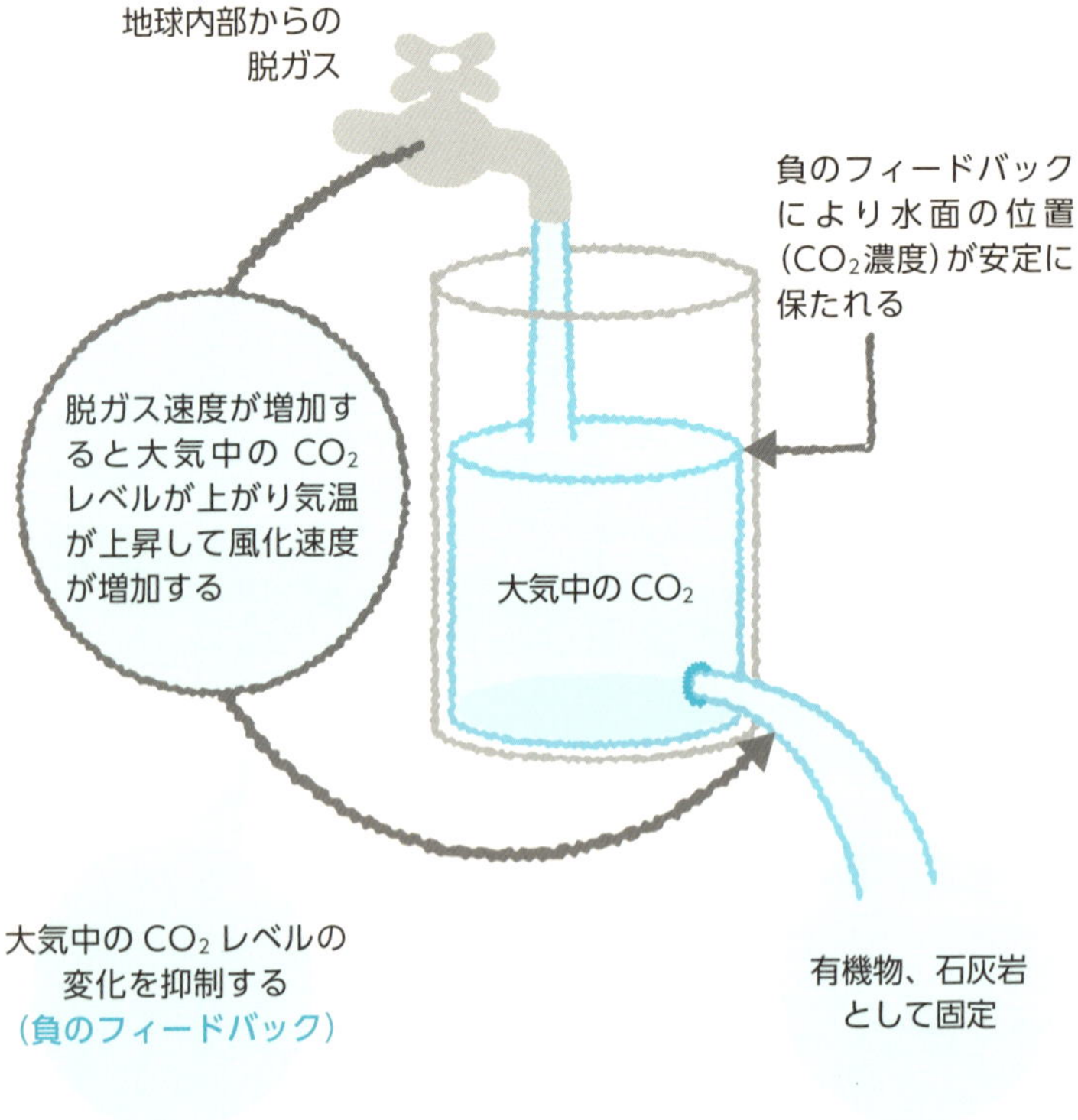

大気中の CO_2 レベルが供給と消費のバランスで決まることを模式的に示す図。岩石の化学風化は、CO_2 レベルの変動を抑制する。

釣り合い、水面の位置が安定します。ドラム缶のなかの水面の位置が一定しているので、遠くから見ると何も起こっていないように見えるのですが、実際はつねに水が入って、出て行っている。つまり、水はつねにドラム缶のなかを流れており、供給と除去のバランスがとれているため水面の位置が一定に保たれているのです。こういう状態を動的平衡といいます。そして、一定になった水面の位置は水が供給・除去される速度によって若干変化し、速度が増すと少しだけ上昇しているはずです。

CO_2に関して言えば、蛇口から出る水にあたるのが、地球の内部からCO_2ガスが出てくる過程です。下の穴から水が出るのは、有機物とか石灰岩が埋没して大気＋海洋からCO_2を除去する過程にあたります。この二つの過程がバランスして大気中のCO_2濃度が決まっているのです。ドラム缶のなかの水面の高さはCO_2の濃度を表します。

大気中のCO_2除去の過程において、じつは化学風化が非常に重要な役割を果たしています。どういうことかというと、今、何らかの理由で蛇口をより大きく開けてしまったとします。そのまま下の穴から出る水の流量が変わらなければ水面はどんどん上がってきますよね。蛇口を開けたというのは、CO_2の循環で言えば地中からの脱ガス速度を増加させたということです。当然、大気中のCO_2レベルが上がり、温室効果で気温が上がってきます。じつは、化学風化というのは温度が高いほどその速度が速くなるのです。鉱物はだいたい温度が高いほうが水と反応しやすく、CO_2の除去速度が増します。それは下の穴から流出する水の流量が増すことにあたる。ようするに、流出速度を速くする効果がある。その結果、水面は蛇口をひねる前よりはちょっと上昇するけれども、そのまま歯止めなく上がり続けてドラム缶からあふれ出したりはせず、少し上がったところでまたバランスして水面が一定になる、つまり新しい平衡状態になるのです。ですから化学風化は、大気中のCO_2レベルが大きく変動するのを抑制する効果をもっています。少しは変動するが、増え始めるとブレーキがかかる、減り始めてもブレーキがかかる、というわけです。こういう機能を負のフィードバックといいます。

これは一つの代表例ですが、自然界にはこういうフィードバック過程がたくさんあります。今は詳しくはふれませんが、正のフィードバックというのもあります。これはちょっと平衡からずれ始めたら、それを助長する方向に働く、勢いを乗じて一気に変化させてしまう、というものです。話を戻しますが、負のフィードバックはある状態を安定させるのに非常に重要な働きをします。岩石の化学風化の場合は、CO_2レベルの変動を抑える働きを持っているのです。

カーシュビンクの答え

けれどもこうした負のフィードバックにも限界があります。化学風化が促進されたり、遅くなったりという化学反応も水溶液との反応として起こっているので、先ほど説明した化学風化による負のフィードバック機構は水の存在が前提になっています。話を全球凍結に戻して考えると、全球凍結ということは水が凍ってしまうのだから、温度が０℃を切ったとたんに化学風化がパタッと止まるわけです。０℃よりも高いときは水があるから化学風化は遅いながらも進行します。このことを使って、先ほど紹介したカーシュビンクさんが全球凍結の謎の答えを提案しました。

いまから7億年前に、何らかの理由で大気中のCO_2が減少したとします。そうすると、やがて地球は全球凍結に陥ります。全球凍結に陥ると、化学風化が止まります。一方で地球内部から火山ガスはどんどん出てきますから大気中のCO_2濃度はどんどん上昇するわけです。そして、大気中のCO_2濃度があるしきい値まで達すると、いくら地球の表面が氷で覆われてアルベドが高くなって太陽の光をほとんど反射するようになっていたとしても、CO_2の温室効果によって大気からの放射が増加するので、地表温度が上がり、やがてCO_2による温室効果が勝って、ついには凍結状態が解除されるというプロセスが働いたのではないかと、カーシュビンクは

1-11 全球凍結からの脱出メカニズム

(Joe Kirschvink)

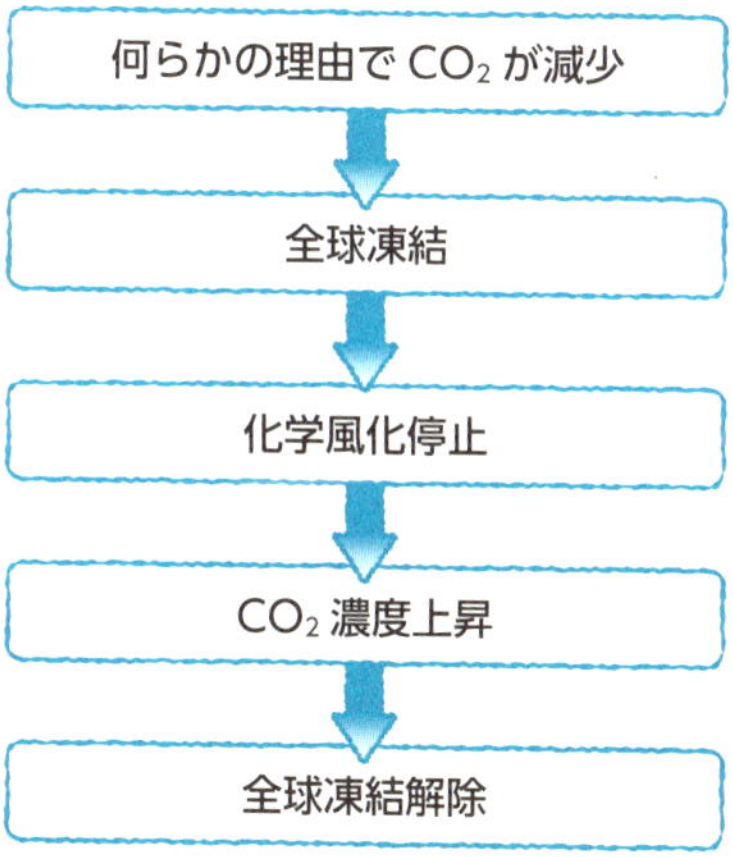

一九九二年に論文に書きました（図1-11）。

じつは、カーシュビンクの論文というのは、原生代という地球の初期の環境の研究に関するとても分厚い本の一部なのですが、そういう分厚い本はみんなあまり読まないですよね。ですから彼がその論文を書いてからもしばらくは誰もこの仮説を知らなかったのです。その論文を発掘したのが、ハーバード大のホフマンという人で、彼が一九九八年に『サイエンス』という有名な科学雑誌のなかでカーシュビンクの説を取り上げて、それで一気に全球凍結という概念が有名になりました。でもじつはカーシュビンクは一九九二年にすでに雪玉地球仮説として答えを提唱していたのです。

全球凍結と三つの安定状態

繰り返しになりますが、今お話ししたことをちょっと違う表現でもう一度ご説明します。図1-12は、私の元同僚の田近英一さんという方が描いた図です。田近さんは物質循環、炭素循環モデルの第一人者です。

図の横軸は、大気中のCO_2濃度（分圧）を示します。縦軸は、雪線の緯度と書いてありますが、緯度にして何度まで凍っているかを示していて、90度というのは赤道から極域まで凍結していない（無氷床）ということです。緯度で0度まで凍ると全球凍結になるわけです。今、仮に地球の環境が無氷床状態からスタートするとします。温室効果がそこそこ効いていて氷床がない状態です。次に、そ

1-12

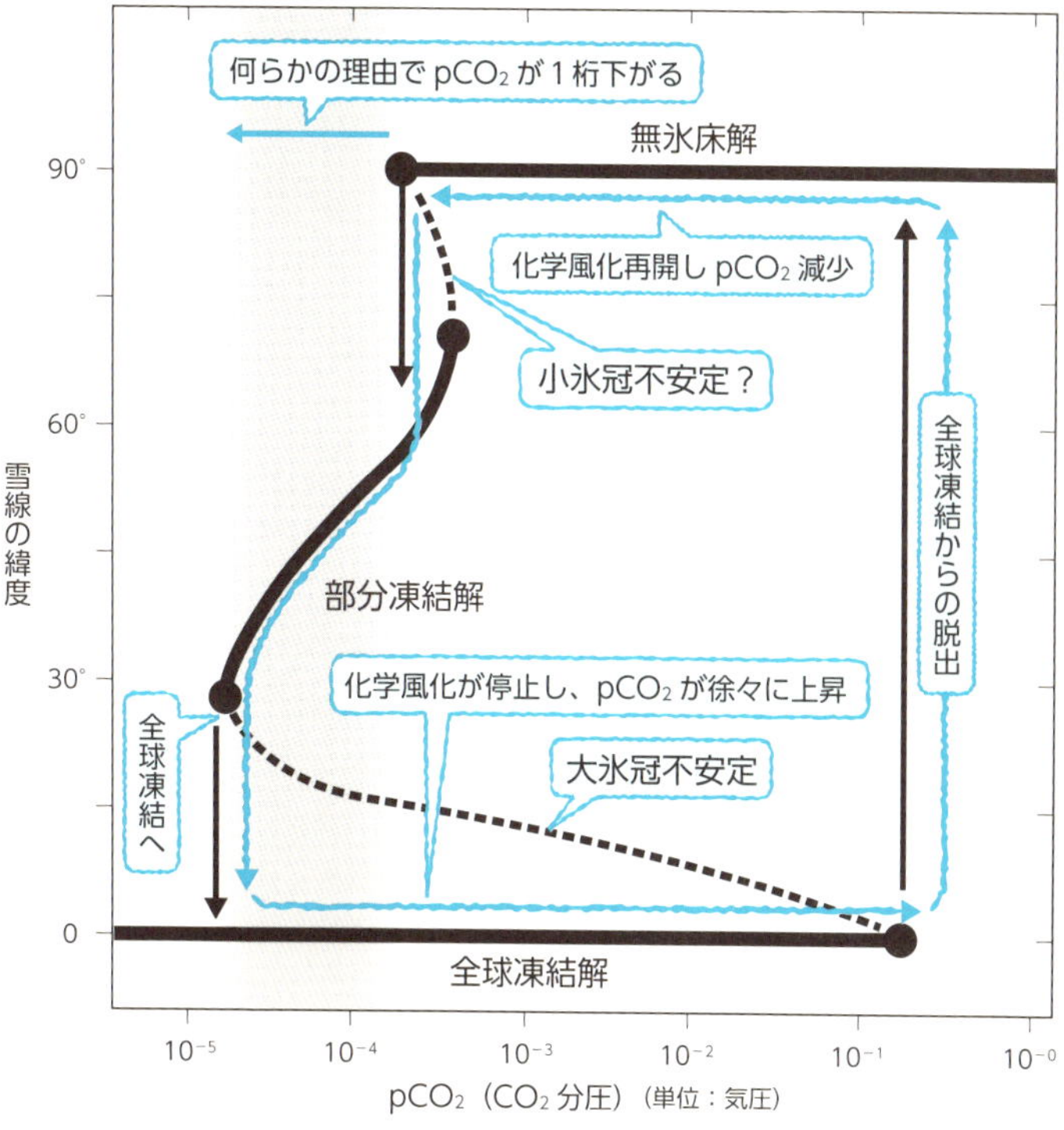

地球放射の二酸化炭素分圧依存性を考慮した南北1次元エネルギーバランス気候モデルから得られた、全球凍結脱出のシナリオ。大気中の二酸化炭素分圧に対する雪線（雪氷圏の広がり）の緯度が示されている。太い実線は安定解、破線は不安定解、黒丸印は安定解が消失する臨界点、実線矢印は気候ジャンプを表す。

（田近 2000 に基づく）

こから何らかの理由でCO_2濃度が一桁下がったとします。「何らかの理由」についてはあとでちょっとお話ししますが、ともかく下がったとするとどうなるでしょうか。CO_2濃度が下がると図1-12で無氷床状態を示す太線の左端よりもっと左になるので無氷床状態ではいられなくなり、次の安定状態に移ります。つまり、CO_2の低下につれて氷床は一気に緯度60度ぐらいまで広がります。その後、しばらくは部分凍結解の氷床存在可能領域に沿って氷床がどんどん低緯度へと広がっていくのですが、緯度30度ぐらいで部分凍結解の限界に達するとさらに一気に低緯度に広がって全球凍結になるというわけです。

問題はここから、全球凍結になった後からです。全球凍結になると今度は化学風化が止まるので、その結果火山ガスの放出によって大気中のCO_2濃度がどんどん上がってきます。この図によれば三桁以上上がります。図の1-12全球凍結解の右端、全球凍結状態の限界まで達したときに、凍結が解除されて、一気に無氷床状態に戻ります。つまり、無氷床解と全球凍結解の間で行きと帰りで違う経路をとるのです。これをヒステリシス（非線形応答の一つ）といいますが、CO_2の濃度と氷床がどこまで広がるかの関係が一対一ではない応答様式です。

ここで知っておいていただきたいのは、たとえばCO_2濃度によっては、安定解が三つあるということです。全球凍結の解と部分凍結の解と無氷床の解の三つです。ひとつのCO_2濃度に対して、地球を全球凍結の状態でそこに置いたらその状態で安定、部分氷床状態で置いたらそれで安定。無氷床状態で置いたらまたそれで安定というふうに、安定状態が複数あるのです。そのどこにあるかは、図に示される経路をどうたどってきたかによっているということも、この図からわかります。

――すごく素朴な質問なのですが、全球凍結しても火山はちゃんと活動できるのですか。

火山というのは地球の内部の熱でマグマ（岩石が融けている状態）が形成されて、それが噴出する現象なので、全球凍結で太陽光がみな反射されてもその活動は変わりません。ただし、火山の噴火でCO_2ガスとともに火山灰も放出されて氷や雪の上に積もります。特に玄武岩質の火山灰は黒いので、アルベドを下げて全球凍結からの脱出を早めるかもしれません。

この全球凍結の証拠の発見というのは非常に重要です。先ほど、地球の歴史のなかで、大気中のCO_2濃度が、あたかも

1-13

CO_2濃度が限界を切って全球凍結が起こっても、そこから脱出できる。

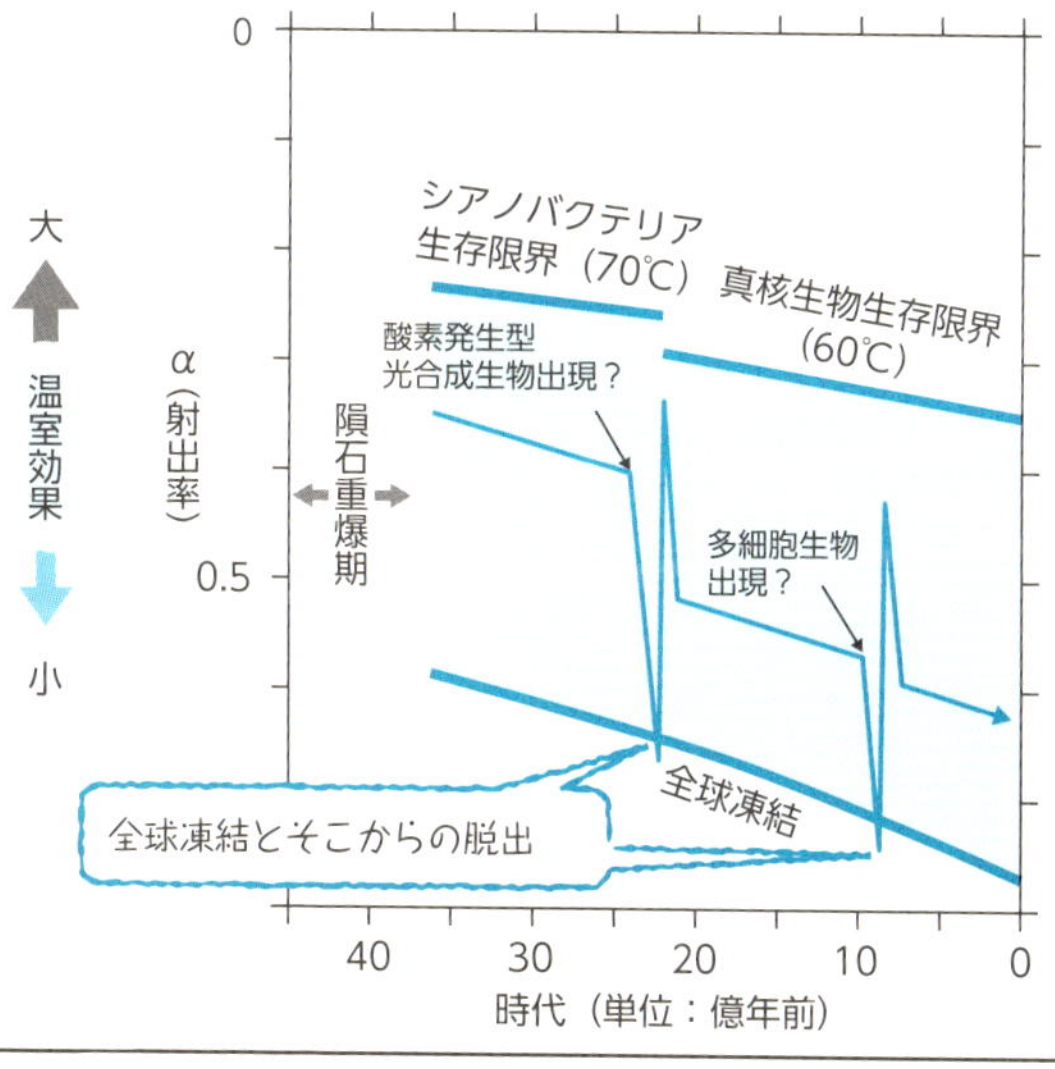

神の手で導かれたように、生命が安定して存在できる領域の上限と下限の境界にぶつからないように変化してきたという話をしました。しかし、全球凍結から脱出する道があるのであれば、下の境界にはぶつかってもよいということになります。先ほど話したように、地球は23億年前に一回、6～7億年前にもう一回全球凍結に陥ったと考えられています。その際、たぶん図1-13に示されるようにして全球凍結を脱出し、単に無氷床状態に戻るだけではなくオーバーシュートして一時的に異常に暑くなり、それから化学風化によりCO_2濃度が低下して安定化していったと思われます。この図では、全球凍結脱出後のCO_2濃度が前より低い値で安定化しているように描いていますが、炭素循環が、ある様式から別の様式に移ったことが、全球凍結が起こるきっかけだったのではないか、と私が考えているからです。

生物進化と全球凍結

全球凍結がなぜ起こったか、その原因は、まだよくわかっていません。いくつかの仮説が出はじめている段階ですが、まだそれらは証明されていません。だからここからの話は全部仮説です。ちなみにここでお話しする仮説を提唱しているのもカーシュビンクさんです。

生物進化の研究結果に基づくと、だいたい25億年前あたりで、酸素を発生するタイプの光合成をする生物が出現します。また、地球の初期の大気は、CO_2大気ではなくメタン大気だった可能性が指摘されています。もし25億年前以前の大気がメタン大気だったら、光合成による大気への酸素の放出によって一気にメタンがCO_2に酸化されたと想像されます。つまり酸素発生型の光合成生物の出現によって、不可逆的に大気の組成が変わった可能性が高いのです。CO_2ももちろん温室効果ガスですが、メタンのほうがもっと温室効果が強いのです。つまり、メタン大気が消え、それがCO_2大気に変わるということは、温室効果が一段階レベルダウンすることを意味します。

一方、6～7億年前の全球凍結については、その直前の時代あたりで多細胞生物が出現したといわれています（ただし、最近になって、21億年前の地層から多細胞生物の化石が見つかったとの論文が出ました）。それより以前には単細胞生物しかいなかったのですが、ある程度の大きさを持った多細胞の動物がぼちぼち出てきたらしいのです。それがなぜ全球凍結に関係するかというと、その出現が今度は有機物を最終的に堆積物中に固定する過程に影響するらしいからです。

海の表面では、プランクトンが繁殖して有機物をつくりますが、それは一つ一つが小さくて、そのままだとプランクトンの死後の沈降速度が遅く、沈降している間にすべて酸化して分解されてしまいます。ところが現在は、海底の堆積物中に有機物がたくさん埋まっているのです。何が原因かというと、プランクトンを食べて糞をする微小動物がいるからです。それは「重り効果」というのですが、プランクトンの死骸を集めて大きな糞粒にすることによって沈降速度を速めて、糞をする微小動物がいない場合の百倍以上速い速度で海底に有機物を沈降させるのです。多細胞動物の出現によって、この効果により有機物の埋没効率が上がり、CO_2固定効率も上がったのではないかというわけです。

このあたりのことは、まだ完全にはわかっていませんので、話半分に聞いておいてください。

要は、これらの時代に炭素循環システムの何らかの不可逆的な変化があったのではないかということです。それによって、全球凍結の前はより高い温室効果ガスレベルで安定していたのが、その後はそれより低いレベルで安定し、さらに次の全球凍結の後にはいちばん低いレベルで安定するということが起こったのではないかということなのです。

重要なのは、ここで説明したようなメカニズムがあれば図1-8の下側の境界線を越えることはあまり気にしなくてもよい、超えても元に戻れるということです。われわれはたぶんラッキーな生物ではあるのでしょうけれども、最初の話にあったほど万に一つの偶然によって今ここにいるというわけではなく、それなりに必然性があって現在に至っているのだということがこれでわかってきたのではないでしょうか。

——全球凍結の場合には、戻る道があるということですが、先ほどのグラフ図1-8のなかのこの幅に入らなきゃいけないときに、上側に外れた場合というのは何が起こって、戻ってくる道筋というのはあるのでしょうか?

上側のほうは、それまでいた生物が死滅してしまうことになり、化石記録と矛盾しますので、なかったと思います。現在の地球に至る過程でのいろいろなことは、たぶん下の境界線の近くで起こっていたのだと思ってます。図1-13では過去にたどってきた経路を安定領域の幅いっぱいに描いていますけれども、もう少し狭い範囲で下の境界に近いあたりを推移してきたのではないかと思います。

――以前に、地球にはもともと水はなくて、水を持った大きな天体が地球にぶつかって初めて地球には水がもたらされたという話を聞いたことがあり、当時はそれが通説だったような気がしていたのですが、やはりそういう考え方はあてはまらないのでしょうか？

その話は、地球ができる過程、つまり、でき始めから数億年以内での話です。地球の年齢はおよそ45億年ですから、40億年前より前のお話です。一方、今日話題にした全球凍結が起こったのはおよそ23億年前と6・5億年前のことで、だいぶ後のお話です。混同しないようにお願いします。地球とその海がどうできたかも興味深い話なので少し紹介しましょう。

簡単にお話ししますと、太陽系ができる過程で、微惑星のステージがあります。元々は太陽系というのはガスからできていて、そこから塵ができ、それが徐々に集まって直径10キロ程度の小さな天体（微惑星といいます）をつくるようになり、それがさらに集合して地球や他の惑星になったのです。初期の太陽系をつくっていたガスのなかには当然水やCO_2などの揮発性成分もありました。それを含んだ微惑星が地球をつくる過程でぶつかりながら塊を大きくしていく。そのときに、衝突脱ガスというのですが、衝突の際に高温になって、なかに含んでいた揮発性成分を出すのです。地球ができる過程で、地球がまだ月よりも小さい状態では、衝突によって放出されたガスは、引力で保持できないためにみな散逸してしまいます。できかけの地球が月より大きくなると引力が勝って大気を持つようになりますが、それを衝突脱ガス大気といいます。

そういう大気を維持しながら、形成が始まってから数千万年ぐらいのうちに、地球は現在に近い大きさにまで成長しました。そのとき地球が持っていた脱ガス大気は非常に濃い温室効果ガスを含んでいたと考えられます。一方、微惑星や隕石が地球にぶつかるときに運動エネルギーを放出しますが、脱ガス大気の強い温室効果で射出率が低く抑えられるので、その結果地球の表面は融け、どろどろに融けたマグマが地球の表面を覆う状態が生まれた（マグマオーシャンと呼ばれます）といわれています。このとき地球表面が高い温度を維持できたのは、微惑星や隕石の衝突エネルギーが大きかったからです。つまり、マグマオーシャンステージにおける主なエネルギー源は太陽光ではなく、微惑星や隕石の衝突エネルギーだったのです。

マグマオーシャンは、大気中の温室効果ガスを吸収したり排出したりして、地表温度を一定に保つ機能を持っていたといわれます。つまり、微惑星の衝突が激しくなって地表温度（＝マグマの温度）が上がるとマグマが温室効果ガスを溶かし込む能力（飽和濃度）が上がり、大気中の温室効果ガスを吸収してその濃度を下げることにより、それ以上地表温度が上昇するのを抑える、いわゆる負のフィードバック機能を持っていたというのです。この機能により、マグマオーシャンステージが数億年にわたって維持されていたと考えられます。

地球への微惑星や隕石の衝突はおよそ40億年前には下火になり、微惑星や隕石の衝突エネルギーでマグマオーシャンを維持することができなくなって、マグマオーシャンが固まり始めます。その過程で大気中に含まれていた水蒸気が雨となって落ち、それが集まって海ができたといわれています。水惑星地球の誕生です。おそらく、マグマオーシャンステージから水惑星ステージへの変化は、地球の歴史のなかで最も激しい気候モード（表層環境の状態）のジャンプと言えるでしょう。水惑星状態は現在まで続いていますが、ここでは地表温度を維持するためのエネルギー源は太陽光です。また、先ほど暴走温室効果のお話をしましたが、太陽の明るさがこのまま増加してゆくと、10億年のタイムスケールで地球は暴走温室状態に達し、海水はすべて蒸発して今の金星のような灼熱地獄と化すといわれています。もう一つの大規模な気候モードジャンプです。今日、そして今後、ここでお話しする話題は、すべて水惑星ステージでのお話です。

まとめ

ここまでの話で伝えたかった要点を次ページの囲みにまとめました。

その一つ目は、放射平衡。地球の表面温度というのは、入るエネルギーと出るエネルギーのバランスで決まっているということです。

二つ目は、温室効果。温室効果というのは大気が太陽の光に対しては透明で、地表からの長波長の放射に対しては不透明だということに起因し、これが単純に放射平衡で計算された温度より高い地表温度をつくりだしている。

三つ目は、地球システム、気候システムと言ってもよいですが、それにはその状態を安定させよう

まとめ

1 地表温度は、放射平衡で決まる。

2 大気の温室効果は、大気が太陽光には透明で、地表からの長波長放射には不透明なことによる。

3 地球システムには、その状態を安定させようとするメカニズム（負のフィードバック）がある。

4 地球の気候には、複数の安定状態（モード）がありうる。

5 気候変動の原因となる要因の変化があるしきい値を超えると、モードジャンプが起こり得る。

とするメカニズム（負のフィードバック）があるということです。だからその状態を変えようとする力が働いても、ある範囲までは状態が安定に保たれます。

四つ目は、地球の気候には複数の安定状態が存在することがしばしばあるということです。そしてその安定状態を保っているのは、負のフィードバックメカニズムなのです。負のフィードバックメカニズムについてはずいぶんいろいろな研究がされていますが、まだ知られていないメカニズムも多いのです。

最後に五つ目は、地球システムは、たとえばCO_2濃度など、気候変動を引き起こす要因があるしきい値を超えた途端にこれまで働いていた負のフィードバックメカニズムが働かなくなり、安定が保てなくなって、次の別の安定状態にジャンプするという性質も持っていることです。全球凍結（スノーボールアースと英語で呼ばれますが）が地球の歴史のなかでその最も劇的な例ですが、あるところまでは安定な状態が次の瞬間にパッと別の状態に変わるということが、それよりも小さいスケールでもいろいろなところで見られます。だから地球温暖化に関してもじつはそうした状態のジャンプがいちばん怖いのではないかと考えています。

私たちのようにはるか遠い過去のことを研究していると、いったいそんな研究がなんで近未来の予測に役立つのかと、昔はさんざん陰口を叩かれたものでした。しかし、このごろはそうでもありません。過去のことを探っていくとわれわれが知らないフィードバックメカニズムが見つかったりしたのです。スノーボールアースはいちばん劇的な例ですが、そういう例がいくつも出てくるので、やっぱり昔のことを知るのは無駄ではないということがわかってきたのです。また、あるところまでは安定化のメカニズムが働くけれども、しきい値を超えると気候モードジャンプ（ある状態から次の状態にパッと移る）がありうるということも、過去を調べることによりわかってきたのです。

——地球表面の温度は放射平衡で決まるということがポイントで、それによって全球凍結が起こったり、実際にどれぐらいの気温になるかが決まるということですと、最初の式で出てきたアルベドの大きさが非常に重要になると思うのですが、それは実際にはどうやって測定しているのでしょうか？

現在は基本的に人工衛星によっています。じつは測っているのは大気圏の外側からなのです。今回の話でアルベドを考えたのは地表付近を構成するものだけについてですが、実際は、太陽光はいろんな高度レベルで反射されています。また、雲もできる高さによってアルベドが違います。だから現実はもっと複雑なのです。過去については、雲の量や高さまではわかりません。海のアルベドがどの程度、陸はどの程度といったことしかわからないわけです。ですからおおざっぱな話になる。

全球凍結がわかりやすいのは、地球が全部雪で覆われればアルベド０・８でそこそこ合っているだろうと言えるところです。でも全球凍結していない地球表面の状態としてはいろいろな状態が当然あっただろうし、植物が陸上に出てくる前と後でアルベドは当然変わったと思われます。そのへんのところは話としてはいくらでもできるけれども、証拠がないから検証しようがないというのが実態です。けれども、おっしゃる通りアルベドは地表温度を推定する上で本当に重要です。

――アルベドを０・３としていたところが０・２とか０・２５とか、ちょっと変わっただけでも今回の話のストーリーが……。

変わります。地球温暖化の問題でも、もちろんCO_2がメインの温暖化の原因になっていますが、それ以外にたとえば植生や砂漠、氷床の分布によってアルベドが変わります。そうした影響は、かなり正確に評価されています。それに対して、あまりよくわかっていないのが、大気中のエアロゾルと呼ばれる細かな液滴やダスト、私が研究している黄砂もそうですが、土ぼこりのような粒子、それにブラックカーボンといって、人為的に放出されたすすのアルベドへの影響です。現在、これらの影響の評価が盛んに行われています。また、雲の量やその緯度高度分布が、現在と大きく変わることで、アルベドが変化する可能性も否定できませんが、今のところ、そうした変化を引き起こすメカニズムは十分に理解されていません。まとめますと、地球のアルベドは、気候変動に伴ってある程度変わります。地表のアルベドの変化については、概ね把握できていますが、大気中に浮遊する粒子や雲の量や分布の変化のアルベドへの影響については、まだ十分にはわかっていないのです。ですからこの不確定性については、つねに頭の隅に入れておく必要がありますね。

――地球の歴史のなかで「氷期」とか、「氷河時代」があった、といった話をときどき耳にしますが、全球凍結とそれとはどう関係するのでしょうか?

大陸に氷床が存在した時代を氷河時代といいますが、地球の歴史のなかで氷河時代は、10回あったといわれています。全球凍結が起こったのは、このうちの3回、残りはどちらかの極域に氷床ができるが中~低緯度にまでは広がらない、部分凍結解の氷河時代です。そのなかで現在を含む過去3500万年間は、最も新しい氷河時代なのです。みなさんにはあまり実感がないかもしれませんが、現在は、南極とグリーンランドの両極に氷床を持つ、立派な氷河時代なのです。氷河時代のなかでも、現在のように、氷床が縮小して比較的暖かい時期は「間氷期」、氷床が拡大して寒い時期は「氷期」と呼ばれます。この氷期と間氷期のお話が、次回のテーマです。

第2回

地球は回り、気候は変わる

今日は「地球は回り、気候は変わる」というタイトルになっていますけれども、「ミランコビッチ・サイクルと氷期—間氷期」という話をします。ミランコビッチというのは、古気候、つまり過去の気候変動の研究の分野では知らぬ者のないほど名高いセルビアの天文学者です。今日はその人が一生をかけて計算をして、氷期—間氷期サイクルはどうして起こるかという問題の解明のきっかけをつくったことについてのお話です。氷期—間氷期サイクルというのは、人類（ホモ属）が出現した260万年前以降現在に至るいわば人類紀といわれる時代を特徴づける気候変動です。かなり大きな気候変動の繰り返しなのですが、人類は、そのなかを生き抜いてきました。今回は、地球が太陽の周りを回る公転軌道や自転軸のちょっとした揺らぎの影響が増幅されることで、そうした氷期—間氷期の繰り返しが生み出されたということをお話ししようと思います。

今日のメニューとしては、まず氷河時代と氷期—間氷期という言葉の意味の違いについてお話しします。前回に雪球地球、全球凍結の話をしましたので、それとの関係にもふれておく必要があるでしょう。そのあとミランコビッチ・サイクルの話をしたいと思います。

＊

最初に少しおさらいすると、前回は、まず全地球の平均の表面温度が、①太陽の明るさ、②それをどれだけ反射するか、③温室効果（逆にどれだけため込むか）、の三つの要因で決まっていることをお話ししました。次に、地球システムにはその状態を安定・維持させようとするメカニズムがあって、それを負のフィードバックと呼ぶことをお話ししました。そして最後に、地球の気候には複数の安定状態が存在することがよくあり、地球システムに加えられる外力がある限界までくると、ある状態から別の状態にパッと移る（モードジャンプする）ことがあるというお話をしました。地質記録を基に過去の気候変動を調べていくと、モードジャンプがかなり頻繁に起きています。ある要因が、あるしきい値を超えるとモードジャンプするのです。そのしきい値まではシステムが頑張る。じつは地震と同じようなものなのです。ひずみがあるしきい値に達するまでは岩盤は頑張るけれど、それを超えるとバッと断層が動いて地震が起こってしまう。

地球環境がこのような性質を持っていることを、前回は「全球凍結」といういちばん極端な例をあげて説明しました。全球凍結は壮大な話ですが、化学風化を介した大気と固体地球の相互作用を含むために、現象のタイムスケールも数百万年におよびます。

第2回では、もう少し身近な例として、人類が出現、進化した時代を特徴づける氷期―間氷期サイクルを取り上げます。この変動は、数万年周期での日射量分布の変動に対する大気、海洋、雪氷、そして生物圏の応答によるものです。ここでは、地球に注がれる日射の年間総量は変わらなくても、その緯度や季節の分布を変えるだけで氷期―間氷期サイクルのような大きな変動をつくりだすことができることを明らかにしたいと思います。すなわち、地球には、気候変動のツボとでもいうべきスポットがあって、外からの信号がそこをうまく刺激すると、変動が増幅されて地球全体に伝わるのです。

氷河時代と氷期―間氷期サイクル

最も新しい氷河時代のなかの現在

さて今回は、まず氷河時代と氷期―間氷期の違いについてお話しします。この違い、どなたか知っている方はいますか？　……さすがにおられないようですね。

では、次の図を見てみましょう（図2-1）。

図の左は、地球の歴史年表です。地球には46億年の歴史がありますが、この図にはその後半の30億年分が示されています。そのなかで横に棒がとびだしているところがいわゆる氷河時代です。では氷河時代とはどういう時代なのでしょうか。それは、地球の少なくともどちらかの極に氷床が存在した時代のことです。氷床とは、雪がどんどん積もって厚くなり、積もった雪の重さで氷になったもので、

2-1　氷河時代とは？　氷期―間氷期サイクルとは？

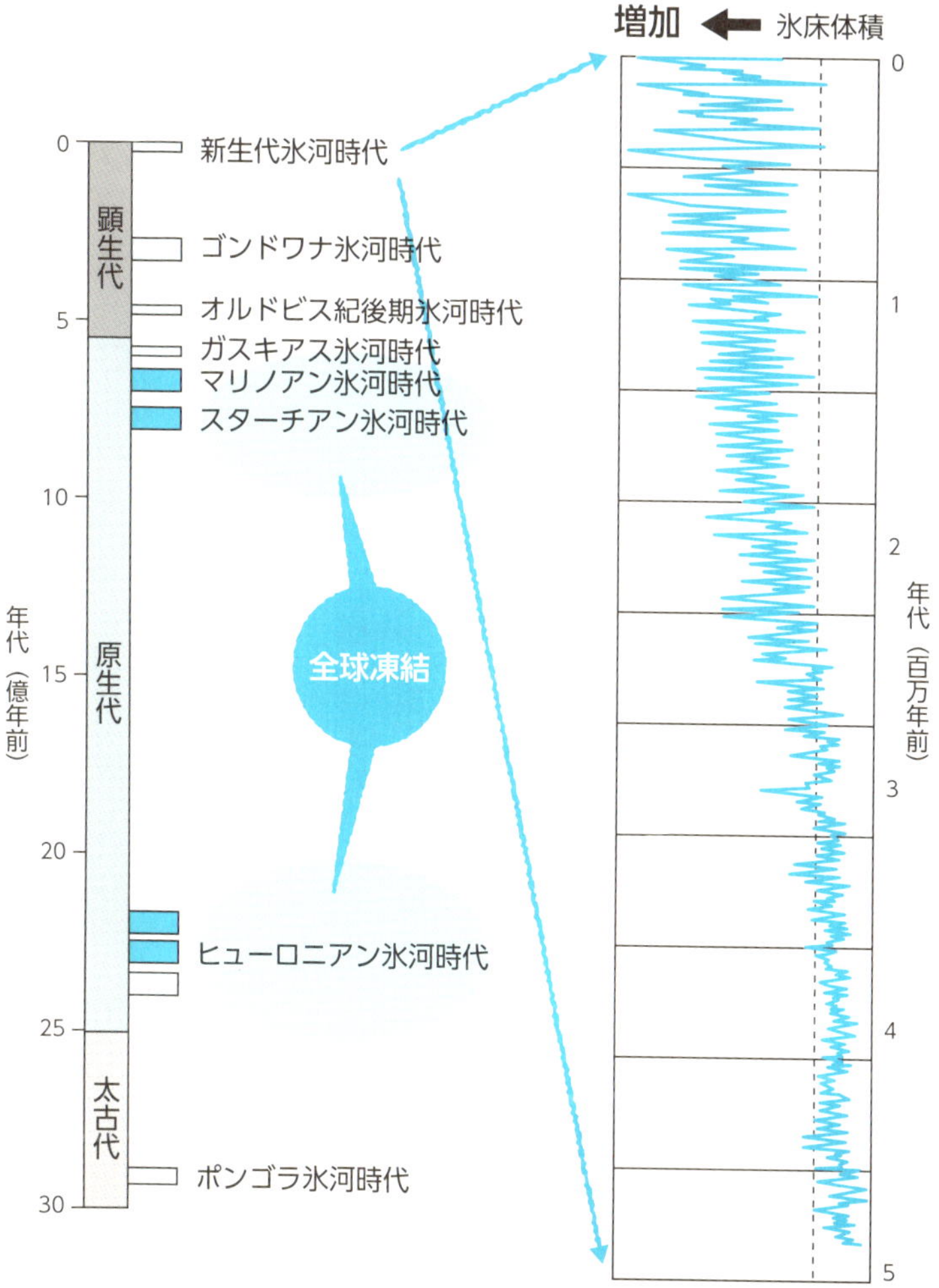

地球の歴史における氷河時代の分布と新生代氷河時代における氷期―間氷期サイクル。
（田近 2007 に掲載の図を基に作成）

たとえば現在でいうと南極氷床がその典型例です。南極氷床の厚さがどのくらいあるか、どなたかご存じですか。

——確か、2000~3000メートル。

そうです。だいたい3キロメートルぐらい。そのくらいの厚さになったものを氷床と呼ぶわけです。地球の歴史のなかで、ここで棒線を引いた時代が、どちらかの極に氷床が存在する時代です。そのなかで、濃い色で書いた棒が前回の話のテーマになった全球凍結、ようするに地球全体が凍ったと考えられている時期で、それ以外の薄い色の棒は、極域に氷床がある氷河時代です。

この図を見てもう一つ気付くのは、じつは地球の歴史のなかで極に氷床が存在した時代は意外に少なく、氷床がない時代のほうがどちらかと言えば多いことです。ちなみに現在を含む過去約3500万年間は南極にずっと氷床がありました。しかも現在はグリーンランドにも氷床があります。両極に氷床があった時代は地球の歴史のなかではおそらく他にはありません。というのは両極域に大陸が位置した時代が地球の歴史のなかでほとんどないからです。そういう意味では、われわれが住んでいる現在という時代は、地球の歴史のなかでも立派な、両極にちゃんと氷床がある氷河時代なのです。これを新生代氷河時代といいます。だけれど、われわれには氷河時代という寒い時代に生きているという感覚はないですよね。それは、われわれが氷河時代のなかの間氷期にいるからなのです。

一方、右側の図は、過去500万年間の氷床体積の変動を表しています。横軸は、氷床の体積を表しており、左に行くほど氷床が増大したことを意味します。時期で言えば左側の図のいちばん新しい新生代氷河時代の最後の500万年にあたります。日常感覚だと500万年は膨大な時間ですが、今は億年スケールの話をした後ですから、とても短い期間に聞こえませんか。図を見ると氷床の体積は、約300万年前からギザギザと振動しつつ、その振幅を徐々に大きくしながら、極大値を増大させています。このギザギザが氷期―間氷期の繰り返しなのです。図の右側にあたる、氷床体積のあまり大きくない時期が間氷期で、左側の、氷床の大きい時期が氷期です。ですから現在はいちばん新しい氷河時代のなかのいちばん新しい間氷期にあたるということになります。

――今は両極に氷床がある、地球の歴史のなかでは唯一の氷河時代だと言われましたが、でも全球凍結の時にも北極と南極が氷床に覆われていたのではないのでしょうか。

全球凍結のときには、もちろん全球が凍結していたのですけども、大陸が極域にはなかったのです。少なくとも北半球にはなかったはずで、だからそういう意味で氷床はたぶん片方の極にしかなかったでしょう。ただし、全球凍結のときの海は、海氷で覆われていたと考えられています。海氷は、海水が凍結してできたもので、通常はその厚さが10メートルを超えることはありません。全球凍結時の海氷の厚さについては、さまざまな意見がありますが、海氷の厚さが1000メートル近くあったという推定もあります。そうなると、その上に氷床が形成されていたかもしれませんね。氷河時代と全球凍結とでどちらが寒いかと言えば、もちろん全球凍結のほうが寒かったはずです。

過去に氷床や氷河があったことはどうしてわかるのか？

これは南極の写真（図2-2）で、ようするに大陸氷床があるとはこういう状態です。表面は一面雪で覆われており、その下の氷の厚さは氷床の中心で3キロメートルもある。巨大な氷の大地です。

先ほど地球の過去のいくつかの時代に氷床が存在したと話しましたが、では過去の氷床、氷河時代の存在は、どうしてわかったのでしょうか？　どなたかアイデアを。

——コアからです。

何のコアですか？　地面に掘るボーリングコアですか？　地層のなかに記録があるという意味ですね。具体的に氷床の研究の歴史を紐解きますと、過去に氷床がもっと広がっていたこと、具体的に

2-2　陸全体を厚い氷床が覆う

（国立極地研究所　極域データセンター・ウェブサイト「南極豆事典」より）

は2万年前の最終氷期にどれだけ氷床が広がっていたか、そのことにわれわれ人類が最初に気付いたのは十八世紀ごろです。

図2‐3の写真に写っている大きな石は迷子石といいます。そばに人がいますからその大きさがわかると思います。この写真ではわかりにくいのですが、この石（巨礫）を構成する岩石の種類と、その下にある岩盤を構成する岩石の種類はじつはまったく違います。地質学をはじめとする自然科学が最初に発展した国、イギリスで、地質学者が山を調査していて、巨礫とその下の岩盤とで石の種類がまったく違うことに気付きました。

そして、この巨礫にそっくりな石がどこにあるかと探すと、山を越えて何百キロも北にあったというわけです。いったいどうやって運ばれてきたのでしょう。洪水では、こんなに大きい礫を、山を越えて何百キロも離れたところまで運ぶことは

2-3　迷子石

（画像提供：北海道大学低温科学研究所　白岩孝行准教授）

できません。それができるのは、氷河しかないのです。さらにこのような迷子石がどのように運ばれたかを調べている過程で、氷河の存在を示す別の証拠が見つかりました。（図2-4）

この写真の地層はおよそ2億6千万年前のものですが、基盤の石を平らに削った面が出ていて、そのうえに線が見えますね。これが氷河擦痕です。氷河擦痕の写真としてはたいしたことはないと思われそうですが、教科書によく出てくる氷河擦痕の写真の多くは2万年前の最終氷期極相期の氷河擦痕の写真ですが、この写真は2億6千万年前の氷河擦痕です。こんなに古いものはなかなか見られないのですが、ちょうど南アフリカに巡検に行ったときに写真に撮ってきました。氷河に削られた面が削られた後すぐに上に堆積物が載って保存され、それが最近また露出したのです。こういう擦痕があると、氷床がこれを削ったことがわか

2-4 地層に刻まれた2億6千万年前の氷河擦痕 （南アフリカ）

ると同時に、どういう方向に氷床が流れたかもわかります。こうして過去の氷床の流れの方向も知ることができるのです。

それから、次の写真（図2-5）の下側は、氷河擦痕がついた岩盤ですが、それを覆って、これも2億6千万年前に堆積した大きな礫が入った地層が重なります。これが氷河性の漂礫（ティル）です。氷河はその上にいろいろな礫を載せて、ベルトコンベアのように運んでゆきます。水の流れで運ばれる礫は淘汰されて同じ大きさにそろっていきますが、氷河が運ぶと淘汰を受けませんからいろいろな種類の礫を、角張ったものから円いものまで、大きいものから小さいものまで一緒くたに運ぶ。そしてそれを、氷河が溶けたところで落としていくのです。こうした漂礫があって、その下の岩盤に擦痕があると、これはもう間違いなく氷河があった証拠になるわけです。

2-5　氷河擦痕が刻まれた岩盤上に堆積した氷河性漂礫（南アフリカ）

こういう証拠を地層のなかから見つけだして、過去の氷床を、そして氷河時代を復元していったのです。何億年も前の話ばかり延々とするつもりもないのでここで最終氷期の話に戻しますが、あいう迷子石はどうやって運ばれたのでしょうか。迷子石や氷河擦痕などを元にヨーロッパの学者たちが、その後アメリカの学者も、数万年前の最終氷期の北半球における氷床分布を調べました。

その結果、イギリス全土、さらにはスカンジナビアやドイツ北部も、どうも比較的近い過去に、しかも一度だけではなく繰り返し氷床に覆われていたことがわかってきました。イギリスやヨーロッパの半分、それから北米でいうとカナダ全部とアメリカ合衆国はニューヨーク辺りまで、厚さ3キロメートルもあるような氷床の下敷きになっていたことがわかってきたのです。ちなみに、ニューヨークのセントラルパークには、氷河擦痕

2-6　セントラルパーク（ニューヨーク）の基盤岩に見られる氷河擦痕

（画像提供：平成帝京大学　小森次郎講師）

がきれいに残る基盤岩が露出しています（図2-6）。

図2-7はずっと後にもっと精密に調査をして復元した図ですが、最終氷期、今から1万8000年前に、北半球はこれだけ氷床で覆われていた。つまり、ニューヨークが氷床の末端付近、カナダはもう全部氷床の下、それからスカンジナビアとイギリスも氷床の下になっていたのです。それからロシアの一部もそうですね。日本は幸い氷床には覆われませんでした。

——氷床の厚さが3キロメートルと強調されていましたが、当然その末端には厚さが1キロメートルの部分や500メートルのところがあるわけですよね。

はい、もちろんそうです。氷床というのは、お供え餅みたいな格好をしていまして、その中心でだいたい3キロメートルぐらいの厚さです。それが縁にいくにしたがって次第に薄くなってゆくの

2-7　今から1万8000年前（最終氷期極相期）の北半球における氷床分布

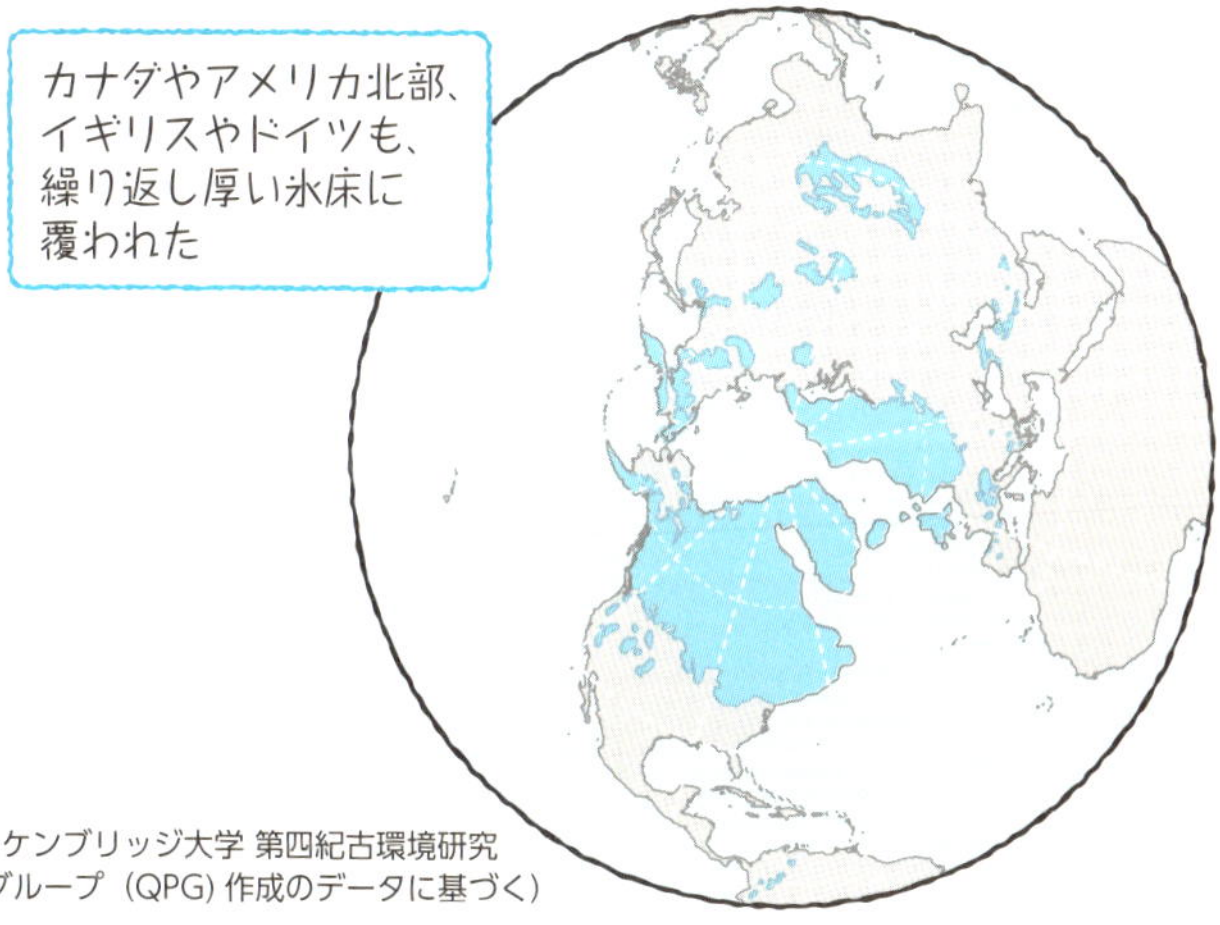
カナダやアメリカ北部、
イギリスやドイツも、
繰り返し厚い氷床に
覆われた

（ケンブリッジ大学 第四紀古環境研究グループ（QPG）作成のデータに基づく）

ですが、比較的縁近くまで厚さを保つのです。そして縁近くで急に薄くなるという性質を持っています。

——この図を見ると、アラスカのボーフォート海には氷床は全然なかったのですか。

先ほど言いましたように、氷床は雪が固まって厚い氷になったもので、海水が凍ったものは海氷といいます。この図では氷床しか示していませんが、北極海、それからベーリング海や北大西洋北部は海氷が完全に覆っていました。今の北極海の一部は多年氷で、何年もかけて数メートルの厚さになっています。一方、氷床のほうは数キロメートルの厚みを持っています。

海氷はひとまず置いておいて、厚さ3キロメートルの氷床がこれだけの面積に載ったらどういうことが起こるでしょうか。その氷を構成する水の起源はどこでしょうか。どなたか？

——海です。

そうです。海ですよね。だとしたら、これだけ氷が陸に載った場合、海面はどのくらい下がるでしょう。いかがでしょうか？

——100メートル以上。

100メートル以上。もっと下がると思う人、いないですか。

——500メートル。

500メートル。いかがでしょうか、もっと下がると思う人は？

正解はおよそ120メートルです。もっとも、地球の歴史のなかでは海面が最大500メートルぐらい下がった例はあったようですが、ただそのときの変動は氷だけではなくて別の原因があったらしいのです。ともかく、最終氷期には海水準を120メートル下げるだけの量の氷が大陸の上に乗っていたのです。ちなみに今残っている氷を全部溶かすと、何メートルぐらい海水準は上昇するでしょう？

――十数メートル。

いや、十数メートルよりもっと多いですよ。IPCCレポートでは70メートル弱と見積もられています。

ミランコビッチの仮説

ミランコビッチ・サイクルとは？

先ほどの話に戻ると、十九世紀のイギリスの学者たちは、自分たちの住んでいる土地が過去には氷の下になっていたことに気付きはじめました。その当時は、まだどのくらい昔かは正確にわからなかったのですが、それでも比較的近い過去、少なくともわれわれ人類やわれわれが知っている動物たちが生きているような、マンモスも生きていた程度の過去ということがわかりました。しかも何回も氷床が前進、後退を繰り返していたこともわかってきました。

そうすると多くの人が当然考えるのは、次にいつ氷期が来るかということですよね。それを十九世紀ごろには本気で議論していたわけです。次にいつ氷期が来るかということを予測しようとしていた。まさしく地球温暖化とか地震予知と同じような議論が起こっていたのです。当然、氷床の拡大・縮小はどうして起こったのだろうという議論になりました。

では、どうして起こったのでしょうか。今日の話の冒頭でミランコビッチ・サイクルという用語を出してしまいましたが、それが何を意味するかまでは言いませんでした。ミランコビッチ・サイクルとは、何のサイクルでしょうか？

――太陽の黒点。

太陽の黒点のサイクルではないのです。確かに、太陽には関係するのですが。

――太陽の明るさ。

ええ、太陽の明るさは絡んでいるのですが、太陽自体の明るさが変わるサイクルではありません。地球に届く太陽の明るさの緯度方向の分布パターンや季節による変化パターンが数万年という長い時間スケールで変化するサイクルのことです。

これからお話しするミランコビッチ・サイクルとは、「地球の公転軌道の離心率、地軸の傾き、公転軌道に対する地軸の歳差運動の変化による日射量分布の変化」を意味し、それが氷期―間氷期サイクルを生み出すとする仮説を提唱したのが、セルビアの天文学者、ミリューシン・ミランコビッチ

（一八七九―一九五八）です。この説明だけだと難しくて帰りたくなるかもしれませんね（笑）。今日は残り時間を全部使って、じっくりこの仮説をご説明します。だからあまり心配しないでください。

ミランコビッチ・サイクルに絡んでいる要素は三つあります。まず一つ目が、地球が太陽の周りを回る軌道が円くなったり楕円になったりと変化することで、公転軌道の離心率変化と呼ばれます。二つ目は、地球が太陽の周りを回る公転軌道面に対して地球回転軸（地軸）が傾いている角度が変化することで、地軸の傾斜角変動と呼ばれます。そして三つ目は、その地軸のごますり運動――歳差運動――で、地軸歳差と呼ばれます。これらの要素をあわせて地球軌道要素と呼びますが、それらがミランコビッチ・サイクルに影響しているのです。

どう影響するのかというと、太陽の光が地球に当たるときにその当たり方が変わります。具体的には当たる日射の緯度方向の分布を変える。それから季節によってどれだけ当たるかという季節分布を変える。地球全体が年間で受ける総日射量としてはほとんど変わらないけれども、当たり方が変わるのです。地球軌道要素の時代変化によって引き起こされるこうした日射量の緯度分布・季節分布変動を世界で初めて計算し、それが氷期―間氷期サイクルを引き起こしていたのだという仮説を立てたのが、ミランコビッチなのです。

適切な例かどうかわかりませんが、たとえば焼き鳥を焼くとき、あまりひっくり返さないで焼くと片方だけ焦げてしまうけれど、まんべんなくひっくり返しているとうまく焼けますよね。それと同じとは言いませんが（会場、笑）、そういう火の当て方の違いみたいなものですね。下から燃えている火の強さは変わらなくても、ひっくり返し方で焦がしたりうまく焼けたりするのと似ています。地球が太陽の周りを一周する一年の間に地球表面に太陽光をどう当てるかで、生焼けの部分（特定の季節の日射量が少ない場所）、焦げた部分（特定の季節の日射量が多い場所）の程度や分布が変わるのです。

地球にはどうして季節があるのか

これからミランコビッチ・サイクルの話を具体的に一つ一つしていきますが、最初の話題として、季節の話をします。地球には季節がありますよね。春夏秋冬。この季節って、どのようにして生まれるのでしょうか。

――地軸が傾いている？

傾いていると……？

――太陽の当たり方が違う。

その通りです。この答えがすんなり出ないこともあるのですが、今日はすんなり出てしまいました（会場、笑）。

2-8　地軸と季節

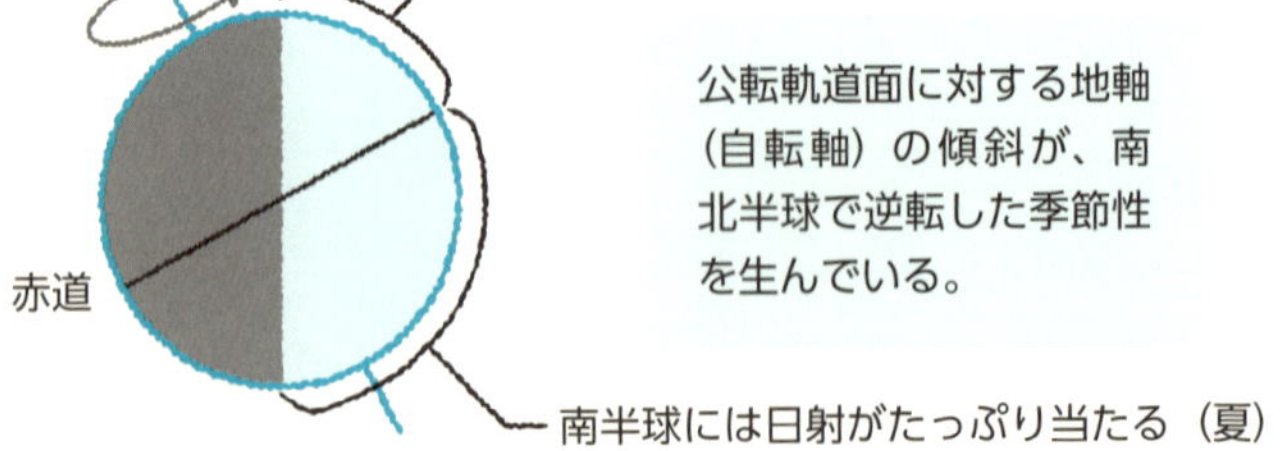
北半球には日射があまり当たらない（冬）

地球の自転軸は、地球が太陽の周りを回るその公転軌道に対して23度ぐらい傾いています。そうすると、図2-8の地球に赤道が描かれていますが、図にある地球の状態というのは北半球の夏でしょうか冬でしょうか？　冬ですね。南半球には太陽光がたくさん当たっていて北半球には少ししか当たっていません。公転軌道に対して地軸が傾いていることによって、地球には季節が生まれるのです。しかも南北半球で逆転した季節性を生んでいます。だからこそわれわれは冬に南半球に行けば暖かいし、逆にオーストラリアの人がわざわざ日本までスキーに来ることもありますよね。それは南北で季節が逆転しているからこそなのです。

このように地軸の傾きは南北半球で逆転した季節性を生むのですが、では、地軸が傾きを増すと地球の気候はどうなるでしょうか？

――季節の変化が大きくなる。

その通りです。南北で逆転した季節性が強くなります。逆に傾きが小さくなると季節性が弱くなるわけです。具体的には22～24・5度ぐらいの範囲で地軸は傾きを変えているのです。しかもその変動周期はだいたい4万年ぐらいなのです。4万年ぐらいの周期で22～24・5度ぐらいの間を行ったり来たりしている。この周期で南北逆転した季節性が強くなったり弱くなったりしていることが、ミランコビッチ・サイクルを理解する一つ目の手掛かりです。

次に歳差運動の話をします。図2-9は、公転軌道に対する地軸の向きと、至点、分点の位置の関係、そして、地軸の歳差運動に伴って、至点、分点の位置がどう動くかを示しています。地軸が歳差運動をすると、地球の気候にどういう効果を生むのか考えてみましょう。

　図にあるように、北半球を上から見たとき、地球は太陽の周りを反時計回りに回っていますが、この図では地球の中心から延びる棒で示されているのが地軸です。地軸の傾きが太陽の方向の真逆を向く位置に地球が来たときが冬至（下図では左下の丸）で、そのとき、北半球での昼の長さはいちばん短くなります。この公転軌道上での冬至の位置は、地軸の向きにより変化します。後に述べるように、地軸はおよそ2万年かけて一周する歳差運動をしますので、それに伴って、冬至のときの地球の位置は、公転軌道上を時計回りに2万年かけて一周します。一方、公転軌道が楕円の場合、地球と太陽の距離がいちばん近づいた位置を近日点、いちばん遠のいた位置を遠日

2-9　近日点、遠日点と至点、分点

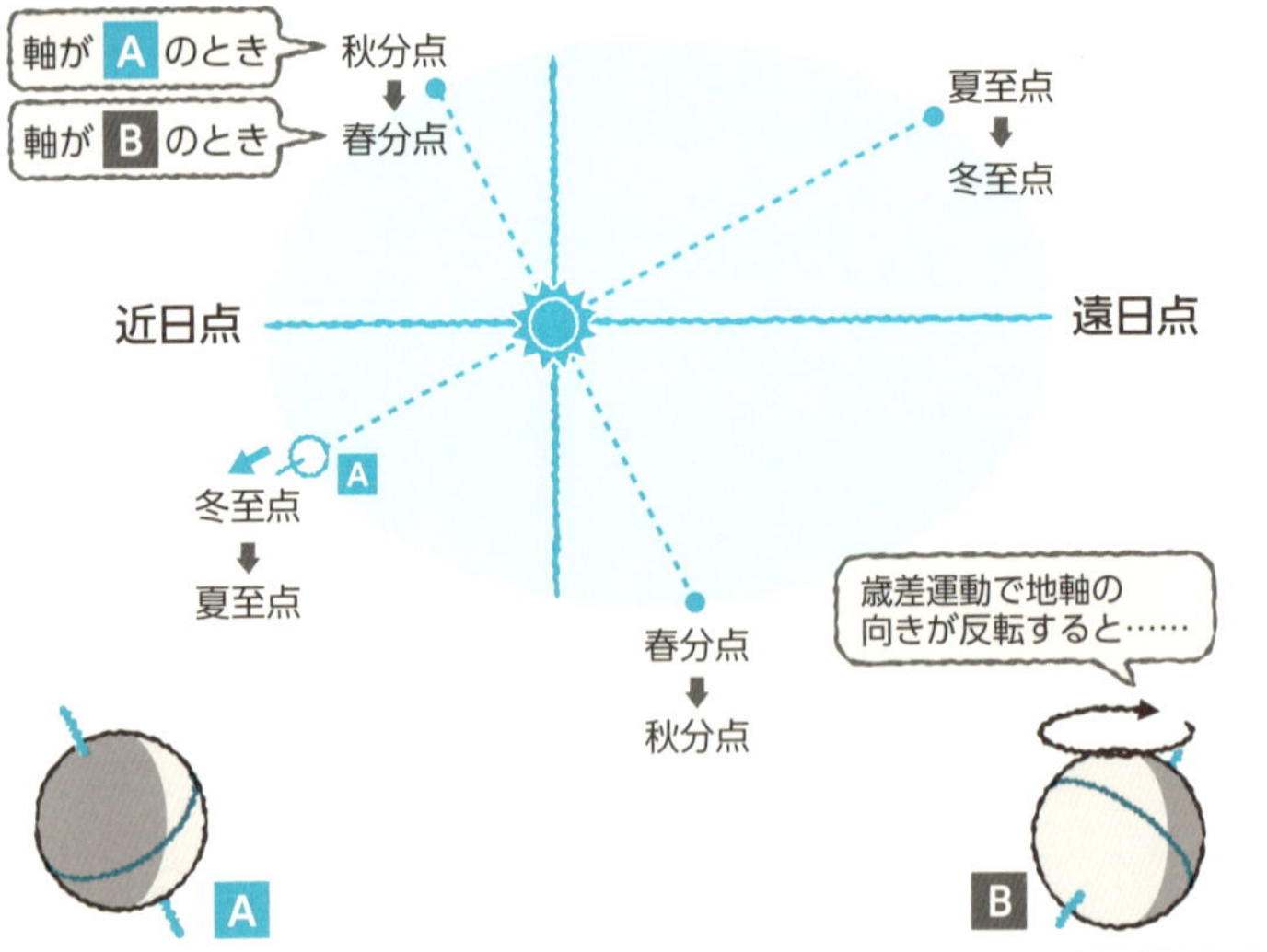

点と呼びます。

具体的に見てみると、今、地軸が左下の丸のように青色の矢印の向きに倒れている状態をAとすれば、このときの冬至点、春分点、夏至点、秋分点の配置は図のようになります。また、この軸の向きで地球が冬至点にあるときの地球への日光の当り方を示したのが左下の絵です。地軸が歳差運動をして1万年かけて180度向きを変えた状態をBとすると、Bの場合は右上のほうの位置が冬至点になる。夏至、春分、秋分点も変わります。

もし太陽の周りを回る地球の軌道が円軌道であれば、この地軸の歳差運動は地球の気候に何の影響も与えません。ところが楕円軌道だと影響が出てきます。どういう影響が出てくるのでしょうか？

（会場　……。）

答えを言ってしまいましょうか。

次の図2-10上の図の左側は、近日点——太陽と地球がいちばん近づいたとき——が冬至のときの地球の位置と一致している状態です。ということは南半球の夏の状態でもありますよね。この軌道状態では、北半球は冬に太陽に近い、だから北半球の冬は暖かく、このとき南半球は夏ですから南半球の夏は暑いということになります。一方、右側は北半球の夏の状態ですが、太陽から距離が遠いから涼しい夏です。一方、このときに南半球は冬で、これは寒い冬ですよね。これが近日点と冬至点が一致した場合です。

先に述べたように、地軸は約2万年の周期で歳差運動、つまり、ごますり運動をしています。ですから周期の半分にあたる1万年後には下の図のようになります。今度は、北半球は大変ですよね。夏は暑く、冬は寒いということになる。このように、地軸の歳差運動は、南北半球で逆転した季節性の強弱を、南北半球逆位相で引き起こしているのです。楕円軌道のときの地軸の歳差運動は、このような効果を持っています。この効果は楕円軌道がつぶれればつぶれるほど強くなり、逆に軌道が円に近くなればなるほど効かなくなります。

ミランコビッチの何がすごかったかというと、コンピューターがない時代にこの軌道計算を行い、さらに計算された軌道変化の結果起こる日射量分布の変動を全部計算したことです。手回し計算機を使ったそうですが、人生すべてをかけてのとてつもない仕事です。しかもそのうちの10年近くは、捕虜になって牢獄に入っていたのだそうです。牢獄のなかのほうがかえって計算が進んだらしいですけど。（会場、笑）ひたすら計算したというのがすごいですね。

図2-11はもちろんその後にコンピューターでもっと細かく計算し直した結果ですが、すでにお話ししたように地軸の歳差運動はだいたい2万年の周期で変動します。図に示されている曲線は、ほんとうは単なる歳差運動ではなくて、歳差運動に公転軌道のつぶれ方の程度の効果を入れた気候歳差と呼ばれる指標です。楕円軌道のつぶれ方は、図で離心率と書いてある指標で表されます。図に示されるように、楕円軌道のつぶれ具合というのはだいたい10万年周期で変動します。図には、もっと上の階層の長い周期も見えますよね。そちらは約40万年の周期です。とにかく、10万年や40万年の周期で地球の公転軌道のつぶれ具合が変わり、それに伴って歳差運動の夏や冬の強さへの影響の程度が

2-10　地軸の歳差運動は、南北半球で逆転した季節性の強弱を生みだす

1）冬至点と近日点が一致した場合

北半球の冬は暖かく、夏は涼しくなる。（季節性の減少）
南半球の夏は暑く、冬は寒くなる。（季節性の増大）

2）夏至点と近日点が一致した場合

北半球の冬は寒く、夏は暑くなる。（季節性の増大）
南半球の夏は涼しく、冬は暖かくなる。（季節性の減少）

2-11　地球軌道要素の変動の周期

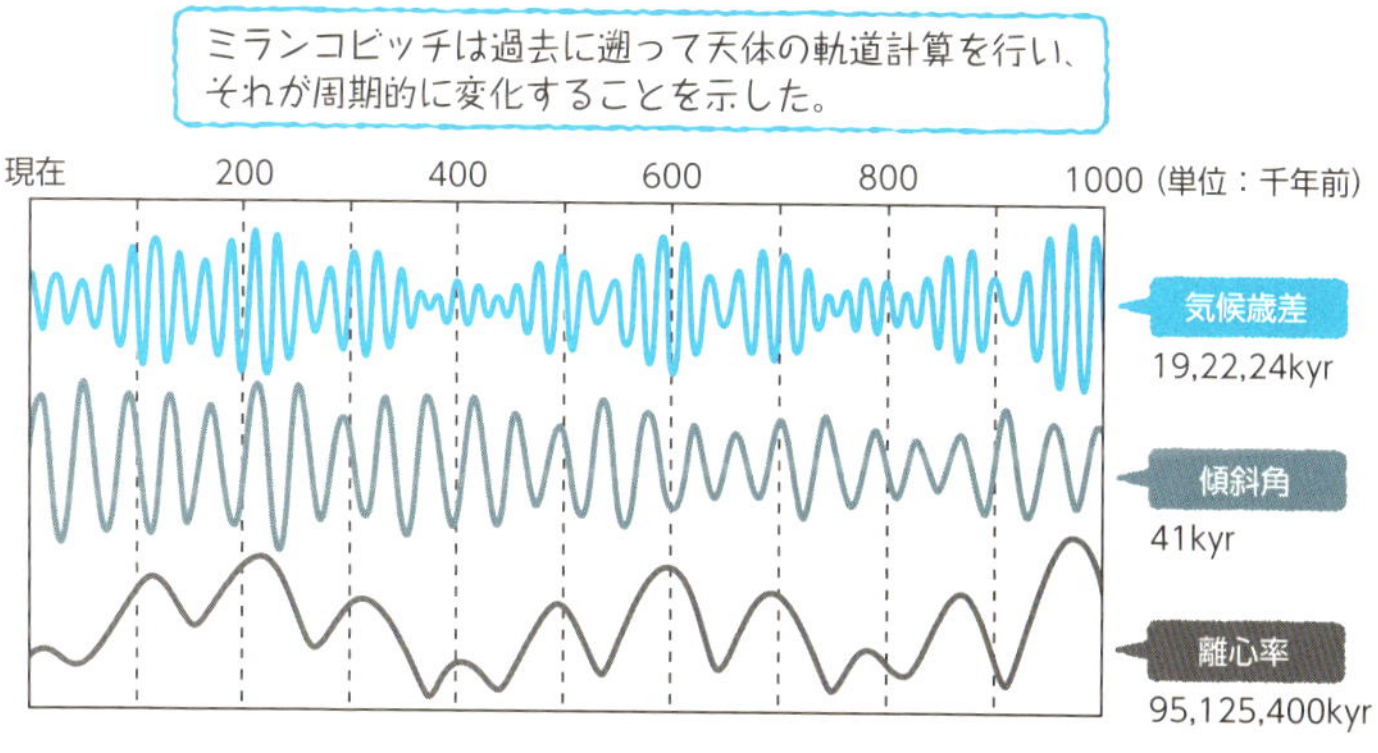

季節の強さに対する地軸の歳差運動の影響（気候歳差と呼ばれる）、地軸の傾斜角、地球の公転軌道離心率の、過去100万年間の変動。

（Robert A. Rohde 博士作成の図に基づく）

大きくなったり小さくなったりします。その結果、歳差運動によって2万年周期で繰り返す暑い夏（暖かい冬）と涼しい夏（寒い冬）のコントラストが変化するのです。それから図の中段は、地軸の傾き（傾斜角）の変動を示しています。22〜24・5度ぐらいの間で、およそ4万年の周期で変動しています。これは、両半球同位相で夏と冬のコントラストの程度を変化させます。

ここまでの軌道計算だけなら、天文学者であれば誰でもできます。ミランコビッチのすごいところは、彼は天文学者だからこういう計算をする能力を持っていて、しかも同時にそれが気候に与える影響を知ろうと発想し、こうした軌道要素の変化に伴う日射量分布の変動を計算したところなのです。

図2-12はミランコビッチよりずっと後の時代にコンピューターで計算した結果で、図の横軸が日射量です。単位はW／m^2です。四つ並んでいる変動曲線は、それぞれ異なる緯度での日射量変動です。

これらの図から何が言いたいかというと、緯度に応じて、軌道変化が起こったことによる日射量の変動パターンが違うということです。高緯度の夏の日射量変動は、2万年や4万年の周期が卓越していますよね。だけれど低緯度になると4万年周期があまり見えなくなり、2万年周期が強く出てきます。このように、4万年の周期は、高緯度ほど強くなる傾向があります。それから両半球の高緯度の冬は、当然ですがほとんど日が当たらなくなります。

もう一つ見ていただきたいのは、——後でこの話が出てくるので覚えておいていただきたいのですが——日射量変動の振幅は南半球と北半球で同じように変化するけれども、当然のことながら位相は逆だということです。図でも、北半球で日射量が極大のときには南半球は極小になっています。北半

2-12 80万年前から20万年後までの日射量変動の計算

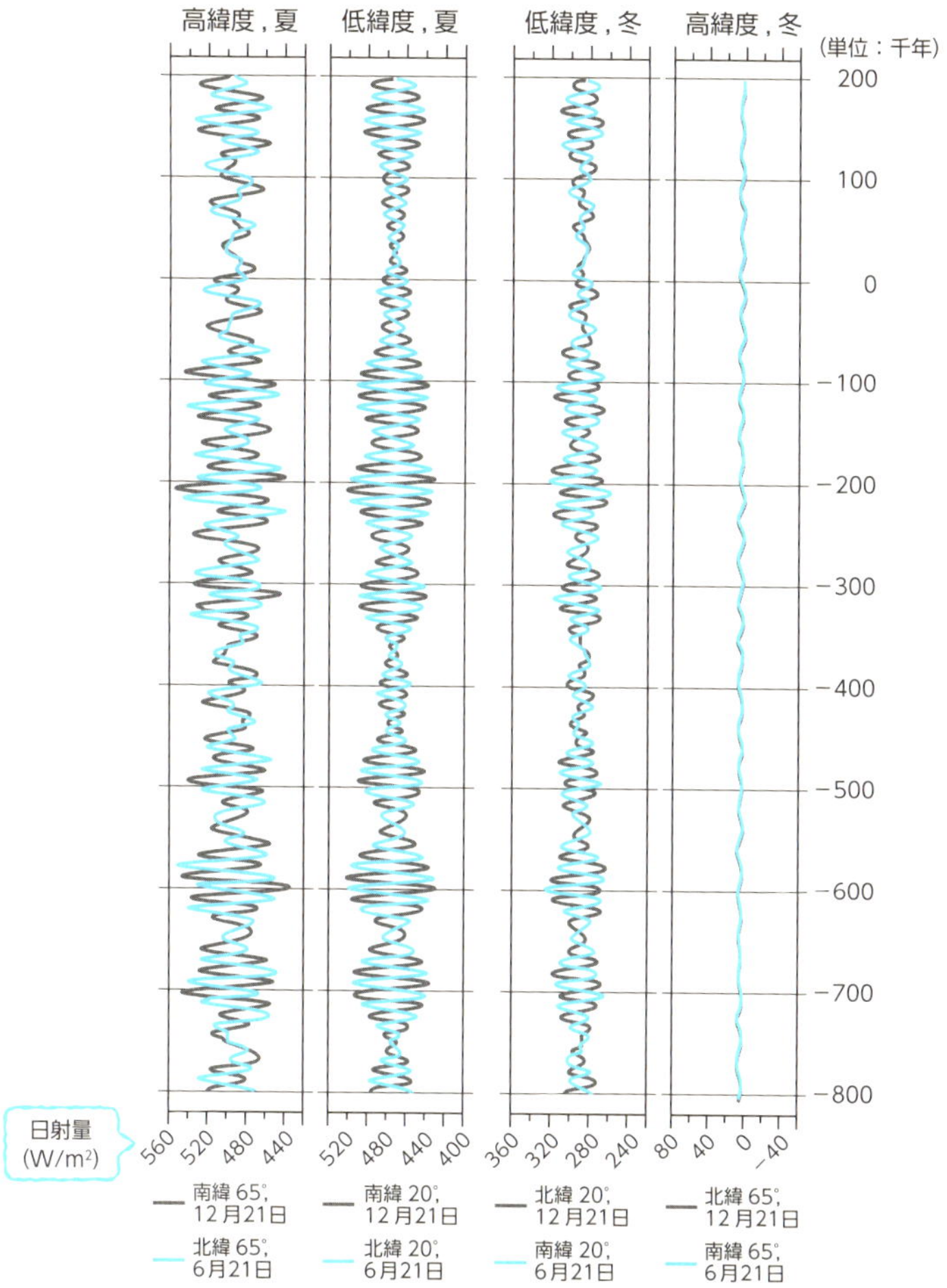

緯度および季節によって異なるパターンが示されており、南北で強弱が逆転している。ただし、離心率が0に近くなり、気候歳差の影響が小さくなると、南北同位相で起こる地軸傾動の影響が強くなることに注目（一番左の〈高緯度，夏〉のグラフで顕著）。

（増田 1993 に基づく）

球で夏の日射が強いときには南半球は弱いのです。

繰り返しますが、地球の軌道要素が変わることによる日射量変動というのは、日射量の緯度方向の分布の変化と季節分布の変化で特徴づけられ、歳差運動に起因する変動は、南北で逆位相なのです。

何が北半球氷床の消長を決めているのか?

ミランコビッチはこのような計算をしたのですが、それだけではありません。もう一つ、彼は非常に重要な仮説を立てました。先ほど日射量変動の説明の際、たとえば北緯65度の夏の日射量は2万年周期で変動して、時々4万年周期が強くなるパターンを示すこと、ようするに周期的に変化することを見ましたね。けれどもこうした変動を、どのようにして氷床の拡大・縮小と結びつければよいのでしょう。しかも、どの緯度、どの季節の日射量をとるかでリズムが違ってしまうわけですから、どの場所のどの季節の日射量が特に重要かを考えないといけないわけです。

ミランコビッチは、彼は北半球に住んでいましたから、とりあえず南半球のことは置いておいて、北半球の氷床の拡大・縮小を決めるのはどの季節の、どの緯度の日射量だろうかと考えたのです。これは当然ながら、計算をはじめる前に考えた。一つの計算をするのに膨大な時間がかかるので、意味のない緯度の意味のない季節について計算をしたくはありませんよね。意味のある緯度と季節についての計算をしたかった。だから、どの緯度、どの季節が重要かと考えたのです。そして彼は友人に相談した。もちろん彼もある程度気候のことは知っていましたが、気候学のプロではなかったわけです。彼は基本的には天文学者ですから、気象学者や気候学者にこの疑問を問いかけたのです。

では気候学者になったつもりで、答えをいかがでしょうか。いつの季節の日射量が氷床の消長を決めるのでしょうか？　夏ですか、冬ですか、春ですか、秋ですか？　それとも一年の平均？

——夏じゃないですか。

夏。それはどうしてですか。

——やっぱりエネルギーの量が多いときかと思います、多いか少ないかという点で考えると。

ではついでに、どの緯度の？

——緯度が高いところ。

それはどうしてですか。

——いやあ……。（会場、笑）

いや、正解なのですよ。それで正解なのですが、理由まで言っていただけると、なおうれしいのですけれど（笑）。

——いずれにしても氷床があるのは両極ですよね、南極か北極か。やっぱりその周辺、その近くだと考えると、高緯度にならざるをえないから。

はい、ほぼ正解です。ミランコビッチがこの研究を始めたのはまだ彼が若いころ、三十代前半ぐらいだと思われますが、すでにそのときに大気候学者であったウラジミール・ケッペン（一八四六—

一九四〇）に相談したのです。そしてもう一人、ケッペンの娘婿のアルフレッド・ウェゲナー（一八八〇―一九三〇）。ウェゲナーの名前は聞いたことがあると思うのですが、何で有名だかご存じですか。

――大陸移動説。

そうです。ウェゲナーというのは、後世には大陸移動説で非常に有名になった人ですけれども、じつは気象学者の側面のほうが強かったようで、実際に亡くなったのも気象観測でグリーンランドに行っていたときでした。

この二人にミランコビッチは相談したのです。そして、答えは今説明した通りでした。氷床の末端の緯度はだいたい60度ぐらいですが、やはり末端で融けないと氷床は後退しません。だから北半球の氷床の消長を決めるのは末端の緯度が重要だろうと考えたのです。それから冬はどっちみち寒くて氷は融けないのですから、やはり重要な季節は夏だろうと考えました。ある意味ではあたり前のようですけれども、それが答えだった。そこで、ミランコビッチはその緯度と季節の日射量の時代変化を計算したというわけです。

図2-13上の青線のグラフは、北緯65度における過去100万年間の夏の日射量の変動を示しています。日射量はこのように2万年周期で変動し、さらに10万年周期で振幅の増減が見られます。それから下のグラフは大陸の氷床の大きさの変化を示します。図にあるように氷床体積は最大になった後、一気に融けて減少するのですが、氷床が一気に融解したのは、日射量変動の振幅が大きくなり極大値をとったときです。

ミランコビッチはここまで細かい計算はしていませんでした。また、彼が日射量変動の計算をしていたときには、氷床の消長に関するこのように詳しい変動記録はありませんでした。わかっていたのは、氷床がいつごろ成長し、いつごろにはなかった、程度のことです。それでも彼が計算した結果と、その当時の知識に基づく氷床の消長とがだいたい合っていたということで、二〇世紀初頭にミランコビッチの仮説はいったん注目を浴びたのです。

このように注目される仮説を提唱すれば、人々はそれを検証しようとしますよね。それでその当時の地質学者達がいろいろな地域で氷床が拡大した時期を、従来より詳しく調べました。そうすると氷床が拡大した時期が、ミランコビッチの計算と合わなくなってきて

2-13 日射量変動と氷床量変動

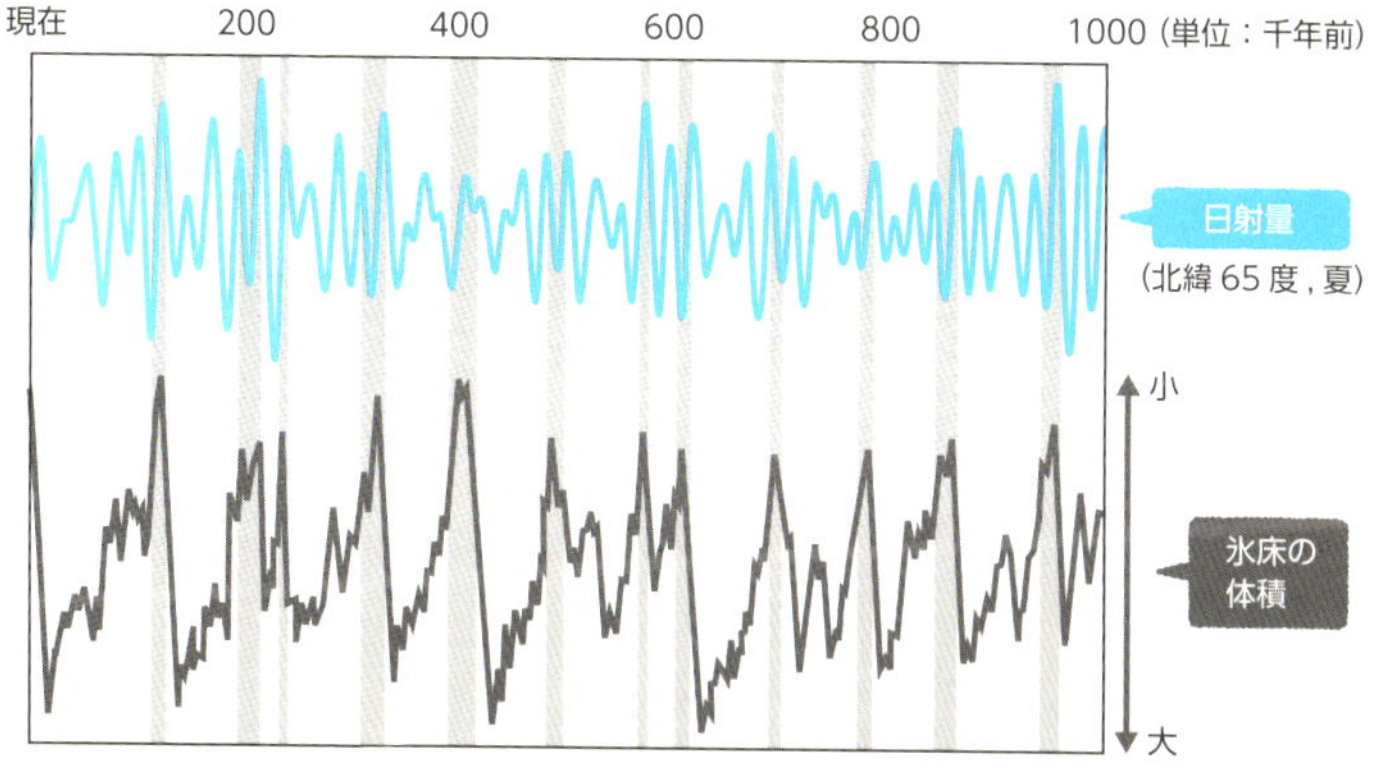

北半球氷床末端付近（北緯65度）における、過去100万年間の夏の日射量変動（上）、および、グローバルな氷床量変動（下）。氷床量の変動は、底生有孔虫殻の酸素同位体比に基づいている。
（Robert A. Rohde作成の図に基づく）

しまったのです。それで二十世紀中ごろにはミランコビッチの仮説を支持する人はほとんどいなくなってしまった。ミランコビッチはこの研究の集大成の本を40年がかりで書いて一九三〇年に書き上げたのですが、それが完成したときにはもはや注目されなくなっていたのです。けれどもタイミングが合わないように見えたのは、じつは地層の年代を決める手法の精度がよくなかったからで、ミランコビッチが間違っていたわけではなかったのです。検証しようとした地質学者の推定の誤差が大きすぎたのです。

こうした状況を一気に塗り替えたのが炭素14という放射性同位体による年代測定技術の発達です。それによってミランコビッチ仮説は一九七〇年代によみがえるのです。その話も面白いのですが、今日はその話は置いておいて、話の本筋を進めたいと思います。

では、北緯65度の夏の日射量に応答して北半球の氷床が拡大・縮小したとして、この拡大は日射量が減って寒くなったから拡大したのでしょうか。それともそれだけではなく、何か別の効果もあったのでしょうか？

——氷床が拡大したから寒くなった、かな。

はい、そうですね。この効果がじつはフィードバックなのです。最初に話したように、ミランコビッチ・サイクルは日射量の季節分布や緯度分布は変えるけれど、地球全体が年間に受ける総日射量はほとんど変えません。ということは、氷床を拡大させ地球を寒くするには、日光の当て方を変えるだけでは十分ではありません。氷床ができることによって気温が低下する、つまり最初はその地域の日射量が減るから気温が低下するのですが、さらにそれを増幅するメカニズムが必要なのです。正のフィードバックというのですが、小さな変化をどんどん大きくしていく、そういうフィードバックです。では、こういうフィードバックとして、どういうメカニズムが考えられるでしょうか。何かアイデアはありますか。

——氷の反射率。

その通りです。ずばり答えが出てしまいました。素晴らしいですね。その代表例がアイス・アルベド・フィードバックです。これはようするに雪が積もるとその場所の反射率が高くなる。だから太陽光が当たってもみな反射して返してしまうから暖まらないのです。そうすると余計そこが寒くなり、もっと雪の領域が広がるという、そういう正のフィードバックです。

——ここまでの話では太陽の明るさはあまり変化がないことを前提にしていると考えていいのでしょうか。変化は多少あっても、気候システムに大きな影響を与えることはないという前提のお話のように思うのですが。太陽の明るさについても変動があるのだという話を、俗説かもしれませんけどよく耳にするのです。少なくとも今日の話のタイムスケールのような、だいたい数万年とか10万年とかというその程度のオーダーだと、太陽の明るさは事実上あまり変化しないというふうに考えていいのでしょうか。もっとタイムスケールを大きくすると、太陽の明るさはどう変化したのでしょうか。

すごくうれしい質問をしてくださいました。

簡単にお答えしますと、数百年スケールから数千年スケールになると太陽の明るさの変化の影響が出てきます。それから、それより長い時間スケールの変動についてはじつは今のところ知るすべがないのです。だから、「ない」とも「ある」とも言えませんが、あったとしても全然おかしくありません。それから、もっと長い億年スケールの現象としては、前回スノーボールアースに関連してお話ししましたが、太陽はだんだん明るくなってきています。これはかなり確立した事実です。だから太陽の明るさは、前回もお話ししたように地球の表面の気温を決める非常に重要な要因の一つで、それが変動しないという保証はまったくない。ただ30年間あまりの衛星観測などを基に、太陽の明るさは0・1%ぐらいしか変動しないことが知られており、だから無視してもよいというのが従来の考え方だったのです。しかし、じつはそうではなく、事はもっと複雑だというのが最近わかってきた。太陽活動と気候変動の話はのちほど、第5回の講義でするつもりです。

もう一つ付け加えますと、現在いちばん新しい太陽の11年周期（サイクル24）に入っていますが、今回のサイクルは今までとちょっと違うといわれています。それがどんなふうに違うのかも第5回にお話しするつもりなので、ぜひそれまでお付き合いいただければと思います。

北半球が氷期のとき、南半球は？

ミランコビッチの仮説の概略はここまで説明した通りなのですが、こうした仮説が出てくると当然みな、問題がないかといろいろ考えます。そこで出された疑問のうちの一つに——これはなかなかいい疑問だと思いますが——北半球が氷期のとき、南半球はどうなっていたのかという疑問がありました。この疑問についてはいかがでしょうか。南半球は間氷期だったのでしょうか。南半球も氷期だったのでしょうか。それとも南半球はどっちでもなかったのか。

——間氷期。

間氷期だった？　他の方はどうですか。

——氷期。

北も南もどっちも氷期だった？　両方の意見が出ました。

ミランコビッチの仮説によると南北両半球で氷期—間氷期サイクルは逆転するはずです。先ほど説明したように、北半球の日射量が大きいときは南半球の日射量は小さいわけですし、高緯度の夏の日射量が氷床の消長を決めているというのがミランコビッチの仮説ですから、この仮説を信じれば、南北半球では氷期—間氷期サイクルは逆転していたはずです。「はず」と私が言っているからには、答えは違うということですよね。（会場、笑）みな、当然調べました。逆転しているだろうと期待して調べたら、じつは氷期は両半球で同時に起こっていたのです。これは非常に重要なことです。

なぜ北半球の氷期—間氷期サイクルに南半球が同調しているのでしょう。このことは本当に重要です。なぜかというと、太陽の光というのは南半球にも北半球にも同じように当たっているはずなのに、どういうわけか北半球の夏の日射量にすべてが支配されていることを意味するからです。不公平ですよね。けれども現実はそうなっている。なぜ同調しているのでしょう。すごく大きな問題なのですが、どなたかこの謎を解くグッドアイデアはないですか。

——北半球に陸地が多いからではないですか。

北半球は陸地が多い。なるほど。陸地が多いとどうして？

——気温の変動が大きいというか、南半球は日射量の変動に対して気温の変動が北半球と比べると小さくなりそうな気がしたのですが。

はい、このお答え、かなり正解に近いですね。ではまず南半球から話していきます。図2-14（カラー図版）は南半球を真南から見た図です。左の図は、1万8000年前の最終氷期極相期の南極大陸とその周辺、そして、右の図は現在の南極とその周辺の様子です。海氷の張り方が若干違っていますが、基本的には間氷期である現在も南極に氷床が居すわったままなのです。なぜこうなるかというと、図からもわかるように南半球は南極大陸が真ん中にあって、それ以外は海が多い。しかも、南極と周辺の大陸との間がみな開いているので、南極環流が南極の周りをぐるぐる回っているのです。これが低緯度からくる暖かい海流をみな止めてしまい、その結果、南極大陸はつねに十分寒くて氷床が融けない状態に維持されているのです。それに対して北半球はどうかというと、今ご意見が出た通り、大陸が極域から中緯度まで広がっているために氷床が中緯度まで拡大できたのです（カラー図版の図2-15）。言い忘れましたが、南極のほうは氷床を拡大しようと思っても、南緯65度ぐらいより北は海ですから、氷床はそれ以上低緯度に向かって成長できません。それに対して北半球は大陸がずっと低緯度まであるので、実際にいちばん寒い時期には緯度にして北緯45度まで氷床の末端が南下しました。だから確かに大陸分布が重要なのです。

なぜ北半球と南半球の氷期―間氷期サイクルは同調するのだろうか？

ここまでの話で、北半球の氷床のほうが日射量の変化に敏感でその変動が大きいことの説明がついたことと思います。では、このように北半球で生じた大きな変動は、どのようにして南半球まで伝わったのでしょう。北半球の氷床が日射量に敏感だとして、北半球に氷期―間氷期があって南半球にはなかったのなら疑問は残らないのだけれど、実際は南半球も暖かくなったり寒くなったりという変化を北半球と一緒にしていたのです。北半球の寒暖サイクルは、いったいどうやって南半球に伝わったのでしょうか。これに関しては何かよいアイデアはないでしょうか。

――海流。

海流ですか。海流というのは具体的にどういう海流を考えればよいのでしょう。

――深層水じゃないですか？

深層水循環ですね。なるほど。それは正解に関わってはきますが、詳しくは次回の話になります。（会場、笑）今回はそこまで話はいきませんが、アル・ゴアの『不都合な真実』という映画を見た方はおられますか？　では映画を見られた方、ゴアがリフトに乗って何かのグラフを指しながらビューッと上がっていったのを覚えていますか？（図2-16）あのグラフは何のグラフでしたでしょうか。

——炭酸ガスです。

そうです。大気中のCO_2濃度ですよね。現在に向かってCO_2濃度がビューッと上がる前にも周期的に増減していたのを覚えてますか？　みんな、最後に上がるところしか見てないんですよね。その前にもちゃんと変動していたのです。ということで、答えはこの氷のコアのなかにある。

この写真は、氷床コアをパイプから抜いているところです（図2-17上）。氷床コアとは氷の柱のことで、掘削によって3キロメートルの厚さにわたって氷床からくり抜いたもの。日本の研究チームもドームふじという地点でそれを掘削しているのです。写真を見ると完全に透明な氷ではなく、なにか小さな不純物のようなものがたくさん入っているのが見えます。下の写真は氷床コアを輪切りにしたものを持っているところですけれど、なかに小さなツブツブが見えます。これは何だかわかりますか？

——気泡に見えますけれど。

そうです。気泡です。これは過去の大気のカプセルなのです。これは南極の氷ですけれども、これをオンザロックで飲むとおいしいのですよ。（会場、笑）融けるときにパチパチパチパチ音がする。それはなぜかというと、気泡はすごい圧力で押しつぶされて封入されているので、それが融けて解放されるとパチパチと音が

2-16　映画『不都合な真実』の一場面

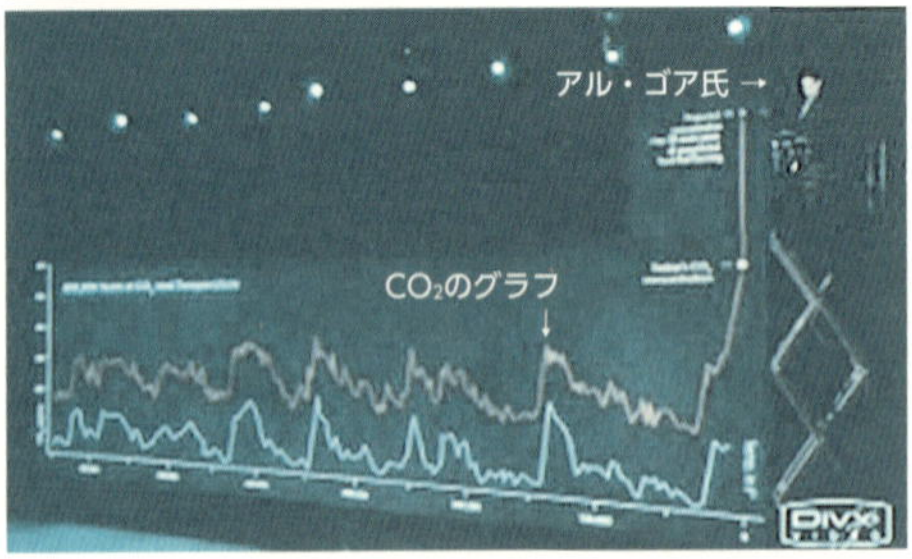

©Paramount Classics

するのです。聞くところによると、銀座で飲むとウン万円だという話もある。（会場、笑）だいぶ昔ですけれど、極地研という南極の調査をしている研究所の人に私はタダでこの氷をいただいて、音を楽しみつつウイスキーを味わったことがあります。

話が脱線しましたが、これは過去の大気のカプセルなのです。図2-18の下のグラフはこれを分析して出した、過去の大気中のCO_2濃度変化を示しており、濃度は180ppmから280ppmの間で変動しています。人間がCO_2を出す前のレベル、後氷期の自然状態レベルは280ppmぐらいです。現在ではこの方法で80万年前まで復元できています。その結果、氷期—間氷期に対応して大気中のCO_2濃度が変動していることがわかりました。つまり、北半球の氷床の拡大・縮小とほぼ同調して、氷期と間氷期の間でCO_2の濃度が変動していたのです。CO_2濃度はどこかで局地的に変動しても、そのシグナルは拡散で均質化されつつ全世界に伝わってしまいますよね。ですからCO_2濃度がこ

2-17 氷床コア

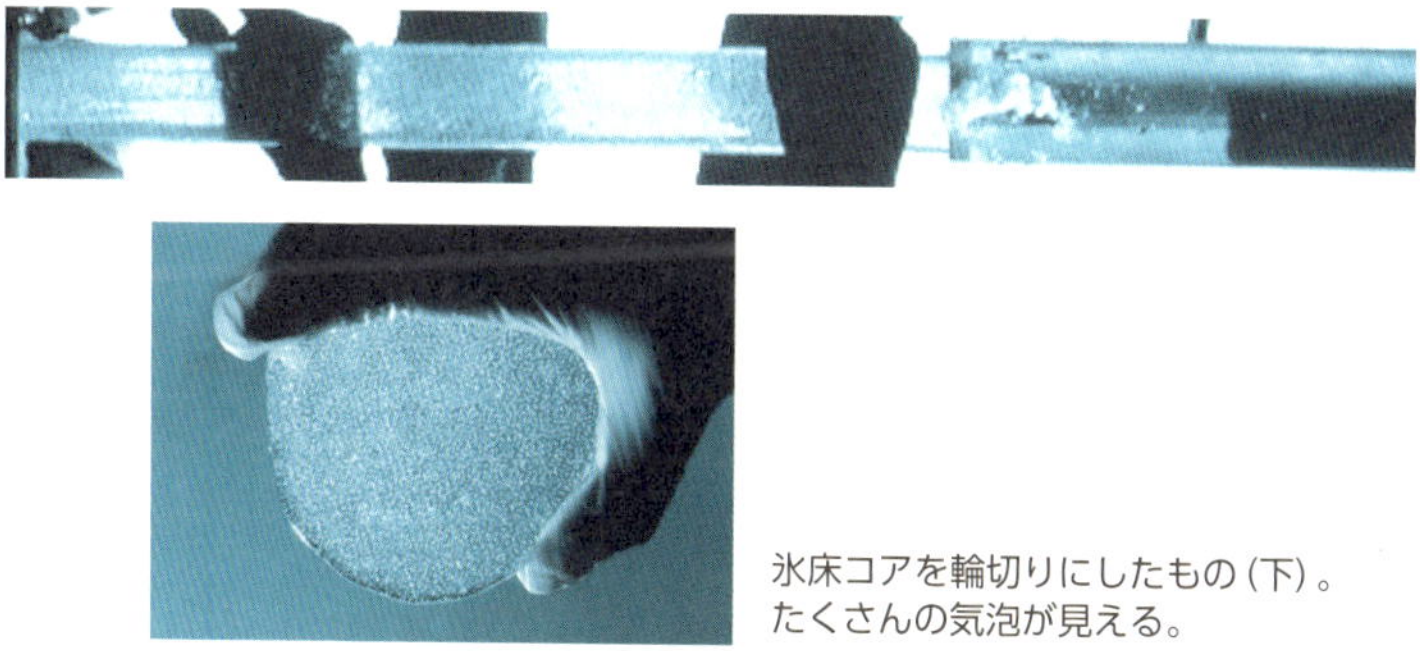

氷床コアを輪切りにしたもの（下）。たくさんの気泡が見える。

(©British Antarctic Survey／©Lonnie Thompson)

のように氷期に低くて間氷期に高いことが、じつは氷期―間氷期のシグナルをグローバルに同時に伝える役割を果たしていたのです。

そうすると次に「大気中のCO_2濃度はなぜ北半球高緯度の日射量に連動して変動したのだろう」という疑問が出てきます。この問題を解かないと氷期―間氷期サイクルの謎を全部解いたことにならないのです。すっきりしないですよね。地下鉄をどこから入れたか、みたいな話で、これが解けないとやっぱり全部わかった気にならないのですが、どなたかわかる方おられませんか？　これはかなり難しい問題ですね。

――**光合成が関係している。**

確かに光合成は、大気中のCO_2を固定する重要な過程ですが、それだけでは、問題は解決できません。

2-18　氷床コアの気泡を用いた、過去の大気中のCO_2濃度変動の復元

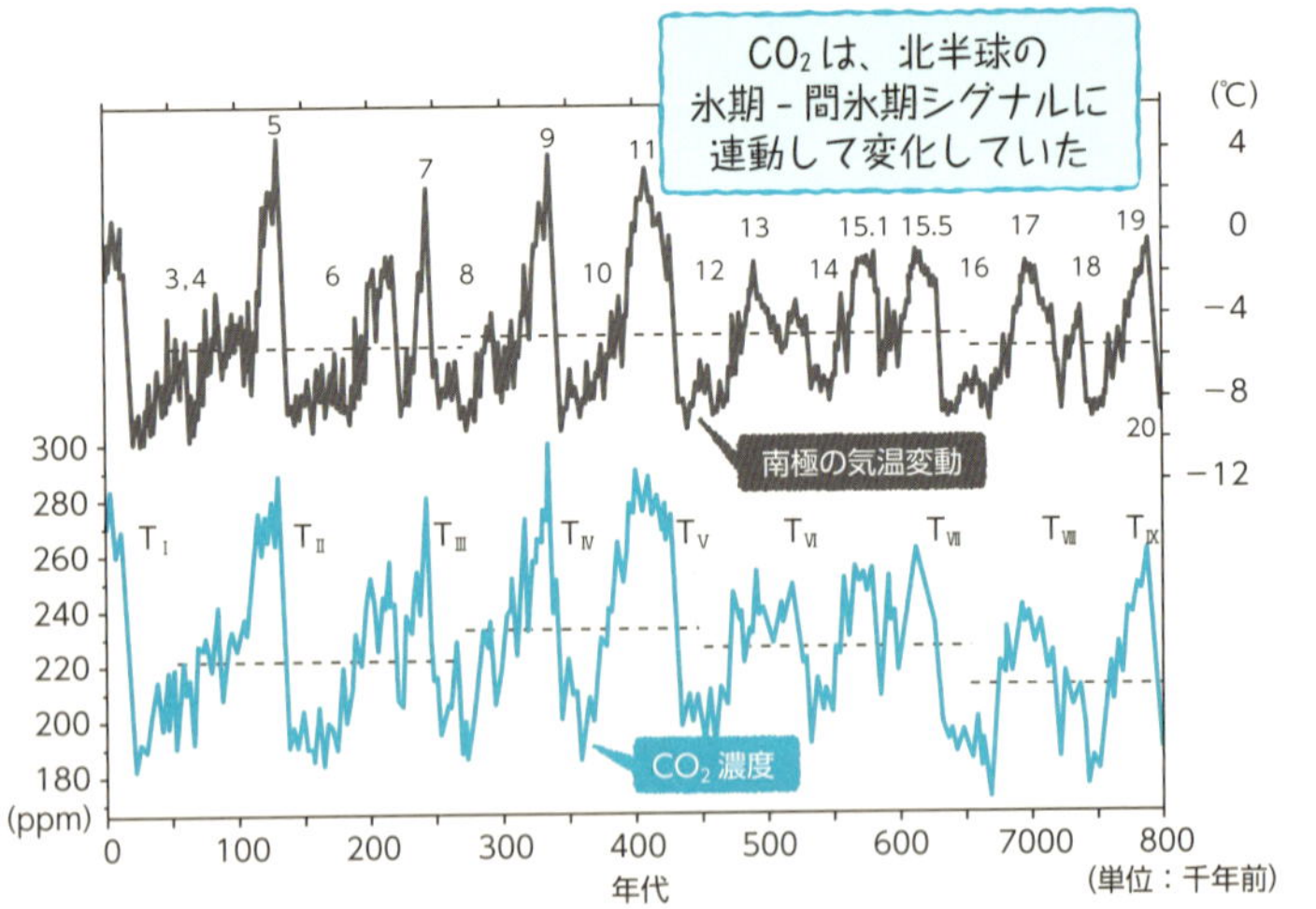

(Lüthi et al. 2008 に基づく)

――前回出てきた負のフィードバックでしょうか。それとも何か別の要因があるのでしょうか。

別の要因があります。CO_2濃度変動の問題というのはじつは複雑で、タイムスケールによってCO_2を制御するメカニズムが変わってくるのです。

第1回の話に出た、スノーボールアースに関わるような何百万年、何千万年というタイムスケールでは、大気中のCO_2濃度は地球のなかからガスが出てくる過程と、ガスを固定して地中に埋め込む過程のバランスで決まります。固定には二通りのルートがあるのですが、第1回で負のフィードバックの話をしたように、いちばん大きなルートはじつは化学風化なのです。岩石が炭酸によって溶けて石灰岩を沈殿させる。そのときにCO_2を固定するのです。このプロセスがいちばん効きます。

けれども今回われわれが問題にしているような数十年、数百年、せいぜい数千年のタイムスケールでは、化学風化のようなプロセスはあまり効かなくて、より重要なのは大気と海洋、それから生物圏との間のやり取りなのです。

どのようなやり取りがあって、大気中のCO_2濃度がどういう仕組みで制御されているかというのが次回のテーマです。これ以上言うと次回のネタが減ってしまいますので、このぐらいにしておきましょうか。

――日射量に連動して、海に溶けていたCO_2が大気中に出てくるのですね？

そうです。CO_2は海水に溶けているのですが、じつはどのようにして、どのくらい溶けているのか、それが何によってどう変わるかを理解するのは、そう簡単なことではありません。海がCO_2を吸ったり吐いたりしていることはわかっている。それが深層水循環と関わっていることもわかっているのですが、それがどのように関わっているのかは、まだ完全には解明されていません。

簡単に言うと、現在の海洋の深層水は海の深いところをゆっくりと流れています。現在を含む間氷期には、グリーンランド沖で世界の深層水の8割か9割がつくられており、残りが南極の周りでつくられています。一方氷期には、南極周辺でつくられるほうが多く、グリーンランド沖でつくられる深層水のほうが相対的に少なかったのです。

現在はグリーンランド沖でつくられた深層水が大西洋を南下し、南極周回流の流れに乗って、太平洋やインド洋に入り、そこを北上しています（後出138ページの図3-12を参照）。ようするに深層水というのは、コンベアベルトのように、地球をぐるっと一周して循環しているのです。深層水が一周めぐるのには1000年から2000年かかります。深層水はこうして世界の海をめぐってゆく過程でCO_2をため込んでいくのですけれど、それが何らかの理由で北半球の夏の日射量に連動して変動したと考えられるのです。

氷期―間氷期サイクルの南北半球での連動には、こういうグローバルな深層水循環が関連しているのですが、特に北半球高緯度域が鍵になるのは、そこに巨大な氷床が存在し、この氷床が融けたり崩壊したりすることにより、深層水循環に影響が出ることに関係しているのです。詳しくは次回、CO_2がどういうふうに制御されるかという話のなかで説明します。

まとめ

最後に、今日の話は何がポイントだったのかを思い出していただくために、まとめをしておきましょう。一つ目のポイントは地球の公転軌道の変化——もう今日の話を聞かれた後だから大丈夫ですよね——と自転軸の傾きの変動、そして歳差運動というのが、じつは10万年、4万年、2万年といった周期で起こっていて、こうした地球軌道要素の変化が、日射量の緯度とか季節の分布を周期的に変化させているということです。

二番目のポイントは、北半球の氷床はこうした日射量の変動に非常に敏感であり、そういう敏感なサブシステムが北半球の高緯度に存在したために、正のフィードバック過程を通して氷期—間氷期サイクルを生みだしたということです。

特に大事なことは、地球の表面を覆っている地球表層システムのなかに、いわゆるスイートスポットがあるということです。そしてたとえば地球軌道要素の変動に伴う日射量の変動のシグナルは地球のいろいろな緯度に、いろいろと違ったリズムでシグナルを送っているけれども、そのなかで非常に敏感なスイートスポットに当たったシグナルが増幅されて地球全体に伝播していくということです。この点がじつは今日のお話の肝心要の部分で、ミランコビッチ仮説の非常に重要な点でもあります。だから、この点をぜひ押さえておいていただきたいと思います。地球の気候システムにはスイートスポットがあって、そこでは弱いリズムでも信号が入るとそれがどんどん増幅されて伝播してゆくということがたいへん重要です。

それから三番目のポイントは、前回の話と組み合わせると、こうしたスイートスポットの位置は、地球の歴史を通じてずっと同じ場所にあったというわけではなく、時代とともに地球上のどこか違う場所に移動する可能性があるということです。それこそ温暖化が進んで、たとえば地球の平均気温があるしきい値を超えると、北半球で氷床がもう二度と拡大しなくなるということもありうる。そうしたときにはスイートスポットが今度は別の場所に移って、別のシグナルに応答して気候システムが変動しだす可能性もあるということです。これは一般論ですけれども、地球の過去の環境変動の記録を見ていると、そういうスイートスポットの移動は十分に起こりうることなのです。

――三つの要因で、氷期―間氷期のサイクルの説明がつくという話でしたが、それ以外に、氷河時代と氷河時代ではない時期のサイクルもあるのですか。

その話は、今日は一切しませんでしたが、非常にいい質問ですね。氷河時代と無氷河時代の繰り返しは、だいたい数千万年から億年スケールで起こっているのです。それには何が効いているかというと、一つは大陸配置で、もう一つは、地球の内部から出てくるCO_2の放出量の変動です。

じつは大陸というのは数億年の周期で集合したり分裂したりを繰り返しています。大陸が集合する時期には、海底にある中央海嶺と呼ばれる火山活動が盛んな地帯（海底山脈）が、たとえば日本海溝のような沈み込み帯に入って地球内部へと引きずりこまれてしまう。だから大陸が集合している過程

まとめ

1 地球の公転軌道の変化、地軸の傾きの変化、地軸の歳差運動は、10万年、4万年、2万年の周期で起こる。

2 そうした地球軌道要素の変動が、地球に当たる日射量の緯度分布、季節分布を周期的に変化させる。

3 北半球氷床は、そうした日射量（特に高緯度の夏の日射量）変動に敏感であった。

4 そうした敏感なサブシステムの存在とその変動を増幅させる正のフィードバック過程が氷期—間氷期サイクルを生みだした。

では地球全体での火山活動がどんどん弱くなる。そうするとCO$_2$があまり放出されなくなるので、大気中のCO$_2$レベルは下がってくる。したがって氷床が形成されやすくなるのです。逆に大陸が分裂するときには、新しくそういう中央海嶺がどんどんできて、盛んにCO$_2$を放出する。それによって地球が暖かくなるのです。そういうサイクルを数億年周期で繰り返しているのです。

現在を含むいちばん新しい氷河時代は、大局的には大陸が集合している最中なのです。ちょうどその過程で氷河時代が起こっているのです。そして、ミランコビッチ・サイクルにより、氷河時代のなかでの氷期—間氷期の繰り返しが生みだされており、現在はそのなかで最も新しい間氷期なのです。

第3回

CO_2濃度はどのように制御されてきたか

産業革命以前の CO_2 濃度変動

こんばんは。今回のシリーズもこれで3回目です。前回は、地球が太陽の周りを回る公転軌道の離心率や、公転軌道に対する地軸の傾きや向きの周期的変動が、地表に届く日射量の緯度分布、季節分布の変化を引き起こし、それが氷期—間氷期サイクルと呼ばれる大きな気候変動を生みだした、というお話をしました。その際、こうした日射量分布の変動によって引き起こされた気候変動を増幅したり、他の半球に伝えたりする上で、大気中の CO_2 濃度の変化が大きな役割を果たしていたのだ、と説明をしました。じつは、こうした大気中の CO_2 濃度の変化には、地球システムを構成する大気、海洋、生物圏、といったさまざまなサブシステム間での物質循環が関係しています。今日は、その大気中の CO_2 濃度がどのように制御されてきたかを見て、サブシステムの挙動が相互に関わり合うことを通じて変動を増幅したり、抑制したりする効果（フィードバック効果）を生みだしているということをお話ししたいと思います。

前回に引用した図2-16をもう一度見てみましょう（86ページ）。『不都合な真実』という、アル・

ゴアが制作して3年くらい前に話題になった映画（日本での公開は二〇〇七年）の一シーンでしたね。このなかで示されているグラフは、前回話した氷床コアに含まれる気泡の分析に基づいた、過去数十万年間の大気中のCO_2濃度の変動を表しています。グラフの端にはクレーンに乗っかったゴア氏がいます。人類が最初のうちは木を燃やし、次に石炭を、そして石油を燃やして……とやっているうちに、あっという間にCO_2濃度がここまで増えていますよと話している場面ですね。ゴア氏の演出のせいで右端ばかりに目を奪われがちですが、このグラフの左の部分をよく見ると、もともとCO_2濃度は低いところで180ppmぐらい、高いところが280ppmぐらいの間で周期的に変動していたことに気付きます。後で詳しく説明しますが、氷期―間氷期サイクルという大きな気候変動を引き起こした、自然界でのCO_2変化の振幅が100ppm程度なのです。ここでは、まずこの100ppmの変動の原因を考えていきたいと思います。

それにしても自然界でのCO_2変動が、氷期―間氷期の万年単位の時間スケールで100ppm程度であるのに対して、産業革命後以降現在までのわずか300年の間に、それと同じぐらいCO_2濃度が上がっているのは驚くべきことです。人類がCO_2の排出規制をしても、これからもしばらくはCO_2の濃度上昇が続くと思われますので、われわれがこれから向かっていく将来が過去とはいかにかけ離れたものになるかが、この図から想像できます。

CO_2固定のプロセス

タイムスケールにより変わる制御プロセス

前回の最後に、北半球で起こった寒暖がなぜ南半球にまで伝わるのかを考えました。そして、そのために非常に重要な役割を果たしているのがCO_2だという話をしました。88ページの図2-18のグラフは、映画『不都合な真実』の写真のなかにあったものと同じで80万年前から現在までの大気CO_2濃度変動を示し、上のグラフは、南極の気温の変動です。図2-18の上下のグラフを比較すると、気温の変化に対応するようにCO_2の濃度の変化が起こっている。二つの指標の間に密接な関係があることが示されていたわけです。

こうしたCO_2濃度の変化はどのようにして起こったのか。じつはすでに第1回のスノーボールアース（全球凍結）の話のなかで、とても長いタイムスケールでのCO_2濃度の変動メカニズムについて触れたのですが、覚えておられるでしょうか。氷期–間氷期サイクルに連動したCO_2濃度の変動も、より長いタイムスケールでのCO_2濃度変動と同じメカニズムで説明できるのでしょうか？

第1回の講義で触れた長いタイムスケールの話について少し、復習しましょう。地球表層における

CO_2の固定過程が、特に長い、たとえば100万年という時間スケールではどのように起こっていたかというと、岩石の化学風化とその結果生じる石灰岩の堆積によって起こっていました。それを化学式で書くと、

過程1　$CaSiO_3 + CO_2 \rightarrow CaCO_3\downarrow + SiO_2\downarrow$

となります。$CaSiO_3$は地殻を構成する鉱物の一例として挙げたもので、火成岩に多く含まれます。この物質が風化過程でCO_2と反応すると、いったん溶けて海に運ばれ、最終的に石灰岩（$CaCO_3$）やチャート（SiO_2）——がちがちの火打石に使えるような石——になります。つまり、この反応は大気中のCO_2を使って火成岩を風化分解し、石灰岩やチャートとしてそれを再沈殿させていることになります。

もう一つのCO_2の固定のルートが有機物です。有機物は二酸化炭素と水から光合成によってつくられます。つくった有機物がそのまま分解してしまったら元の木阿弥なのですけれども、それが地中に埋まってたとえば石油や石炭になると、その分CO_2を固定したことになります。これを簡単な式で書くと

過程2　$CO_2 + H_2O \rightarrow CH_2O\downarrow + O_2\uparrow$

となり、ようするに二酸化炭素と水を使って、有機物と酸素をつくりだしているのです。

数十万年あるいはそれ以上の長いタイムスケールの炭素循環を考えるときには、基本的に大気と海洋は一つのボックスとして考えます（図3-1）。では、その際に大気＋海洋のボックスのなかにあるCO_2の量は何で決まっているのでしょうか。一つはこのボックスに入ってくるCO_2——地球の内部から出てくる火山ガス——の流入速度ですね。火山ガスの放出速度が速くなると、大気＋海洋ボックスのなかのCO_2濃度が上がります。逆にこれを消費するのは、さっき言ったように化学風化と光合成、つまりCO_2を石灰岩とか有機物の形で固定する過程です。これらの過程によって、大気＋海洋ボックス中にあるCO_2がどんどん消費されます。大気＋海洋ボックス中のCO_2濃度がこの二つのバランスで決まっていることは、第1回の講義でお話ししました（図1-10）。

3-1　長い時間スケールにおけるCO_2固定の主要なプロセス（＞数十万年）

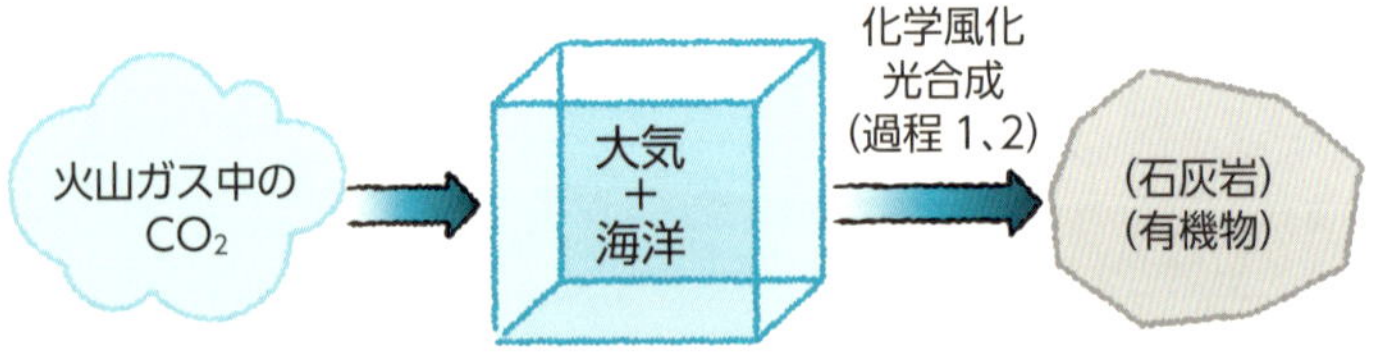

長い時間スケールで見る場合は、大気＋海洋を一つのボックスと考える

ここで最初の疑問に戻りますが、もう少し短いタイムスケール、たとえば氷期―間氷期の時間スケールでも、大気中のCO2濃度はこれと同じ過程で制御されているのでしょうか？「イエス」or「ノー」、二択で考えてみてください。

……勘のよい人はわかると思いますが、こういう質問の流れからすると、答えはたいてい「ノー」なのですよね（笑）。

図3-2は、過去5億5000万年間の大気中のCO2濃度変化を推定した図です。5億5000万年前というと、殻を持ち化石に残るような多細胞生物が出現した時代ですけれども、この図はそれ以降の変化を示しています。横軸が5億5000万年前から現在までの時間、縦軸が現在の大気中のCO2濃度の何倍かという値。そして図中に縦長の棒

3-2　過去5億5千万年間の大気CO_2濃度の変動

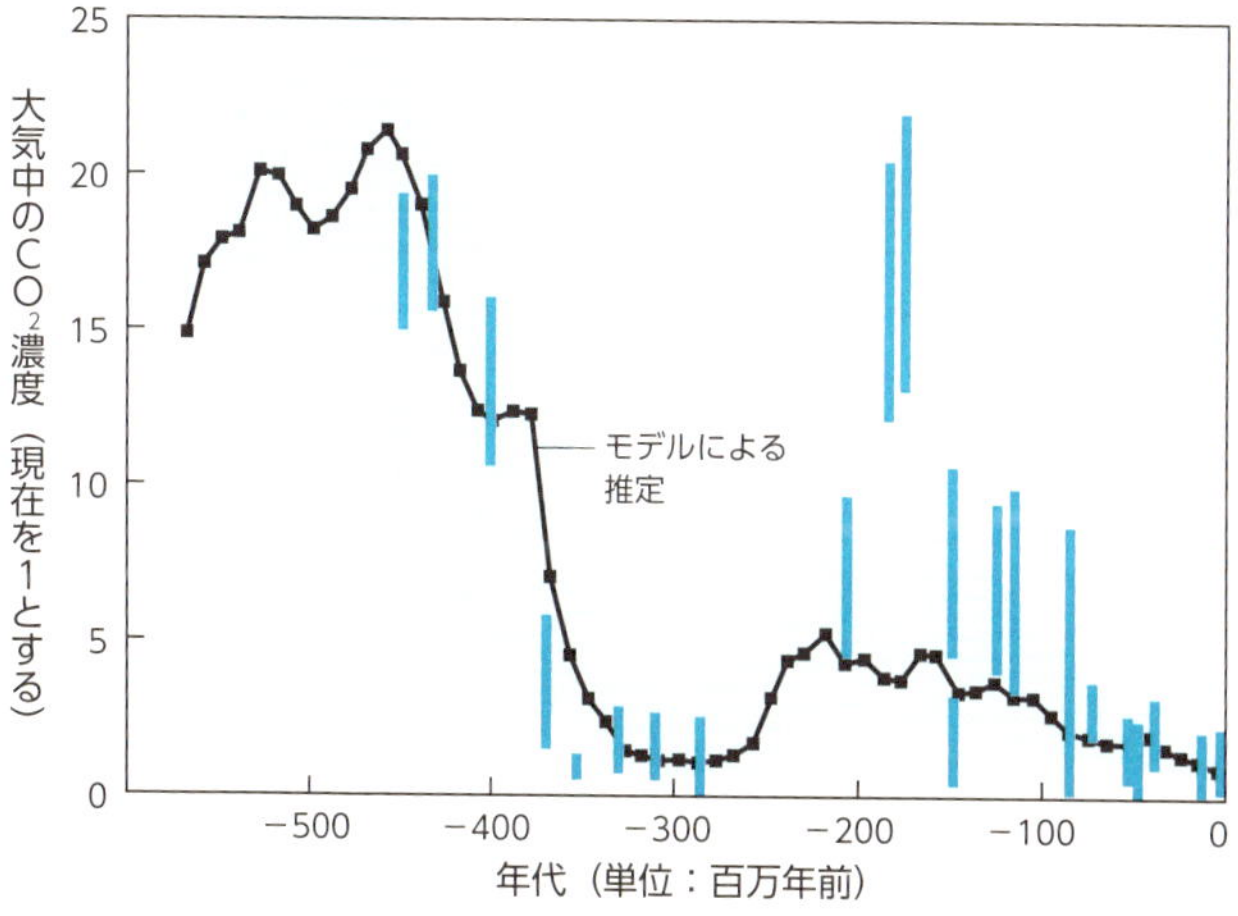

（Robert A. Rohde博士作成の図に基づく）

で示してあるのが、いくつかの時代について地質学的な証拠から推定されたCO_2レベル。それから、実線で示されているのは、炭素循環モデルを使って推定した結果です。推定誤差はかなり大きいのですが、たとえば4億年から5億年前にかけては大気中のCO_2レベルが現在のだいたい20倍ぐらいとなっています。現在（CO_2の人為的増加が起こる前）を300ppmぐらいとすると、その20倍と言えば6000ppmですよね。とんでもなく高いCO_2レベルです。それが3億年くらい前にいったん下がって、その後また上がって下がるという変化をしています。

固体地球によるCO_2固定

こうした変化がなぜ起こるかを話しだすと時間がいくらあっても足りないのですが、簡単に説明することにしましょう。図3-2における大気中のCO_2濃度が高い時期は火山活動が盛んな時代で、低い時期は火山活動が盛んではない時代にあたります。なぜ火山活動が盛んな時期と盛んでない時期があるのか。それは、火山活動が大陸の集合・離散に関係するからです。火山活動が盛んでない時期は大陸が衝突して集合しつつある時代にあたり、盛んな時期は大陸が分裂している時代にあたります。大陸が分裂すると、その裂け目に中央海嶺という海底火山帯ができる。現在でいうと大西洋の真ん中とか、太平洋で言えば南米側の海底にあります。深海底というとだいたい6000メートルぐらいの水深があり、そこから巨大な山脈がそびえているのです。その山脈の尾根付近にある裂け目では活発な火山活動が起こっていて、そこで新たな海洋底がつくられています。つまり、大陸が分裂するとそういう火山帯が深海の真ん中にでき、火山帯からの脱ガスが活発化して大気中のCO_2濃度が上がることになるのです。この話は今日のメイン・テーマではないので、このぐらいで止めておきます。

最初の話に戻りますと、氷期―間氷期サイクルに関連するCO_2の変動を詳しく見てみますと(図3-3)、2万年前の最終氷期から1万年前の後氷期に移るだいたい6000年ぐらいの間に、CO_2濃度が180から270ppmぐらいまで約90ppm上がっているのです(CO₂濃度は、その後の1万年間でさらに10ppm上昇します)。この上昇のスピードも火山活動で説明できるかというと、じつはできません。

氷期から間氷期にかけての大気中CO_2総

3-3 氷期から間氷期にかけての大気CO_2濃度の変化

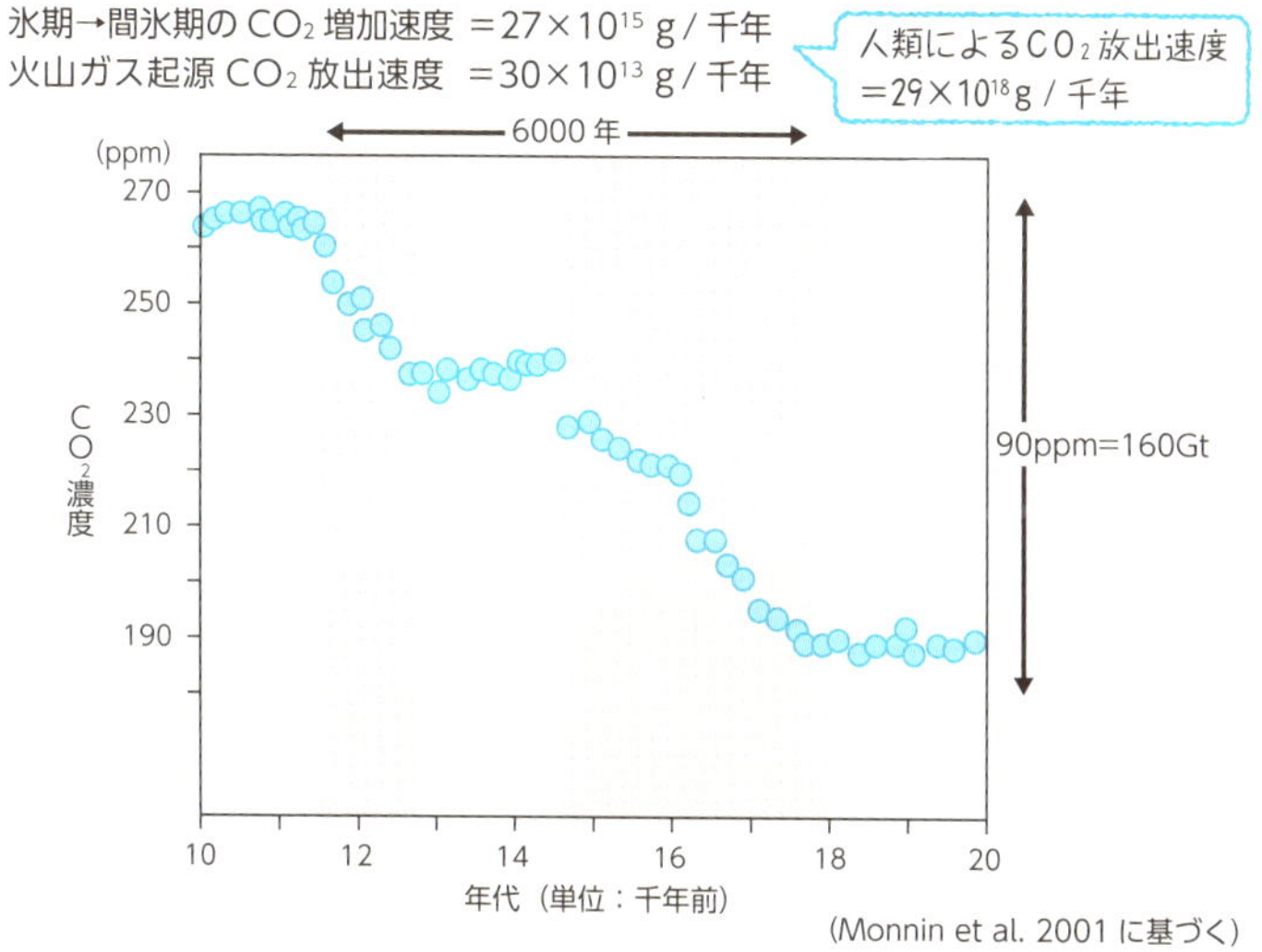

(Monnin et al. 2001 に基づく)

量の増加速度というのは、簡単な計算で27×10^{15}（g／千年）ぐらいです。この単位を見てもピンとこないかもしれませんが、とにかくこのスピードです。一方、火山ガスの放出速度も大ざっぱですが推定されていて、これがだいたい2桁低い30×10^{13}（g／千年）という速度なのです。つまり、100分の1前後の速度ということですから、6000年で90 ppmというスピードはとても火山活動では出せそうにありません。われわれの知らないようなとんでもない火山活動が起こったなら別ですけれども、そうでないかぎりは、地球の内部から出てきたCO_2ではとても説明がつかない変動だということになります。

ここで、たぶん「いま人類は、どのくらいのスピードでCO_2を放出しているのか」という疑問が湧くと思いますのでお答えしておきますと、人類によるCO_2の放出速度はさらにそれよりも3桁大きいのです。だから、火山活動の放出速度と比べたら、5桁違うわけですよね。このことからも、われわれ人類が今やっていることがいかに本来の地球の営みからかけ離れているかということがわかると思います。そして、今日の話題の中心になりますけれども、自然界が生みだしうるCO_2の変化速度としては、たぶん氷期から間氷期にかけての上昇がいちばん速いと思われる（ただし、5500万年前にガスハイドレートの崩壊にともなって、人類によるCO_2放出に匹敵する速度でのCO_2放出イベントがあったと言われています）。それと比べても人為的なCO_2の放出の速度は3桁大きい、そのぐらい人間はすごいスピードでCO_2を出しているのです。じつは今の地球温暖化の問題というのは、出すCO_2の総量の問題もありますが、それよりも出すスピードの問題のほうが大きいのです。放出のスピードが非常に速いということがいちばん大きな問題だと思います。

CO_2の貯蔵庫

では、約6000年の間に90ppmに及んだ大気のCO_2濃度変動が地球の内部からの放出ではとても説明できないとしたら、他にどういう過程が考えられるでしょう？

（会場　……。）

今日はなんだかみなさん静かですね。（会場、笑）でもこれから順々に炭素循環のことを説明していきますから心配はいりません。

地球システムのなかでたとえば炭素を蓄える能力のある部分を「リザーバー」と呼んでいます。日本語でいうと、貯蔵庫ですね。だから、今日は自然界のいろんな部分を貯蔵庫に例えて、その間での炭素のやりとりを見ていくことにします。大気はそうした貯蔵庫の一つですが、では、大気という貯蔵庫のCO_2濃度（貯蔵量）の変動が他の貯蔵庫との間のやりとりによると考えたときに、やりとりの相手としてはどのような貯蔵庫が考えられるでしょうか？　前に座った方はお役目として何かアイデアをお願いします。（会場、笑）

——海。

そう、海ですね。

大気中のCO_2濃度の変動は、他の貯蔵庫との炭素のやりとりによって引き起こされます。貯蔵庫間の炭素のやりとりの速度を「フラックス」というのですけれども、じつは炭素フラックスが大きいような貯蔵庫間でのやりとりが、(数十万年以下の) 短いタイムスケールでの大気中のCO_2濃度の変化を引き起こしています。これは当たり前の話をもっともらしい言い方で言っただけなのですが。さきほどお話しした長いタイムスケールでのCO_2変動に関わる固体地球を構成する貯蔵庫(リザーバー)は、じつは貯蔵庫としてはすごく大きいのだけれども、やりとりの速度 (フラックス) はとても遅いのです。だから短いタイムスケールでは、CO_2濃度の大きな変化は生みだせない。その代わり長いタイムスケールでは非常に大きな濃度変化 (先ほどお話ししたように20倍にもなる) を引き起こすことができるのです。ここではより短いタイムスケールに焦点をあて、CO_2濃度変動を引き起こす可能性を持つ貯蔵庫にはどういうものがあるかを考えてみます。

まず、地球表層において、炭素はどのようなところに、どのような形で貯蔵されているのかを考えてみましょう。すでに海というアイデアが出ましたね。じつは、海は最も重要な貯蔵庫なのです。では、今日ここで話題にしているような、短いタイムスケールでたくさんの炭素のやりとりができる貯蔵庫には、他にどういうものがあると思いますか?

——石や、地中の化石燃料?

石炭や石油は、貯蔵庫のサイズとしては大きいのですが、人間が掘らないかぎりは、先ほども触れましたように大気とのやりとりの速度は非常に遅いのです。では、他に地球の表面で、炭素でできているものにはどういうものがあるかと考えると……？

——植物ですか？

はい、そうです。図3-4は、地球表層における炭素循環を示しています。矢印がたくさんあってわけがわからなくなりそうですが、大きな貯蔵庫の一つが大気ですね。大気に750Gt（ギガトン）の炭素が貯蔵されています。Gtというのは10の15乗グラム。それから、もう一つの大きな貯蔵庫が、陸上の植物。これが610Gtです。

そして、じつはそれよりも大きい貯蔵庫が海。海をここではさらに表層と深層とに分けていますが、特に大きいのは深層ですね。深層では3万8100Gtとなっています。それから、表層でも1020Gt。これだけの量の炭素が無機的に溶けています。コーラのなかの炭酸と同じようにして溶けているのです。それ以外に海には水溶性の有機物も存在しますが、これは大した量はなくて、せいぜい大気と同じか、それよりちょっと少ないぐらいです。

海の生物は、じつは死後に分解消失するスピードがすごく速いため、ある瞬間に存在する量としては陸の生物に比べて著しく少なく、たった3Gtしかないのです。

これらが、大気とのやりとりがいちばん速い貯蔵庫ですが、そのほかに一応考えておいたほうがいい貯蔵庫として堆積物があります。海底の表面にあるような堆積物中にも炭素が残っている。それともう一つは、土壌ですね。これはけっこう重要で、1580Gt。わりと大きい貯蔵庫です。

というわけで、これらがおおむね考えるべき貯蔵庫です。さっきの質問に出てきた化石燃料も貯蔵

3-4 地球表層における炭素循環の流れと、主な炭素貯蔵形態

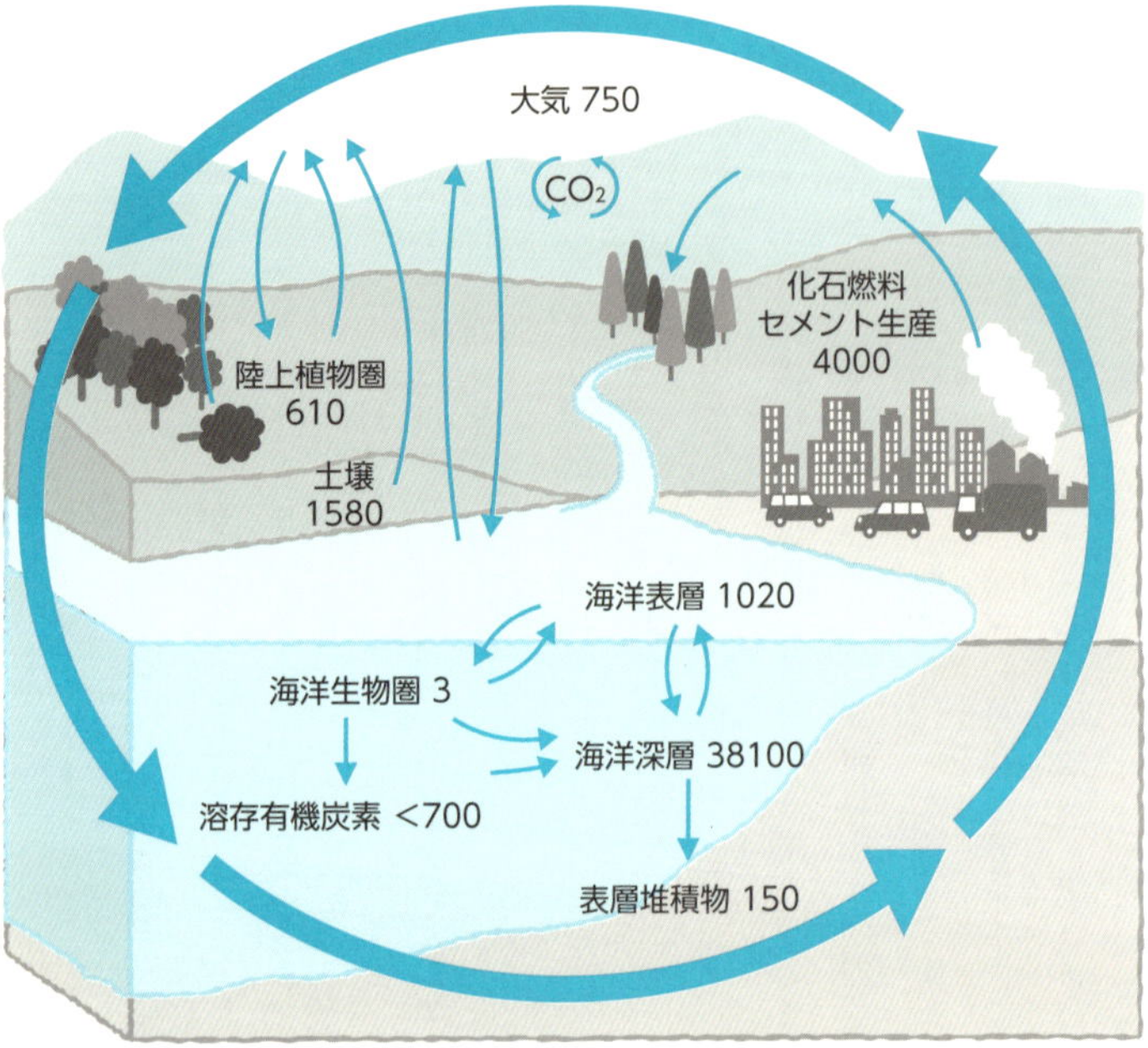

図中の各貯蔵庫の容量は Gt（ギガトン）単位。（NASA 作成の図を改変）

大気

CO_2 = 750 Gt
CH_4（メタン）= 3.7 Gt

海洋

溶存無機炭素 (DIC) = 1000+38100 Gt
溶存有機炭素 (DOC) < 700 Gt
海洋生物圏 = 3 Gt
表層堆積物（有機物、$CaCO_3$) = 150 Gt

陸上

陸上生物圏 = 610 Gt
土壌（有機物 ）= 1500 Gt

量としては大変大きいのですが、人間ががんがん掘らないかぎりは割とおとなしく埋まったままで、大気とのやりとりの速度は小さいのです。

――土壌というのは、バクテリアも含んだものですか。

はい。バクテリアももちろん含みます。ただ、土壌中の炭素のいちばん主なものは、植物が枯れて炭化したものです。それが非常に多い。

主な貯蔵庫の大きさ

さて、今までの話をもう一度数値にまとめ直したものが図3‐4の下のリストです。大気に含まれる炭素はほとんどが二酸化炭素。メタンがその次で、これは2桁ぐらい小さい値、ほとんど無視して構わない量です。ただ、温室効果という意味ではじつはメタンの効果はすごく大きく効くので無視はできないのですが、今日はCO_2の話を主にしますので、メタンには触れないことにします。

それから海では、炭素は先述のように主に溶存無機炭素の形で存在します。これは水に炭酸ガスをぼこぼこと泡が出るようにして通すと、その一部が水に吸収されるのと同じようなものです。それがいちばん多くて、数値をまとめると3万9０００Gtぐらいあります。溶存有機炭素は、無視はできないけれどもこれよりはだいぶ小さいことがわかります。また、海の生物は貯蔵庫としては微々たる量ですね。

あと、堆積物中に150Gtぐらい。陸上植物は610Gtと結構多いですね。土壌ももちろん1500Gtと大きいのですが、やりとりのスピードという意味ではやはり陸上植物のほうがはるかに速いのです。図3‐4の下のリストに薄い字で示しているのは、やりとりのスピードはやや遅いけれども無視はできないので一応頭の隅には入れておきたい貯蔵庫です。

したがって貯蔵庫としては海が圧倒的に大きい。これに疑問の余地はありません。大気の炭素貯蔵量のおおよそ40〜50倍はあります。そして次に大きいのが、陸上植物＋土壌です。今日は氷期—間氷期のCO_2の変化を問題にしているわけですが、では氷期に陸上植物＋土壌の炭素貯蔵量はどうだったのでしょうか。氷期は氷床が拡大していたので、陸域での生物圏は分布範囲がだいぶ狭まっており、大気に接している土壌の分布範囲も同じように狭まっていたと思われます。ということは、氷期においては、陸上植物による炭素貯蔵量は小さく、間氷期には大きかったことになり、氷期から間氷期に向かってCO_2を放出するプロセスとは逆の動きになります。

つまりこういうことです。氷期から間氷期にかけて、大気中のCO_2濃度はだいたい100ppm増えた。それは、氷期の間どこかにためこまれていたものが100ppm分出てきたということですが、生物圏だけを見るとむしろ氷期のほうがためこむ量が小さかったはずです。ということは、陸上生物圏は間氷期に向かう間にはどちらかというとCO_2を蓄積するプロセスにあって、放出するプロセスにはなかったということです。だから、陸上生物圏は考慮しなければいけないにしても、その貯蔵量変化では少なくとも100ppmのCO_2濃度上昇を説明することはできません。むしろ陸上生物圏に吸収される分も考慮すると、この時期のCO_2放出量は濃度変化にして100ppm分では済まないから、120〜130ppm分の放出と言うべきかもしれません。つまり、陸上生物圏の炭素貯蔵量変動はいま問題にしているCO_2の放出の動きとは逆向きの動きであり、残る貯蔵庫のなかで100ppmの増加を説明しうる貯蔵庫は、海洋しかないのです。

海洋に炭素を送り込む三つのポンプ

では、いよいよ本題に入ります。大気から海洋に炭素を送り込むプロセスにはどういうものがあるでしょう。いかがでしょうか。

——たとえば雨とか、ようするに水の循環でしょうか。蒸発した水が炭酸ガスを吸い込んで雨となって落ちてくるプロセスがあると思います。あと、気温が上がってくれば当然、海洋から大気中に出てくるCO_2が増えそうです。

そうですね。いま二番目に言われた過程はじつは非常に重要で、後で詳しくお話ししますけれども、溶解ポンプと呼ばれているものです。他にはないでしょうか。……みなさんがすべてご存じだったら今日話すこともなくなってしまうので、一つ出たぐらいがちょうどいいかもしれないですね。

CO_2を海に押し込めるプロセスを「ポンプ」と呼んでいるのですが、それには三つあります。今日はこの三つのポンプがそれぞれいったいどういうものかを、じっくりお話ししていきます。

生物ポンプ

図3-5では模式的に、上から大気、海洋表層水（風でよく攪拌される部分で、だいたい水深100メートルから200メートルぐらいまでと思ってください）、それから、それより深い部分を深層水としています。では、表層水では、特に炭素循環に関わるプロセスとして何が起こっているのでしょうか？

――波ですか。

確かに波によって大気中のCO$_2$が表層水に溶け込んだり、逆に放出したりするプロセスが促進されますが、表層水中では、それ以外に重要なプロセスが働いています。それは、式として表現すると$CO_2 + H_2O \rightarrow CH_2O + O_2$となります。この式は何かというと、プランクトンが光合成で二酸化炭素と水とを使って有機物をつくるとともに酸素を出すプロセスを示しています。表層水中で繁殖したプランクトンが死ぬと、もしくは何かに捕食されて糞として出されると、これら有機物は海中深く沈んでいきます。しかし、それらが海底に達して堆積物として埋没する割合は表層水から出ていくときの沈降量の1パーセントにもなりません。残りの99%は海洋深層中で酸化分解してしまう――つまり有機物が腐って分解してしまうのです。それは化学的に見ると、表層で起こっているプロセスの逆のプロセスです。

この一連のプロセスを「生物ポンプ」と呼んでいます。ようするに、二酸化炭素を有機物として固体の形で固定し、それを深層水へと沈降させる過程でもう一回分解してCO_2に戻しているのです。この過程によって大気中のCO_2が深層水中に押し込められるのです。だから、ポンプと呼ぶのですね。

――深層で有機物が分解するときに酸素が使われると、そのうちに深層水中の酸素がだんだん欠乏して、酸化反応が進まなくなったりはしないのですか?

これは、よい質問ですね。少なくとも過去数百万年間はそういったことはありませんでしたが、地球の歴史をさらに昔までたどっていくと、今言われたような結果、海底で酸素がなくなるという異変がたびたび起こっていたことがわかります。そして、それにより海

3-5 生物ポンプ(模式図)

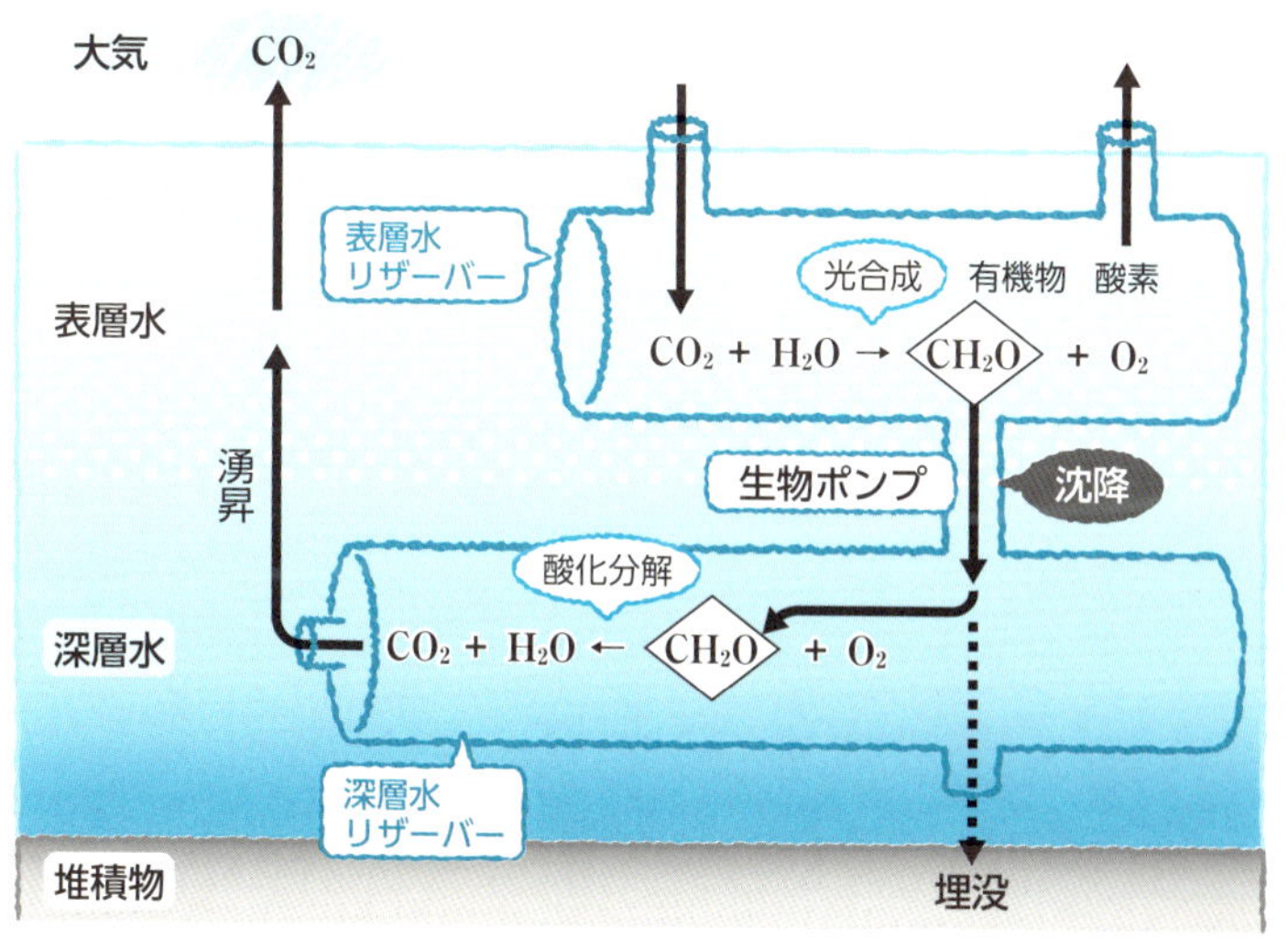

にすむ生物種の9割が絶滅するという、海洋無酸素事変と呼ばれる事件が起こっていたのです。ついでに言うと、地球温暖化をこのまま放っておくと、そういう事態になる可能性があります。われわれが生きているうちにはたぶん起きないと思われますが、もう少し長いタイムスケールで温暖化が進行すると、海洋の中層や深層が無酸素になるという事態が起こる可能性があります。

ただ、今日のテーマにも関係しますが、海洋には深層水循環というものがあります。そのため、生物ポンプによって深層水中にCO_2を押し込めても、いつかは大気中に戻ってくるのです。そういう意味では、生物ポンプというのは、たとえでいうと、穴の開いたタイヤに一生懸命ポンプで空気を入れているようなものと言えます。自転車がパンクしたときに経験しますよね。ポンプで一生懸命空気を入れると、入れているときにはタイヤは膨らんでいるのですが、放っておくと、またシューとしぼんでしまう。それと同様に、生物ポンプでCO_2を深層水中に送り込み続ければ深層水中にCO_2が一時的にたまりますが、送り込むことをやめると、CO_2はすべて大気に戻ってしまいます。これは重要なことで、海洋深層水は一時的な貯蔵庫にすぎない。だからポンプを止めてしまうと、CO_2が大気に戻ってしまうのです。

現在の深層水循環の状態で、もし生物ポンプを止めたらどうなるでしょう？　たとえば、海の表面に毒がまかれてプランクトンが全部死んでしまったとしましょう。そうすると、深層水が地球を一周する時間スケールであるおおよそ1000年以内に300〜400ppm分ぐらいのCO_2が大気中に出てきてしまいます。逆に言うと、本来は生物ポンプがなかったら600ppmぐらいある大気のCO_2濃度が、現在は生物ポンプが働いているから300ppm程度に抑えられているのです。生物ポンプを担っているのは本当に小さいプランクトンなのですが、そのプランクトンが繁殖して、その後、死んで沈んでいくプロセスが、じつは、大気のCO_2濃度を下げるのに非常に重要な役割を果たしているのです。

生物ポンプの強さを決める要因

生物ポンプがどういうものかについてはわかっていただけたと思いますが、言葉を換えると、海洋の表層での生物生産の速度が生物ポンプの強さを決めているということになります。では、生物生産の速度はどういう原因で何によって決まっているのでしょうか？　これもかなり高度な質問だと思いますが、いかがでしょうか。

――表層温度？

間接的には温度も関係します。温度というのは、生物の繁殖にとって重要な要素になりますので。

――川から流入する水のようなものが関係しますか？

鋭いですね。川から何が流入するのでしょう。

――それは、やっぱり栄養分。

そうです。栄養塩ですね。答えが出ないときに備えてヒントを用意していたのですが、すぐに答えが出てしまいました。先ほどまでの話では有機物をCH_2Oと単純化した化学式で示しましたが、じつは二酸化炭素と水だけでは生物は生きられません。何が必要かというと、窒素、リン酸といった元素です。昔小学校で習った覚えがあると思うのですが、通常は植物の生育にはこれらの栄養塩が必要で、それがないと有機物を合成できないのです。実際、海洋のプランクトンをいろんな海域で採取、分析した結果、リンと窒素と炭素はモル比（分子の数の比のこと。重さではなく数を比べた量）でだいたい1：16：106の割合になることが明らかにされました（この比を、見つけた方の名前にちなんで「レッドフィールド比」と呼んでいます）。これは、リンの原子が1個あると、炭素の原子106個を有機物として固定できるということを意味します。そういうわけで特に窒素やリンは生物生産に必要な主要栄養塩元素なのです。

図3-6は海洋における栄養塩濃度の深度方向のプロファイルを示す図で、縦軸が水深を示し、0から2400メートルまで書いてあります（本当は、海はもっと深いところまであるのですけれども）。そして横軸が元素のおおよその濃度を示しています。ここでは栄養塩の代表として、リンの濃度を見てください。この図からどういうことが読み取れるでしょうか？　図から何かを読み取ることは科学では非常に重要なことなのでトライしてみてください。

――深層のほうがリンの濃度が増える。

そうですね。この図をよく見ると、いちばん表層の部分でリンの濃度が0に近くなっていて、水深300メートルに向かって急増していますね。そして、300～800メートルで最大値を取り、それ以深ではやや減少するものの高い値を取っています。言い換えると、表層では、あるべき栄養塩がほとんど使い尽くされているのです。この図が示しているのは、海洋表層では栄養塩が尽きるまで生物がどんどん有機物を生産して深層水へ送り込んでいるということなのです。表層水中の栄養塩を使い切るとそれ以上はもう有機物を生産できなくなる。ですから、生物ポンプの強さが何で決まっているかという質問に戻ると、生物ポンプの強さは表層水への栄養塩の供給速度、特にリンの供給速度で決まっていると言えます。

では表層水中のリンはどこから供給されるのでしょうか。先ほどもう答えが出てしまいましたが、いちばん重要なのが川からの供給です。水に溶けた形で海へと運ばれるのですが、これが表層水中のリンの主な供給源の一つです。そして、もう一つ重要な供給源があります。先ほど話したように表層水中で生産

3-6 水深に対する栄養塩（リン）の濃度の変化

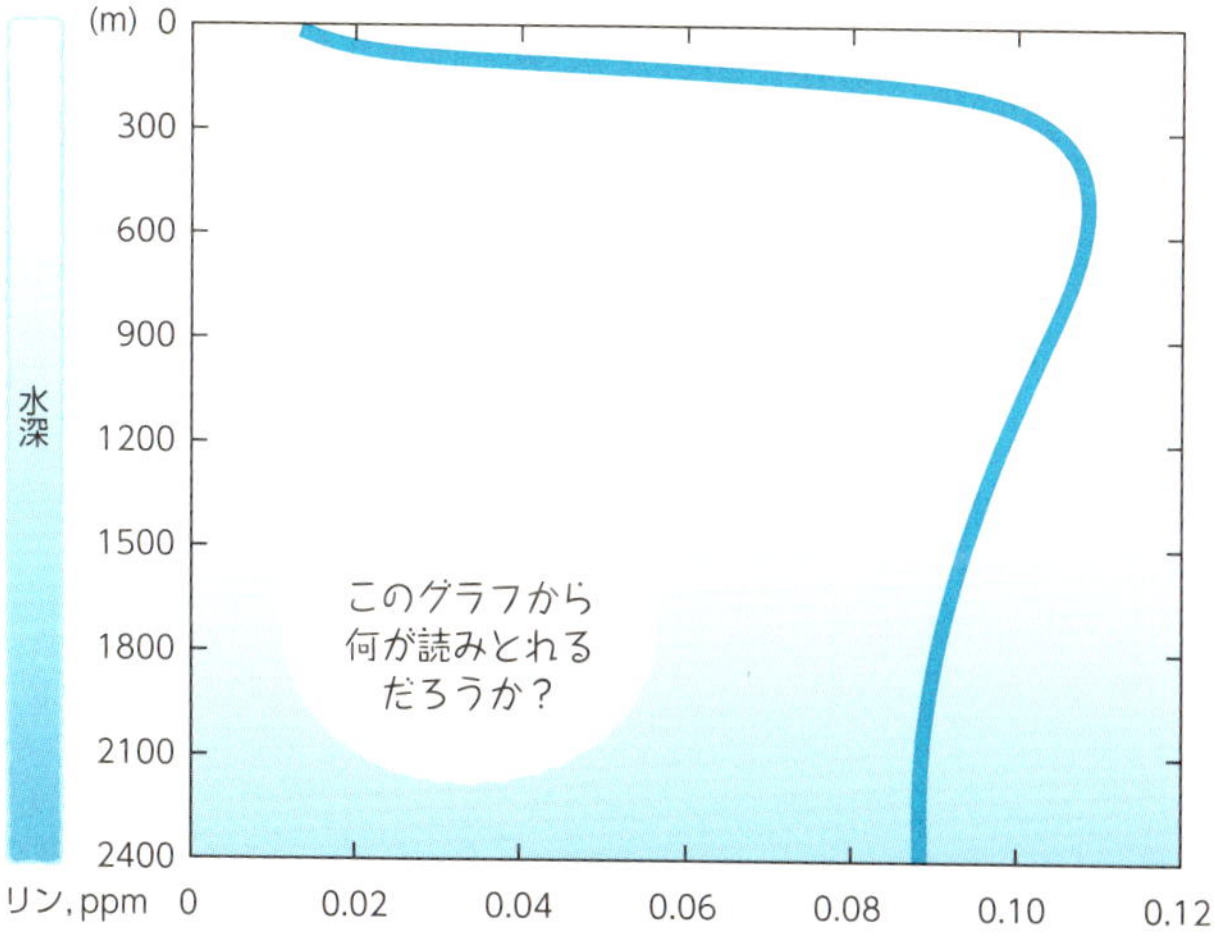

(Stowe 1987の図に基づく)

された有機物は沈降して深層水中で分解しますが、分解したときにリンも深層水中に放出されます。そのために海洋深層は溶存するリンの濃度が高いのです。そして、リンに富んだ深層水はやがて深層水循環の終点で湧昇《ゆうしょう》してきます。じつは湧昇というのは海洋全体で一様にゆっくり上がっているわけではなく、風の向きと海岸線の位置関係で、特定の海域で強く湧昇します。湧昇の強いところではリンなどの栄養塩に富んだ深層水が表層にもたらされるのでプランクトンの生物生産が高まり、格好の漁場となります。たとえばペルー沖やカリフォルニア沖といった漁場を中学校の地理で習ったかもしれませんが、それらはみな湧昇が強いところにあたります。そういうわけで、栄養塩の二つ目の主要供給源は深層水なのです。

生物ポンプの働きをコントロールするその他の要因

図3-7(カラー図版)は世界の海の表層水中のリンの濃度分布を色で表したもので、水深0メートルにおけるリンの濃度です。では、この図からは何が読み取れるでしょうか。

――極地はすごく栄養塩濃度が高いですね。オキアミが多いのはそのせいでしょうか。

もう今の回答でパーフェクトです。図を見ると高緯度の海域はリン濃度が高いですよね。南緯45度付近よりも高緯度では表層水の栄養塩濃度がかなり高い。だから、南極の周りというのは確かによい漁場で、クジラがいるのもそういう理由です。重要なポイントは、それらの海域では表層水中に栄養塩が余っているということです。では、なぜ高緯度海域でリンが余っているのでしょう。これはかなり高度な質問で、私の学科の学生にも答えられない人がいるのではと思うのですが。先ほど、深度方向のリンのプロファイルを示した際には、海洋表層はプランクトンによる生物生産でリンがほとんど使い尽くされている、生物は栄養塩を使い尽くすまでどんどん繁殖するのだという話をしました。そして、その舌の根も乾かないうちに今度は、高緯度では栄養塩が残っていると言っているわけですが……なぜ残っているのでしょうか。

――たぶん高緯度では日照が少なくて、生物活動がうまくいかない。

素晴らしいなあ。だんだん調子が出てきましたね。そうなのです。一つは、やはり高緯度に行くと日射量がかぎられますよね。これが生物生産をどうも規制しているらしい。栄養塩は重要なのですが、それだけではなくて、お日さまが十分に当たらないとやはり光合成ができないのです。

――日射量だけでなく海洋の温度も影響しないのですか。たとえば北大西洋なんかだとメキシコ湾流があるから、暖かくて盛んに生物が生産活動するということはないですか。

そうですね。北大西洋高緯度域では表層水中の栄養塩濃度があまり上がっていませんが、これは、必ずしも生物生産が高くて表層水中の栄養塩がなくなったというわけではないのです。これは、別の意味でメキシコ湾流に関係していると思います。つまり、低緯度で生物生産が盛んに行われて栄養塩に枯渇した表層水がメキシコ湾流に乗ってそのまま高緯度に運ばれているため、むしろ北大西洋は高緯度の割には、生物生産が上がっていないのです。

――そうすると、水温の影響はないのですか？

水温の影響は……なかなかそう簡単ではないのです。必ずしも水温が低ければ生物が繁殖しないということではないし、高ければ繁殖するということでもないですからね。

基本的にはやっぱり日射量が効いていると思います。けれども、もう一つ重要だといわれているものがある。それは鉄です。先ほど話した窒素やリンは主要栄養塩なのですが、それ以外に鉄やいわゆるミネラルが、ごく微量ですけれども生物生産には必要なのです。現在でいうと黄砂のような塵のたぐいが風で陸から飛ばされて海に運ばれるのですが、それにかなり鉄が含まれていて、それが微量のミネラルを補給しているのではないかという説があります。これはなかなか有力な説で、一九八七年に出されて以来、この説を検証するために実験が行われています。荒っぽい実験ですが、南極海や赤道太平洋の一部の栄養塩が余っている海域の表層水中に鉄の粉をまいて、生物生産が上がることを確認する実験が実際にずいぶん行われました。これはある程度の効果が出ることがわかっています。ただ先ほどの生物ポンプと同じで、鉄をまくのを止めたら途端にCO_2が大気中に出てきてしまうといわれていて、鉄をまく場合はまき続けないといけないことになるのだそうです。

こうした実験は特にアメリカが熱心に行ってきたのですが、その意図は、ようするに炭素税対策です。アメリカが非常に熱心だったのは、鉄をまいてCO_2を固定し、その分はうちで固定したから炭素税を払わないぞと主張しようと考えたためでしょうね。けれどもなかなかうまくいかず、しかも炭素は固定できるかもしれないが、そんなに鉄をまいてしまって海の生態系に影響はないのかという懸念もあって、結局実用化まではいかなかった。

「うまくいかなかった」という過去形はまずいかもしれません――今後、うまくいくかもしれないので。これは、もともとは自然界でどのように生物生産が制御されているかという素朴な疑問から出発した研究が、場合によると、いわゆる「ジオ・エンジニアリング」、人為的に自然を改変してCO_2を固定しようという試みにつながりうるという具体例です。それがいいか悪いかということは、私には判断がつきませんが。

――一つ質問していいですか。表層水中のリン濃度は、たとえば日本近海では低いですね。つまり十分に使われているということだと思うのですけれども、ひところ、リンを河川に流すと富栄養化でプランクトンが増えすぎて困る、だからコントロールしないといけないという問題があったと思うのですが、それとはどう関係しているのでしょうか。

だんだん難しい質問が出るようになってきました。富栄養化はだいたい、内湾で起こっていますよね。水深が浅くて、わりと閉鎖的な海域で起こっています。富栄養化の何が問題かというと、プランクトンが繁殖すること自体ではなく、繁殖することによって先ほどちょっとお話しした海水中の溶存酸素を使ってしまうことです。外洋では水深も深いし陸もないので、表層水はよく混ざり合って酸素は十分に補給され、そう簡単にはなくならない。ですがたとえば東京湾のような狭くて浅い湾で、外洋との水の交換がかぎられているところでは、富栄養化が起こると海の底まで酸素がなくなってしまいやすい。すると魚が死んでしまいます。それが問題になっていたわけです。

――素朴な質問なのですが、先ほどリンが多くなるのは河川などから栄養分が供給されているという話がありました。でも南極はあの通り川が全然ないはずなのに非常にリンが豊富なのは、どういう理由なのでしょうか。

河川水は、結局は外洋水と混ざります。だから、海流がよく流れるところでは栄養塩はほぼ十分に行きわたります。ただし、大洋の真ん中で海流の影響がない部分、たとえば亜熱帯ギヤと呼ばれる循環流の内側は栄養塩がなかなか来ないところで、海の砂漠といわれ、プランクトンがあまり繁殖しない海域にあたります。

じつは南極には、北大西洋で形成された深層水が大西洋を南下して流れてきます。この過程で表層水から降ってくる有機物が深層水中で分解して、深層水はだんだん栄養塩に富んでくる。それが南極の周りで湧昇するのです。世界の深層水中の栄養塩濃度は、沈み込むところで低く、循環過程でしだいに高くなって、それがやがて湧き上がる。南大洋はこうして栄養塩に富んだ深層水が湧き上がるところなのです。一方、北大西洋の表層であまり栄養塩が余っていないというのは、栄養塩をあまり含んでいないメキシコ湾流がここに来て沈み込んでいるからなのです。

こうして生物ポンプの制御の仕組みをたどっていくと、いろんな要素がつながっていて複雑に思えるかもしれません。しかし鉄仮説にしろ、日射量にしろ、ようするに表層水に含まれる栄養塩が100パーセントは利用されていないことに着目しており、たとえば鉄をまくことによって表層水中の栄養塩の利用効率を上げる、もしくは、なかなか人為的には難しいかもしれませんが日射量を変化させることで栄養塩の利用効率を変えると、生物ポンプの強さを変えることができるということなのです。これが、生物ポンプが何によって制御されているかという疑問への答えの二つ目になります。生物ポンプとその制御要因について、だいたいわかっていただけたでしょうか。ちょっと難しい部分はありますが、比較的私たちの身近な問題に関連の深い話だと思います。

アルカリポンプ

次はアルカリポンプについてお話ししましょう（図3-8）。その逆向き反応を炭酸塩ポンプということもあります。これはもう名前からしてあまりわかりやすいポンプではないですね。炭酸塩ポンプにもプランクトンが関係しますが、ここでプランクトンが担うのは、

海洋表層での反応　$Ca^{2+} + 2HCO_3^- \rightarrow CaCO_3 + H_2CO_3$

という反応です。カルシウムと重炭酸イオンをくっつけて $CaCO_3$ ―― 方解石のこと ――つまり石灰をつくる。石灰質の殻を持つ生物、特に小さなプランクトンが $CaCO_3$ をつくるとき、海水中に炭酸を出すのです。炭酸とはCO_2に水を付けただけのものだから、この反応はCO_2を逆に生産していることになりますね。つまり、炭酸塩ポンプというのは、働けば働くほどCO_2を大気に出すポン

プなのです。CO_2を深海に押し込める前述の生物ポンプとは逆向きに動いています。

じつはここで一つ混乱が起きやすいのですが、先ほど長いタイムスケールでは化学風化を通じて石灰岩としてCO_2を固定していると話しましたよね。一方、ここで示す反応では、石灰岩のもとになるものが沈殿すると逆にCO_2が大気中に出ていってしまう。これが誰もが混乱するところなのです。

先ほどの長い時間スケールの話では、大気と海洋をまとめて一つの貯蔵庫と見なして話していました。そして、大気＋海洋貯蔵庫に固体地球から供給されたCO_2が最終的に石灰岩（$CaCO_3$）として固定されるという話をしました。一方、ここでは大気と海洋を別個の貯蔵庫と見たてて、その両者の間のやりとりを問題にしているのです。大気と海洋を別べつの貯蔵庫と考えた場合、海洋中で生物が石灰質の殻をつくる反応は大気にCO_2を出す方向に働きます。

だから、たとえばサンゴ礁がCO_2を固定するからサンゴ礁を守らなければいけないという話は、じつは成り立ちません。サンゴ礁は大気中のCO_2を固定しないのです。

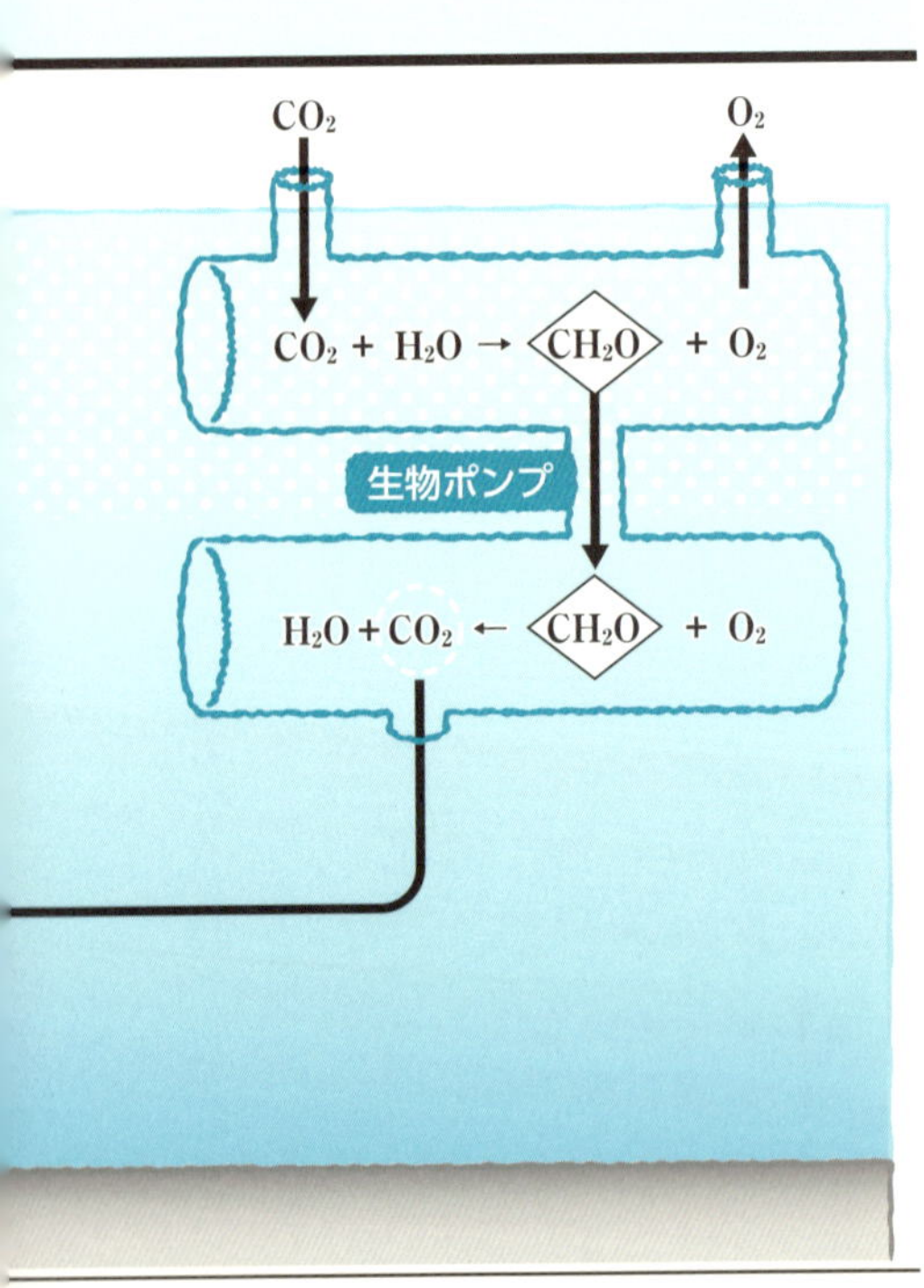

サンゴ礁では有機物をつくる反応（生物ポンプ）と石灰質の殻を沈殿させる反応（炭酸塩ポンプ）の両方が働いていて、CO_2については固定と放出がほとんどバランスしてしまっている。だから、サンゴ礁をいくら育てても大気中のCO_2量にはあまり影響しないのです。これは、「だからサンゴ礁はどうでもいい」という話ではありませんよ。サンゴ礁は別の意味で重要ですから。

話を戻すと、炭酸塩ポンプというのは海洋表層で石灰 $CaCO_3$ をつくり、同時に大気へとCO_2を放出するプロセスです。一方、$CaCO_3$ が海の底に沈降していく

3-8　アルカリポンプ－炭酸塩ポンプ（模式図）

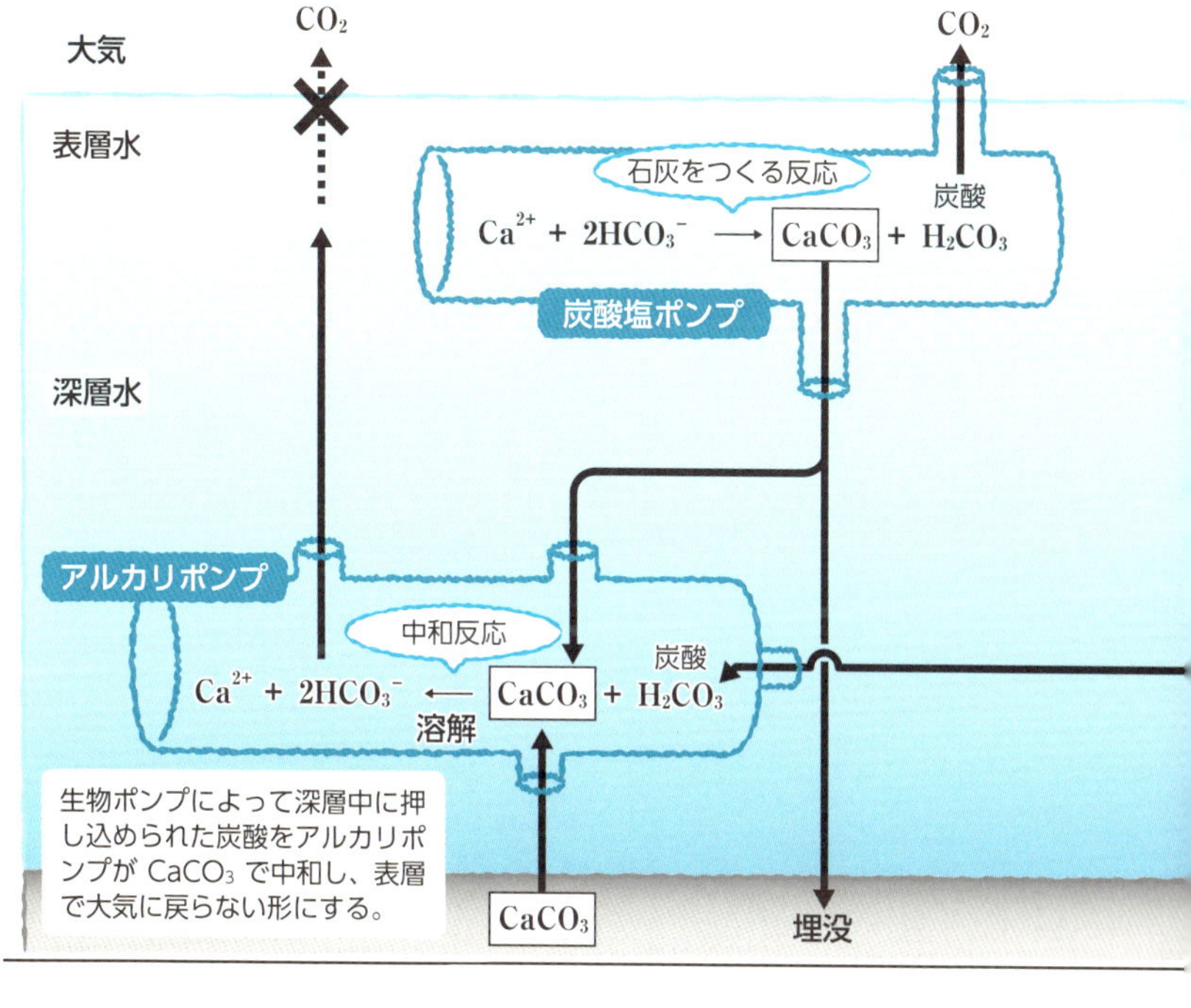

と、そのかなりの部分が堆積します。しかし、一部は溶けます。なぜ溶けるかというと、先ほどお話しした生物ポンプが働けば働くほど、深層水中で有機物が酸化分解して深層水が酸性になっていくからです。化学反応の話ばかりで、もうこの辺から頭が痛くなってきた方もいらっしゃると思いますが、もう少しだけお付き合いください。$CaCO_3$が海の底に沈んでいく途中で炭酸と反応して溶ける反応は次のようなものです。

深海における溶解反応　$CaCO_3 + H_2CO_3 \rightarrow Ca^{2+} + 2HCO_3^-$

これはようするに石灰で炭酸を中和する反応です。生物ポンプでたくさんCO_2が深層に送り込まれて酸性になった環境を、石灰を溶かすことによって中和しているのです。これが狭義の「アルカリポンプ」です。

では、中和が起こることにどういう意味があるのでしょうか。生物ポンプによって深層水に押し込められたCO_2にH_2Oを付ければ炭酸ですので、ようするに生物ポンプは炭酸の形でCO_2を海の深層に一時的に押し込めているのですが、石灰がそれと反応して中和してしまうと、中和された深層水が湧昇しても今度は大気中にCO_2が出てこない。そこがミソなのです。

海洋表層で$CaCO_3$をつくって深層水へ送り込んでそこで溶かすと、溶け込んだ炭酸が中和されるのでそれは大気には戻らない。つまり深層水中で$CaCO_3$を溶かすことによって海水中にCO_2を固定して大気に戻らないようにしているわけです。

だからアルカリポンプが生物ポンプとペアで働くと、CO_2を大気に戻さずに海洋中にためることができるのです。よろしいでしょうか。

みなさん首をかしげておられますね。ここがたぶんいちばん難しい部分です。煙に巻かれたような気分になるかもしれないですが、これをアルカリポンプと呼んでいます。深層水中で$CaCO_3$を溶かすというプロセスが海洋表層の炭酸塩ポンプと逆向きに働き、水のなかにCO_2をそのまま残して大気に戻さないですむようにするのです。みなさん首をかしげたままなので、あまりよろしくないかな。

――炭酸塩ポンプの反応では、大気中にCO_2を出しているのですよね。

海洋表層水中に出しており、それが大気に出ています。

――それでは、深層水中で起こっているアルカリポンプと合わせるとこのサイクルはバランスして、いくら回っても最終的には二酸化炭素の量は変わらないのでは？

その通りです。ただしこの図では深海で$CaCO_3$が全部溶けるかのように描かれていますが、実際は、$CaCO_3$はある水深より浅い海底では溶けずに堆積しています。これは、$CaCO_3$の溶けやすさが水温が高く水圧が低いほど減るためです。したがって、海洋全体で言えば、炭酸塩ポンプのほうが勝っている、つまり正味で大気中にCO_2を放出する方向に働いていることになります。

結局アルカリポンプ―炭酸塩ポンプが何をしているかというと、表層では$CaCO_3$を一つつくってCO_2を一つ「吐き出す」のですが、同時に生物ポンプが働いて有機物を一つつくってCO_2を一つ「消費」します（これは、おおよその値です）。これでいったんCO_2の増減は釣り合うわけですね。だけれども、深層水中でアルカリポンプが働くと、表層でCO_2を一つ「吐き出した」分をそれが相殺するのです。だから、CO_2を一つ「消費」した生物ポンプだけが働いたことになる。つまり、石灰質の殻をつくる植物プランクトンの生物生産に関わる生物ポンプ、炭酸塩ポンプ、アルカリポンプの働きは、正味では、アルカリポンプの働きの分だけCO_2を海の中に押し込んでいることになるのです。

この説明でよろしいですか。

――はい。

アルカリポンプは、言うなれば借金を帳消しにするような働きをしていると言えます。たとえばもしアルカリポンプがなくて光合成をする生物が全部石灰質の殻をつくったら、生物ポンプの働きはすべて帳消しにされてしまい、CO_2を海に押し込む効果がなくなってしまうわけです。

じつはここで疑問として出た炭酸塩ポンプとアルカリポンプのバランスが、大気中のCO_2濃度を制御するプロセスとして重要なところで、かつわかっていないところでもあります。なぜわかっていないかと言えば、われわれが過去の海の底の状態を復元するときには通常石灰質の化石を使います。石灰質の化石のなかに入っている微量成分や同位体を使って、過去の海の深層の状態を知るわけです。ところが、ここで問題にしているプロセスは石灰質の化石を溶かしてしまい、証拠がなくなってしまう。だから、このプロセスの詳細はなかなか知ることができないのです。

アルカリポンプの話は私自身も理解するのに苦労しました。加えて、よくある大きな誤解は、サンゴを例にして話しましたけれども、多くの人が長いタイムスケールでのプロセスと短いスケールのプロセスをごちゃ混ぜにして考えていることです。情報の多くはタイムスケールのことを意識せずに流布されているのです。それで、石灰岩を堆積させたり、サンゴをたくさん育てれば大気中のCO_2は固定されるのだと思う人が増えてしまうのですね。

――ひとつわからないのですが、深海には炭酸以外にもたとえば硫酸とか、海水を酸性寄りにするような他の成分もありそうですが、実際どうなのでしょう。たとえば、地中から硫黄が放出されて、かなり昔の海底は硫酸的だったということはないでしょうか。深海が酸性になっているのは、炭酸だけでなく、硫酸とか塩酸とかほかの酸の影響がありうるのでは。成分でいうと、どういうものが主体で海水は酸性になっているのですか。

まず、海水のpHは8近くあり、酸性ではありません。この海水のpHに今いちばん大きな影響を与えているのが炭酸です。これは、人為的に大気に加えられるCO_2の放出速度が火山や熱水によって加えられるSO_2などより桁違いに大きいからです。確かに硫酸イオン（SO_4^{2-}）自体は海水中にはかなりの量があるのですけれども、ナトリウムやマグネシウムなどの陽イオンとバランスしていてpHには影響しないのです。ただし、酸素に乏しい環境になると事情が変わってきます。先ほどから何回か話題が出てきた海洋無酸素環境になると、深層水中の硫酸イオンが還元されて硫化水素（H_2S）が発生しますが、これはpHに影響します。

アルカリポンプの強さを左右する要因

先ほど述べたように、石灰質の殻をつくる植物プランクトンの生物生産に関わる炭素循環においては、アルカリポンプの働きの分だけ正味でCO_2を深層水中に貯蔵するとみなせるので、ここでアルカリポンプの強さが何によって決まるかについてちょっと説明したほうがいいかと思います。アルカリポンプの強さは海底でどれだけ$CaCO_3$（石灰）が溶けるかで決まるのですが、では海底でどれだけ溶けるかは何によって決まるのでしょう?

——水圧は関係ないですか。

水圧。確かに海水準が変わることによって海底の水圧は少し変わります。$CaCO_3$の溶解度には圧力依存性がありますから、それも正解です。しかしここで問題になるのは、それが氷期—間氷期で大気中のCO_2濃度を大きく変化させうるかどうかで、水圧の変化ではあまり大きくは変わりそうにないのです。

アルカリポンプの強さは一つには、深層でどれだけ有機物が酸化分解してCO_2が放出されているか、つまり生物ポンプがどのくらい強いかと関係しています。

そしてもう一つが水温ですね。先ほど圧力の話が出ましたが、$CaCO_3$を溶かすには温度は低いほうがよく、圧力は高いほうがいい。圧力はさっき言ったように氷期—間氷期であまり大きく変わりませんが、水温はそこそこ変わり、これが若干効いてきます。しかし、そもそも$CaCO_3$が海底に供給されなければ始まらない。溶けるものがなければアルカリポンプは機能しないわけです。だから、石灰質殻をつくるプランクトンが海洋表層の生物生産者のなかでどのくらいの割合を占めているかが、じつは重要なのです。

図3-9は、海にすむ代表的なプランクトンの殻の写真です。そして、左上の写真が珪藻といわれる単細胞の植物プランクトンで、これはSiO_2（シリカ）、すなわち珪質の殻を持ちます。そして左下の写真はココリスと呼ばれる石灰質の植物プランクトンで、これも光合成をします。このように光合成をするプランクトンには、シリカの殻をつくるものと、石灰質の殻をつくるもの、そして殻をつ

3-9

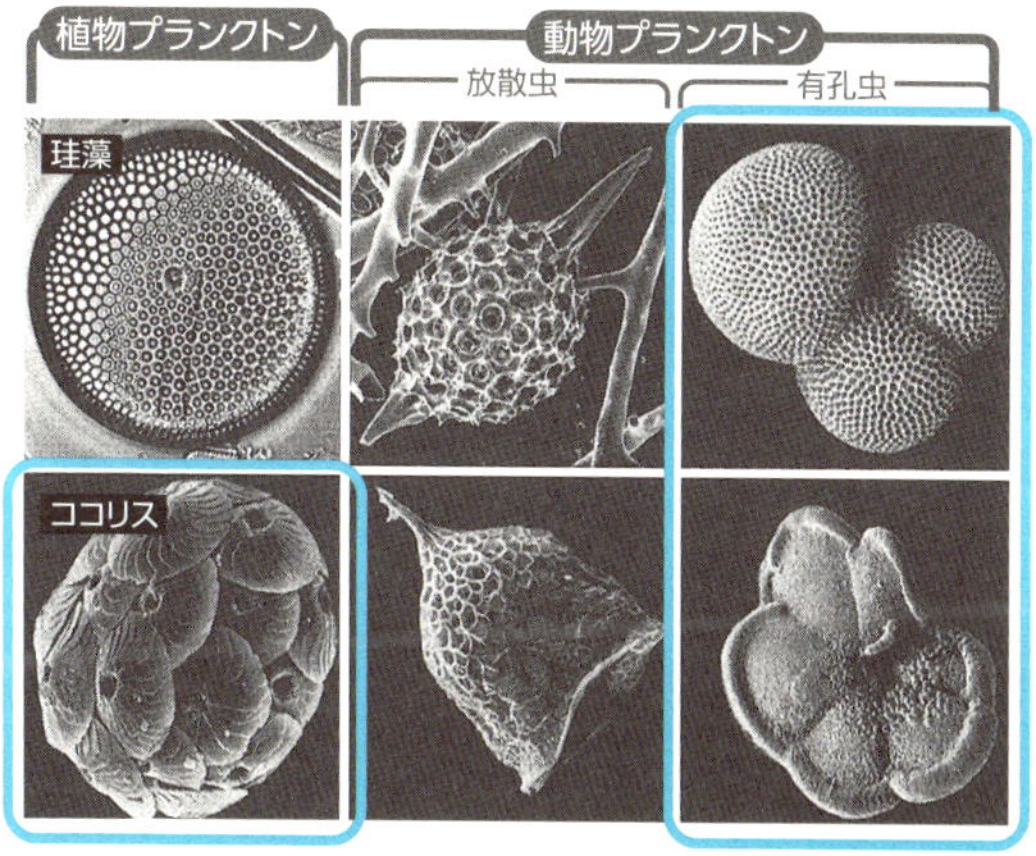

海にすむ代表的なプランクトンの殻。枠で囲ったものが石灰質の殻を持つ。石灰質プランクトンと珪質プランクトンの沈降比が、炭酸ポンプの強さを決めている。
（撮影：H.-J. Schrader［左上の写真］／C. Samtleben と U. Pflaumann［その他］）

くらないものがいるのです。中央および右側の写真は、全部動物プランクトンです。放散虫と呼ばれるプランクトンはシリカの殻をつくり、有孔虫と呼ばれるプランクトンは石灰質の殻をつくります。珪藻やココリスは一次生産者と呼ばれ、太陽エネルギーを使って二酸化炭素と水を有機物に変えるプロセスを担っています。また、動物プランクトンは基本的に一次生産者を食べて生きており、最終的に深層水に落ちていくことで炭素循環の一翼を担っています。そういうわけで、深海底にどれだけ$CaCO_3$を送り込めるかは、海洋表層で石灰質の殻をつくるプランクトンがどのくらい幅を利かせているかで違ってくるのです。

溶解ポンプ

三つ目のポンプの話に入りましょう。じつは、これについては、すでに何度か今日の話に出てきています。

図3-10は、横軸が水温で縦軸がCO_2の溶解定数ですが、縦軸は溶解度とほとんど同等と考えてください。図から明らかなように、温度が上がるほど$CaCO_3$は溶けにくくなり、冷たくなるほどよく溶けるようになります。氷期には、深層水温が3℃前後低下したと推定されますから、それにより40GtのCO_2が海に吸収されたと考えられます。

以上で、海洋中へCO_2を押し込む三つのプロセスをお話ししました。それをまとめると、

生物ポンプは――

CO_2を有機物の形にして深層水に送り込み、そこで酸化分解することによりCO_2を一時的に深海に押し込めるプロセス。

アルカリポンプは――

生物ポンプで一時的に送り込んだCO_2を、深層水中で$CaCO_3$を溶かすことにより大気に戻らないようにするプロセス。

溶解ポンプは――

海洋の温度を下げることによってCO_2を余計に溶かし込み、より多くのCO_2を海洋に蓄えるプロセス。

また、炭酸塩ポンプはアルカリポンプの裏返しのプロセスで、表層水中で$CaCO_3$をつくり、その際に大気中にCO_2を放出します。つまり、生物ポンプとは逆の働きをしています。

石灰質プランクトンの場合は、炭酸塩ポンプ

3-10 CO_2の溶解度と水温の関係

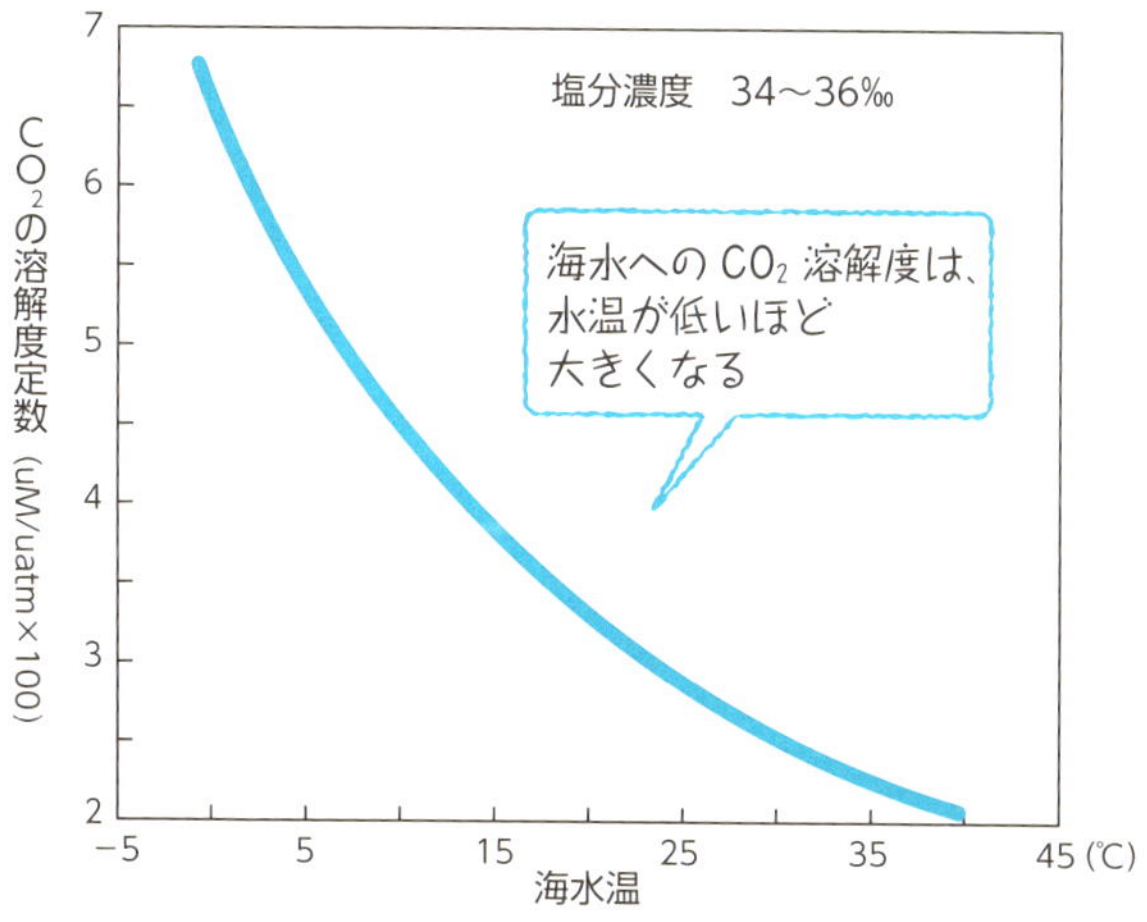

（Weiss 1974、Skirrow 1975 に基づく）

のプロセスと有機物をつくるプロセス（生物ポンプ）がペアになっており、正味では海洋はほとんどCO_2を吸いません。一方、珪質プランクトンの場合は生物ポンプだけですから、より効率的に大気から海洋にCO_2を送り込むことができる。ですから、海洋表層での生物生産において、どちらのプランクトンが幅を利かせているかということも、大気中のCO_2をどれだけ効率的に海のなかに押し込めることができるかに効いているわけです。もし氷期に珪質プランクトンが幅を利かせていて、間氷期に石灰質プランクトンが幅を利かせていたなら、氷期と間氷期の間でのCO_2の変化を説明できるかもしれません。

氷期にCO_2はどこにため込まれたか？

さて、今日の話のいちばん重要な部分の締めくくりをしましょう。氷期には１００ppm分の炭素が海のどこかに蓄えられていたわけですが、どこにどのように貯蔵されていたのでしょうか。

まず第一に、氷期には、深層水温がだいたい２〜３℃低下していたことがわかっています。これは溶解ポンプが現在より強かったことを意味し、この効果は多めに見積もると大気中のCO_2を20ppmぐらい下げることができると思われます。20というのはちょっと多めで、せいぜい10ppmという意見もありますけれども。それでも、説明すべき１００ppmのうち、まだ80ppmが残っています。

残りの80ppm分は生物ポンプとアルカリポンプを組み合わせて説明するしかないのですが、本当に説明できるのでしょうか。たとえば生物ポンプの効率を上げるには、一つは海に栄養塩をたくさん送り込めばいいと考えられます。たとえば、氷期には海水準が下がるので、陸棚の堆積物が侵食されて海洋にリンが供給されたのではないかという説があります。しかし、こういう説を評価するには、量的な評価をしなければいけません。それが非常に難しいため、今のところよいとも悪いとも言えない状況なのです。

もう一つのやり方として、先ほどもお話しした海洋におけるリンの利用効率を上げる方法が考えられます。たとえば、鉄仮説があります。氷期のほうが間氷期より、大気中に風成塵（土ぼこり）がたくさん舞っていたことが知られていますが、そういう風成塵が陸から海に鉄（ミネラル）を運んで、それにより生物生産が活発化して効率的に表層水中に残っていたリンや窒素などの主要栄養塩を使ったという説です。

それから、レッドフィールド比のことを先ほど話しました。この比は経験的に一定だといわれていますが、過去においてもずっと一定であったという保証はないという説もあることから、もし、この比が変わればリン1原子あたりで固定できる炭素の数が変わると主張する研究者もいます。ただし、こういうことを言いだすと何でもありになってしまうので、この考えを裏付ける具体的証拠がない現状では、あまり支持されてはいません。

ほかに考えられる可能性は、先ほど少しお話ししました海洋表層での生物生産者の種類の変化です。プランクトンの種類が、氷期にはシリカの殻を持った種類が多くて、間氷期には石灰質の殻を持った種類が多かったのではないかという説があります。いくつかの地点で、そういった変化が見られるのですが、厳密にこの説を証明するには世界中の海底から試料を採ってきて分析して、世界の海全体での総量としてこうした変化が起こっていたことを示さなければいけないので、そう簡単ではないのです。だから、アイデアとしてはもっともらしい説なのですが、なかなか証明はできていません。

そして、海洋の温度の低下も関わります。それから、深層水循環の様式が変わることによって、海底にある$CaCO_3$が深層のなかに溶かし出された、ようするにアルカリポンプが働いたという説もあります。

これらの可能性のうちのどれが正解かは、残念ながらいまだに十分わかっていないのですが、これまで説明した各プロセスの原理を理解した上で考えると、いくつかのプロセスのコンビネーションなのではないか、というのが現在の見方です。

深層水循環とCO_2濃度の変化

深層水循環をつかさどるブロッカーのコンベア・ベルト

では、最後に深層水循環の話をしましょう。世界の深層水がどのように循環しているのかは、じつはそう簡単にはわかりません。理論的にはずいぶん前から推定されていたのですが、その全容がはっきりしたのは、炭素14という年代測定に使われる放射性元素のおかげです。炭素14とは宇宙線によって大気の上層で生成される放射性元素で、だいたい５０００年の半減期で炭素13に変わっていきます。

そこで、海洋の深層水に溶けている無機炭素の年代を炭素14を使って測る試みが七〇年代に行われました。それによって大気と隔絶してからの深層水の年齢がわかるからです。

図３-11（カラー図版）は、深層水の年齢の地理分布を示していますが、プランクトンの死骸が深層水中で分解することによる深層水への炭素14供給の影響についてさらに補正計算を行って、真の深層水の年代に変換しています。図を見ると、たとえば大西洋北部がいちばん若いですね。深層水の年齢はほとんど０歳です。そして、南に向かって徐々に深層水の年代が古くなっていますよね。じつはこれは、現在は世界の深層水の９割がグリーンランド沖で形成されているからなのです（あとの１割は南極縁辺の大陸棚で形成されています）。グリーンランド沖で形成された深層水は大西洋をずっと南下して、まず南極の周りに入ってきています。さらに太平洋に入ると、今度は北上して、最後に北太平洋で湧昇しています。インド洋でもその北部で湧昇していることがこの図から読み取れます。

これは最近の論文から取った図ですが、図の元となるデータはすでに一九八〇年代に出ていました。それでブロッカーという海洋化学の大家が、このデータをもとに、世界の深層水循環というのはだいたい図３-12のようなコンベア・ベルト状になっているのだという、いわゆる「コンベア・ベルト」の概念を提案したのです。つまり、メキシコ湾流がグリーンランド沖で冷やされて沈みこんでから、

3-12 コンベア・ベルト

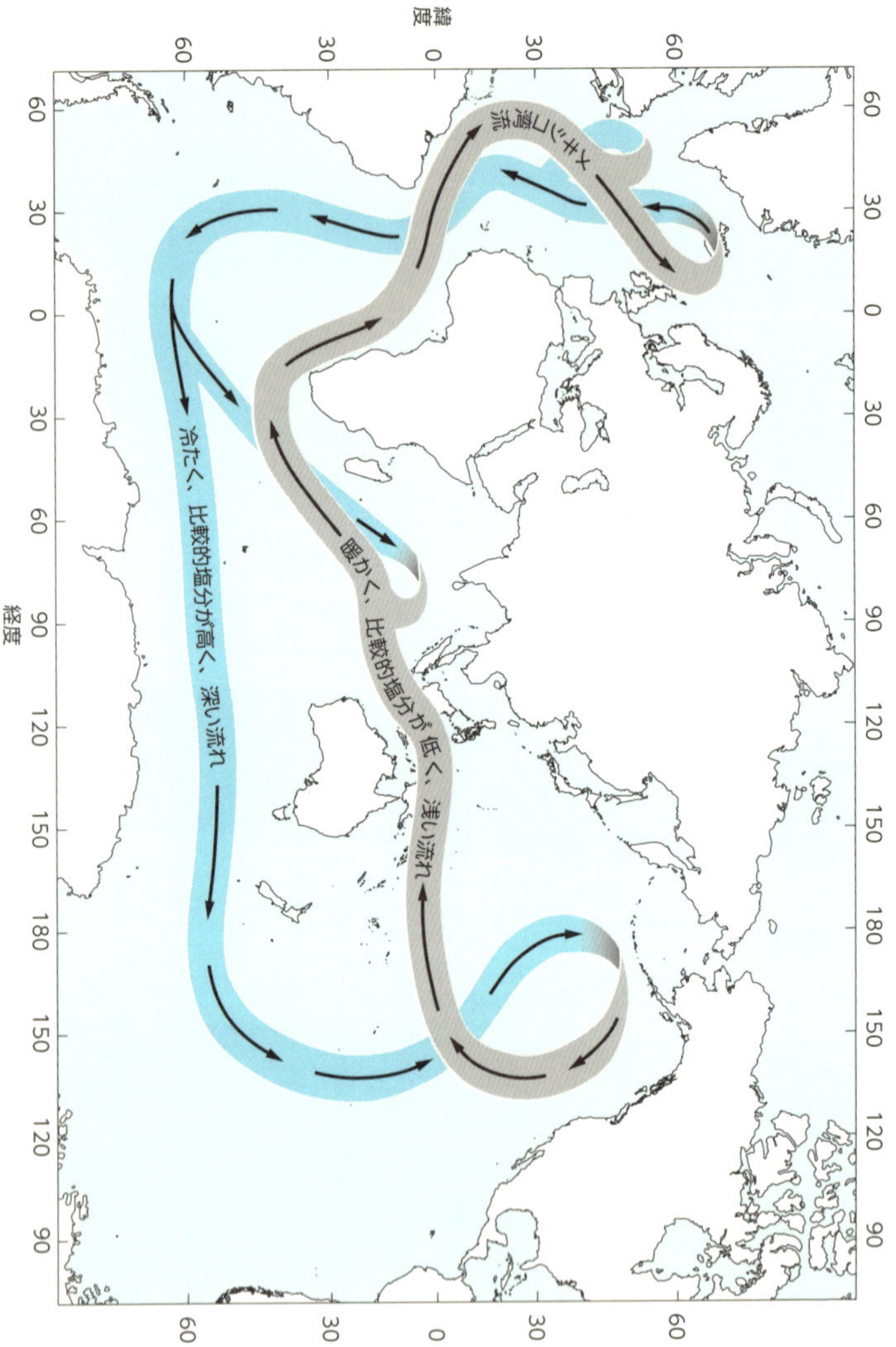

(Broecker 1987 に基づく)

南下して南極の沖合にたどり着き、そこで南極の周りをまわって太平洋やインド洋に入って北上し、最後にそれらの北縁で湧昇するのだ、と深層水の循環経路を示したのです。そして、(図に示されるほど単純な流れがあるわけではないのですが)大局的には、北太平洋で表層水となってから太平洋を南下し、インドネシアを通ってインド洋を経て大西洋に戻って行くことにより、ループを完成するのだと説明したのです。

表層水が沈み込むためには、冷やされるか塩分濃度が高くなって重くなることが必要です。北大西洋を北上していくメキシコ湾流は、じつは赤道域での蒸発により塩分が濃くなっているのです。現在の北大西洋では、赤道域で塩辛くした表層水をメキシコ湾流で一気にグリーンランド沖まで運び、そこで冷やして重くしているのです。こうして駆動される海洋深層水循環は熱塩循環と呼ばれますが、それによってコンベア・ベルトが回っているのです。このことを知った上であらためて図3-11を見ると、北太平洋のあたりの深層水の年齢が1200年ですよね。つまり、北大西洋で形成された深層水が世界を一周するのにだいたい1200年ぐらいかかっている。そして、その循環パターンを模式的に書いたものがコンベア・ベルトなのです。

氷期—間氷期サイクルと深層水循環

では、今日のテーマである氷期と間氷期のCO_2濃度の変化に、この深層水循環がどう関係しているかを考えてみましょう。氷期の深層水循環はどんな様子だったのでしょうか。図３‐13は現在と最終氷期の大西洋での深層水循環を示しています。図の右側が北で左側が南です。現在の大西洋では、先述のようにグリーンランド沖で表層水が冷やされて北大西洋深層水ができ、それが南にずっと巡って行くというパターンを示しています。一方、最終氷期には、南極でできた深層水（南極底層水）が大西洋のいちばん深いところに流れていました。そして、グリーンランド沖でできた北大西洋深層水は、底層まで行かないで中層でたなびいてしまっていたのです。

最終氷期には太平洋における深層水循環もそれと似たようなパターンらしかったことがわかってきており、それを模式的に描くと図３‐14のようになります。現在はグリーンランド沖で沈み込んだ深層水が大西洋を南下して、南極海に入ったあと、今度は太平洋を北上し、太平洋北部で湧昇してきています。ところが、最終氷期にはどうも大西洋における北大西洋深層水の循環が浅く、弱くなっていたらしい。また、現在は存在しないのですが、氷期の北太平洋には、独自の深層水循環の歯車があったらしいのです。ただし、氷期におけるいちばん大きい循環は、南極海で沈み込んで、太平洋、大西洋のいちばん深い部分を満たしていたものと推定されています（図３‐14下）。

どういうことかというと、現在は１２００年ぐらいかけてコンベアが一周しているのですが、氷期にはたぶん南極起源の深層水がずっと長い時間をかけて３０００メートルより深いところをゆっくり巡っていた。そして、その上の３０００メートルより浅いところでは北起源の深層水が速いスピードで巡っていたようなのです。だから世界の海洋の３０００メートルよりも浅いところには割によく酸

3-13 大西洋における現在と最終氷期の深層水循環

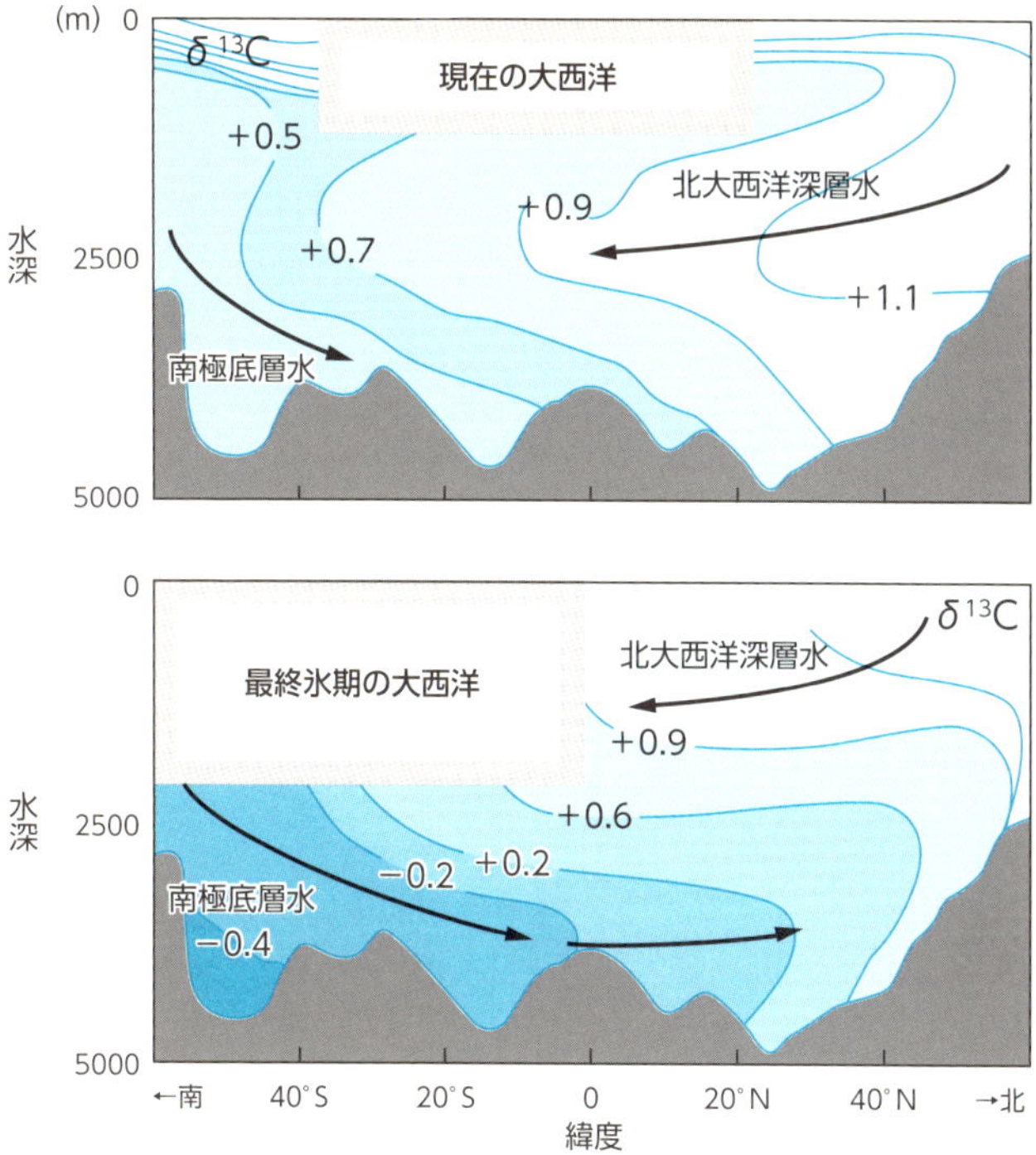

観測（上）および底生有孔虫殻の分析（下）に基づく、大西洋南北断面での$\delta^{13}C$の等値線図

(Duplessy and Maier-Reimer 1993 に基づく)

素が行きわたっていたけれど、深いところはよどんでいて、氷期の終わりに出てきた100ppm分のCO_2のうちのかなりの部分が、氷期には深いところにたまっていたのではないかと考えられているのです。

この説はコンベア・ベルトを提唱したブロッカーさんが言っているのですが、今のところ証拠が十分でない。なぜかというと、古くなってCO_2をたくさん溶かし込んだ深層水中では、石灰質の化石がみんな溶けてしまっていて証拠が残らないからです。ブロッカーさんは、もう八〇歳を過ぎた方なのですが、きっとその証拠があるに違いない、何とか見つけたいと、この問題の解決に情熱を燃やして最近でも多くの論文を書かれていますす。このように証拠を必死に探していると、やがてどこかから出てくるもので、この説を

3-14 現在と最終氷期の深層水循環の様式

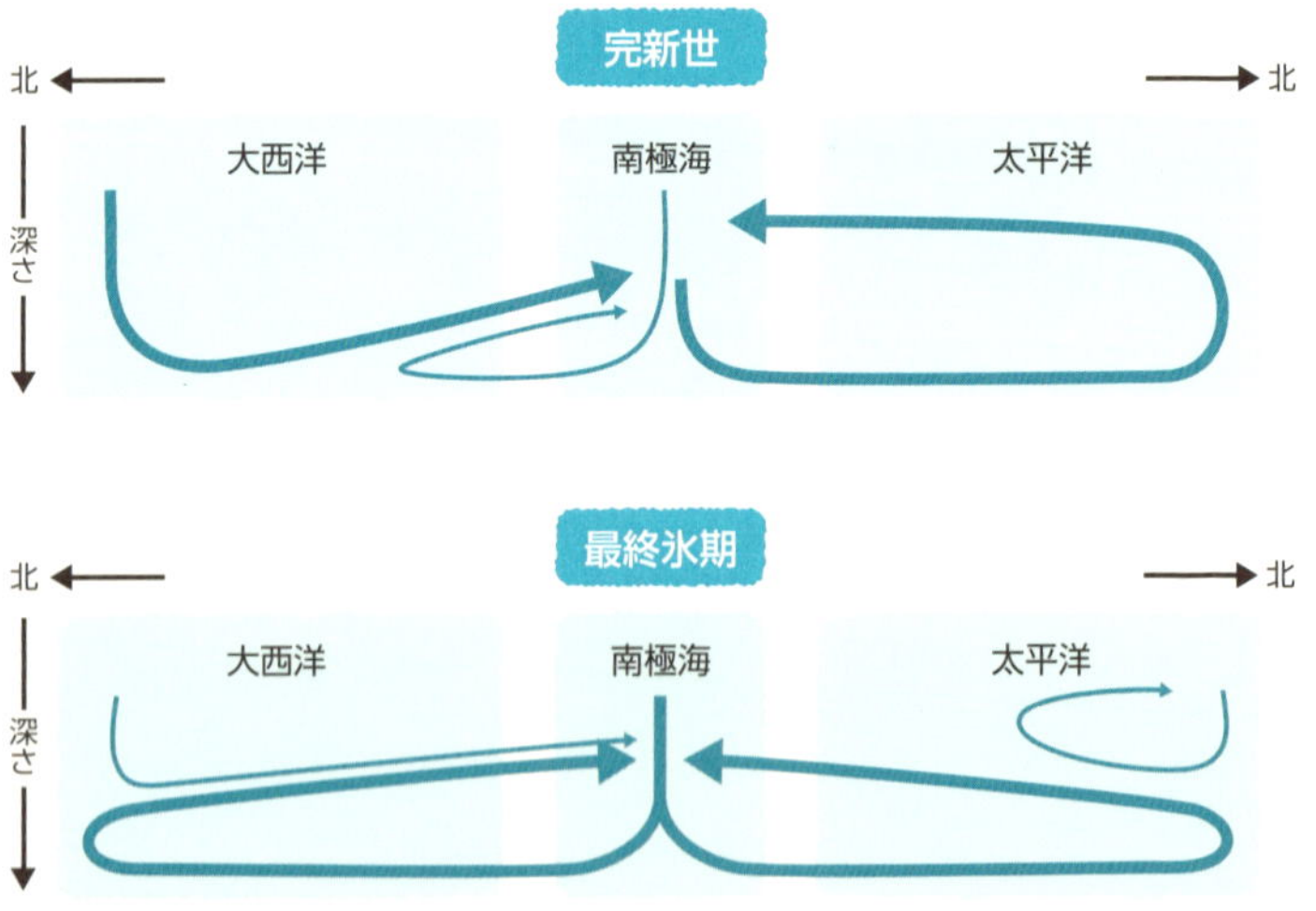

支持する証拠が徐々に出てきました。そのうちの一つが図3‐15です。

図3‐15は最終氷期の北太平洋における水深3600メートルあたりの深層水の年齢の時代変化を示しています。たまたま石灰質化石が残っていて、同じ堆積物に含まれる、表層水にすむ浮遊性有孔虫と海底にすむ底性有孔虫の殻の炭素14年代の差を調べたものです。すると、だいたい1万5000年前以前には3600メートルの水深の深層水の年齢は1750年ぐらいだったのですが、氷期から間氷期に変わる時期に、900年まで一気に若返っていたことがわかりました。ようするに氷期には3600メートルよりも深いところにもっと古い深層水があったらしいことがわかったのです。それが間氷期になって深層水循環のパターンが変わったことに

3-15 最終氷期の北太平洋における深層水の¹⁴C年代の時代変化

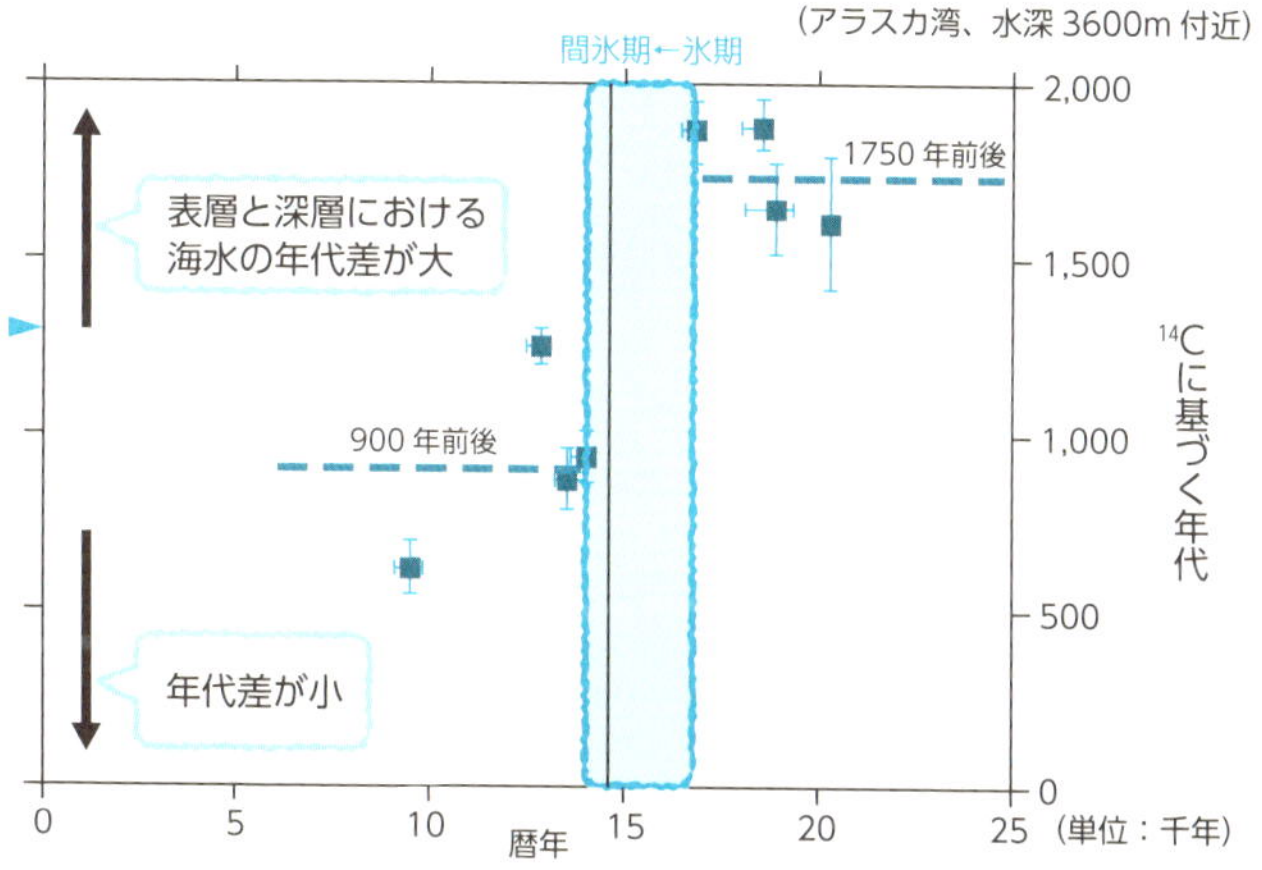

最終氷期の北太平洋深部には古い年齢の CO_2 を大量に溶かし込んだ深層水が存在し、融氷期にそれが湧昇した。(Galbraith et al. 2007に基づく)

よって表面に湧昇してきた可能性があるのです。

さらにもう一つの証拠が図3-16なのですが、これはかなり難しい図です。私の研究室の学生でもすぐには理解できない図なのですが、じつは重要なことを示しています。まず図の黒い点は、大気中の二酸化炭素の濃度変化を示しており、図の横軸は最終氷期から後氷期にかけての2万2000年前から8000年前までの年代を示しています。次に青色の丸は、海水中の^{14}Cの濃度を表しますが、簡単に言うと水深が705メートルの地点での海水の年齢を示します。上のほうに幅をもって描かれているグラフは大気のなかの^{14}Cの濃度を示します。大気中の^{14}C濃度は、一つには、大気上層で宇宙線によってどれだけ^{14}Cがつくられるかに影響を受けるのですが、もう一つ、^{14}Cをあまり含んでいない年齢の古い深層水がどれだけ湧昇して、^{14}Cをあまり含まないCO_2がどれだけ大気へ吐き出されるかにも依存するのです。

この図で、大気中の^{14}Cの濃度が1万8000年前から1万4000年前にかけてぐっと下がっていますよね。これは、古い深層水が表層に湧昇してきて、大気中に^{14}Cをほとんど含んでいないCO_2を放出したことを意味します。100パーセントそうとは言い切れないのですが、その可能性が高い。大気中の^{14}Cの濃度はH1（ハインリッヒ・イベント1）と呼ばれる時期とYD（ヤンガー・ドリアス）と呼ばれる時期でぐっと下がっているのですが、一方、705メートルの水深での深層水の年齢が同じ時期にぐっと古くなっています。これは、これら二つの時期に古い深層水が中層深度まで上がってきているということを意味します。中層だけではなく、おそらくは表層まで上がり、大気中にCO_2を

3-16 大気中のCO_2濃度変化、大気中のΔ^{14}Cの変化、海水の年齢

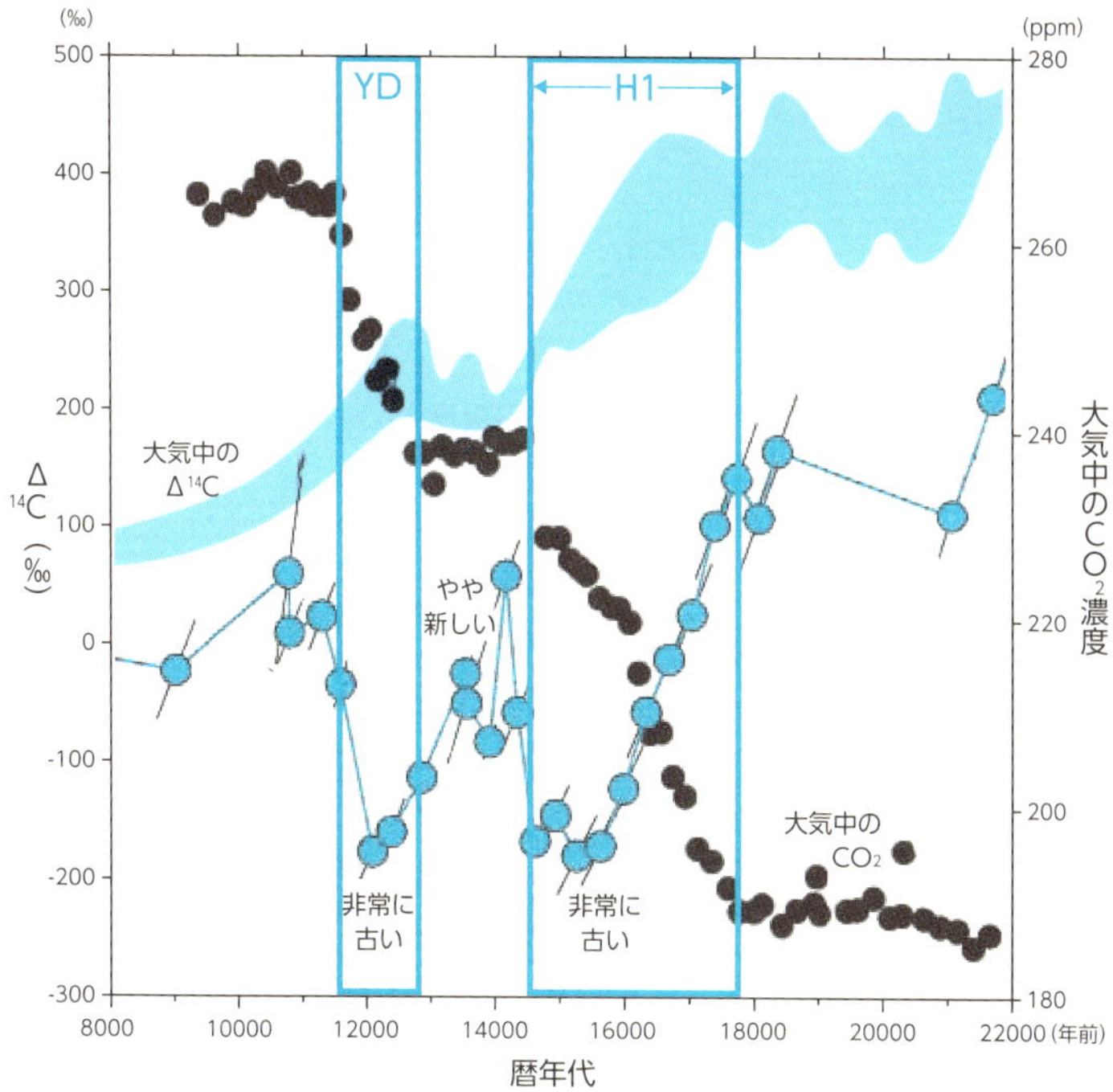

大気中の CO_2 濃度変化（黒丸）、大気中の ^{14}C の変化（上の太いグラフ）、カリフォルニア半島沖の水深 705m における海水の年齢の変化（青の丸）。海水中の古い年齢を持つ CO_2 が放出され、大気中の CO_2 濃度が上昇したことが読み取れる。 (Marchitto et al. 2007 に基づく)

出していたらしいのです。

こうした変化を大気中のCO_2濃度と比較すると、これら二つの時期には大気中のCO_2濃度が特に急激に上がっています。そして、その時期に対応して古い深層水が中層まで上がってきており、大気のなかの^{14}C濃度が急に減っています。これらは間接的な証拠ですが、何重もの意味で推論の幅を狭めています。深層水中に生物ポンプで押し込められたCO_2のうち、まだアルカリポンプで打ち消されて（中和されて）いない部分が残っていて、それが深層水循環のパターンが変わったことによって、海洋表層、さらには大気にまで出てきたことを強く示唆します。その量は二つのステップでの上昇分から推定すると70 ppmぐらいなので、今日のテーマである氷期から間氷期にかけて起こった１００ ppmのCO_2濃度上昇の大部分が説明できることになるのです。

そういうわけで、今のところはこれがいちばん有力な証拠なのですが、おそらく生物ポンプで70 ppmぐらい、それから溶解ポンプで10から20 ppmぐらいを説明できるのではないかと考えられます。そうすると１００ ppmの変化がおおむね説明できたということになるわけです。

――CO_2濃度変化についてはその説明で現象としてはつじつまが合いますが、ますます謎が深まっていますね。深層水の流れが変わったということはわかったのですが、それ自体も引き金になった何らかの事象があって、それが正のフィードバックによって大きくなったわけですよね。そのイベントの正体は、なんだかモヤモヤとしているのですが。

じつはそれが次回のテーマなのですが、氷床が融けるという現象が、北大西洋の深層水ができる海域に塩分の低い水を供給するのです。先ほどお話ししたように塩分が低いと密度が低くなるので、沈みにくくなる。それで、氷期のような深層水循環パターンが生まれると考えられています。さらにこうした深層水循環様式の変化によってどういう気候変動が、どういう周期で起こったのか。それはとりもなおさず、急激な気候変動と深層水循環がどうリンクしているかという問題なのですが、次回考えていきたいと思います。

まとめ

では今日のまとめをしておきましょう（次ページの囲み）。今日お話ししたことの一つ目は、氷期―間氷期サイクルに伴って１００ppmにおよぶ大気中のCO_2の濃度変動が起こっていたこと。二つ目は、こうした数万年以下というタイムスケールでのCO_2の濃度変動は、生物圏の影響も若干ありますが、基本的には大気と海洋の間での炭素のやりとりで引き起こされたということ。それから三つ目は、海洋に炭素を押し込めるメカニズムとして、生物ポンプ、アルカリポンプ、溶解ポンプの三つがあること。そして四つ目は、これらのポンプの強さの変化はグローバルな深層水循環の変化と深く関係していたらしいということです。

――途中で、環境への影響としてCO_2の大気中の濃度自体も大切なのだけれども、濃度の上昇するスピード

まとめ

1. 氷期―間氷期サイクルに伴って 100ppm におよぶ CO_2 濃度変動が起こっていた。
2. こうした数万年以下のタイムスケールでの CO_2 濃度の変動は、大気と海洋（および表層堆積物、生物圏）との間での炭素のやりとりによって生じたと考えられる
3. 海洋に炭素を押し込めるメカニズムとして、生物ポンプ、アルカリポンプ、溶解ポンプの三つが考えられる。
4. これらのポンプの強さの変化には、グローバルな深層水循環の変化が関与していた可能性が高い。

が非常に問題だというお話がありました。アル・ゴアがクレーンに乗って指し示したように短期間でどんどん増えていくことによって、CO_2のポンプにはどのような影響を及ぼすものなのでしょうか。

たとえば温暖化すれば溶解ポンプは弱くなるから、海はあまりCO_2を吸わなくなりますよね。これはまたもや「正のフィードバック」ですけれども、それによってますます状況を悪くすると思われます。

それから、アルカリポンプについては、おそらくどんどん海の浅いところまで堆積物中の$CaCO_3$を溶かす環境が広がっていくと思います。これにより、CO_2濃度の上昇はやや緩和されますが、これに関係して問題になるのが海洋酸性化です。

たとえば白亜紀と呼ばれる今から1億年近く前は、大気中のCO_2のレベルは現在の5倍以上

あったといわれます。そういう意味ではわれわれの近未来みたいな状況なのですが、その時代にも生物はちゃんと生きていました。しかしそれは、長い時間をかけてCO_2濃度が上がり、アルカリポンプによる中和がバランスして海洋酸性化があまり起こらなかったからなのです。十分に時間があったのでうまく中和反応が起こっていた。一方、人類に起因するCO_2濃度上昇のスピードはあまりに速いので、中和しきれず海洋酸性化が起こっているのです。すでに徐々に顕在化していますが、たぶんこれから影響がますます大きくなってくると思います。酸性化が起こると生物がどんどん絶滅していきます。わかりやすく例を挙げれば、貝の殻がなくなったらどうなるかという問題です。カタツムリの殻を溶かしたらナメクジになって生き延びるかというと、そうはいきませんよね。そういう問題が起きているのです。

――的外れな質問かもしれないのですが、氷期に100ppm分のCO_2が海洋にどうやってため込まれていたのかを考える際に、氷期で寒かったこと自体が推論の前提とされていたように思うのです。ニワトリと卵とどちらが先かというのと近い疑問かもしれませんが、CO_2が100ppm分少なかったから温室効果がなくて氷期になったというわけではないのでしょうか。

これは、なかなかよい質問ですね。それはニワトリと卵の関係に近いのですけれども、いわゆるフィードバックの関係です。だから、CO_2がちょっと下がると少し寒くなる。それによって、またさらにたくさんCO_2を海が吸い込む。そういうフィードバックプロセスで氷期―間氷期という変化が増幅されていたということなのです。だから、CO_2がまずどういう格好で海に入っているのかがわからないと、そのフィードバックプロセスの謎も解け始めない。

今日お話ししたことにしても、私の解釈に反対する研究者もいると思います。ただ、以前は海のどこにどうやってCO_2が入っているかはまったくわからなかったのが、間接的ですがこのごろやっとたぶんこうだろうというスキームが見えてきた。それが見えてくると、今度はそのタイミングが、たとえば気温の上昇のタイミングとどういう関係にあるのかを検証できるようになる。すると、たとえば氷床が少し融けることによって淡水が北大西洋に供給され、それで海洋循環がちょっと変わってCO_2が出てくるといった可能性も、より具体的になってくる。そういった連鎖反応が起こって小さな変化を増幅することによって、氷期—間氷期が生まれているのだと私は考えているし、他の多くの研究者もたぶん似たイメージを持っていると思います。ただ、その一つ一つのプロセスはこうに違いないとまでは、すっきりとは言えないのが現状なのです。

2-14 最終氷期（左）と現在（右）における、南半球の氷床および海氷分布

南極大陸は南極環流によって低緯度から遮断されており、
南極氷床は安定して存在できる

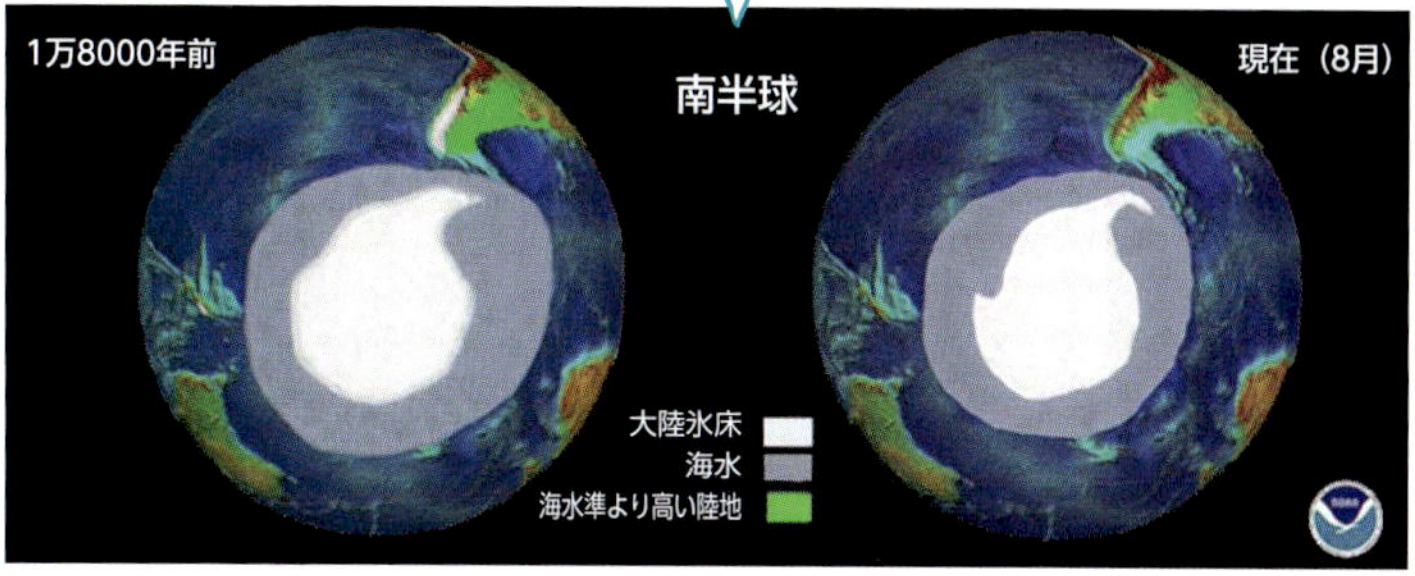

南極大陸は南緯65度以南にある。

2-15 最終氷期（左）と現在（右）における、北半球の氷床および海氷分布

北半球は大陸が中緯度まで広がるため、
氷床の末端がおよそ北半球45度まで拡大できた

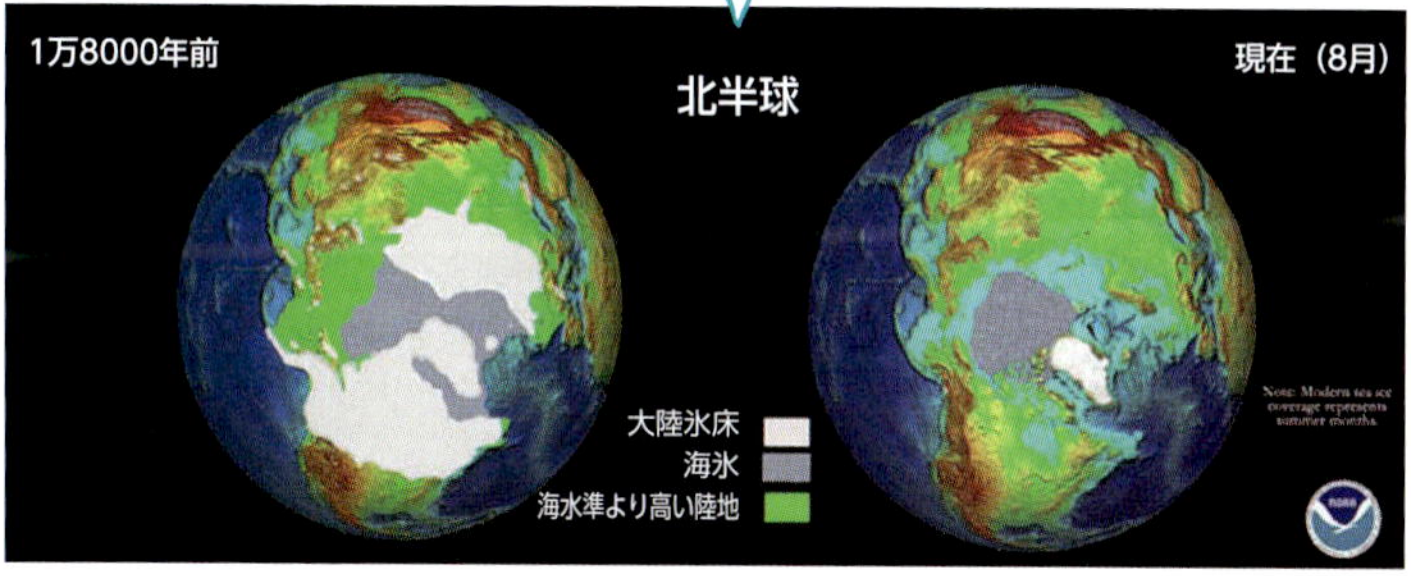

（NOAA作成の図に基づく。Photos：Mark McCaffrey NGDC/NOAA）

3-7 世界の海の表層水中のリンの濃度分布

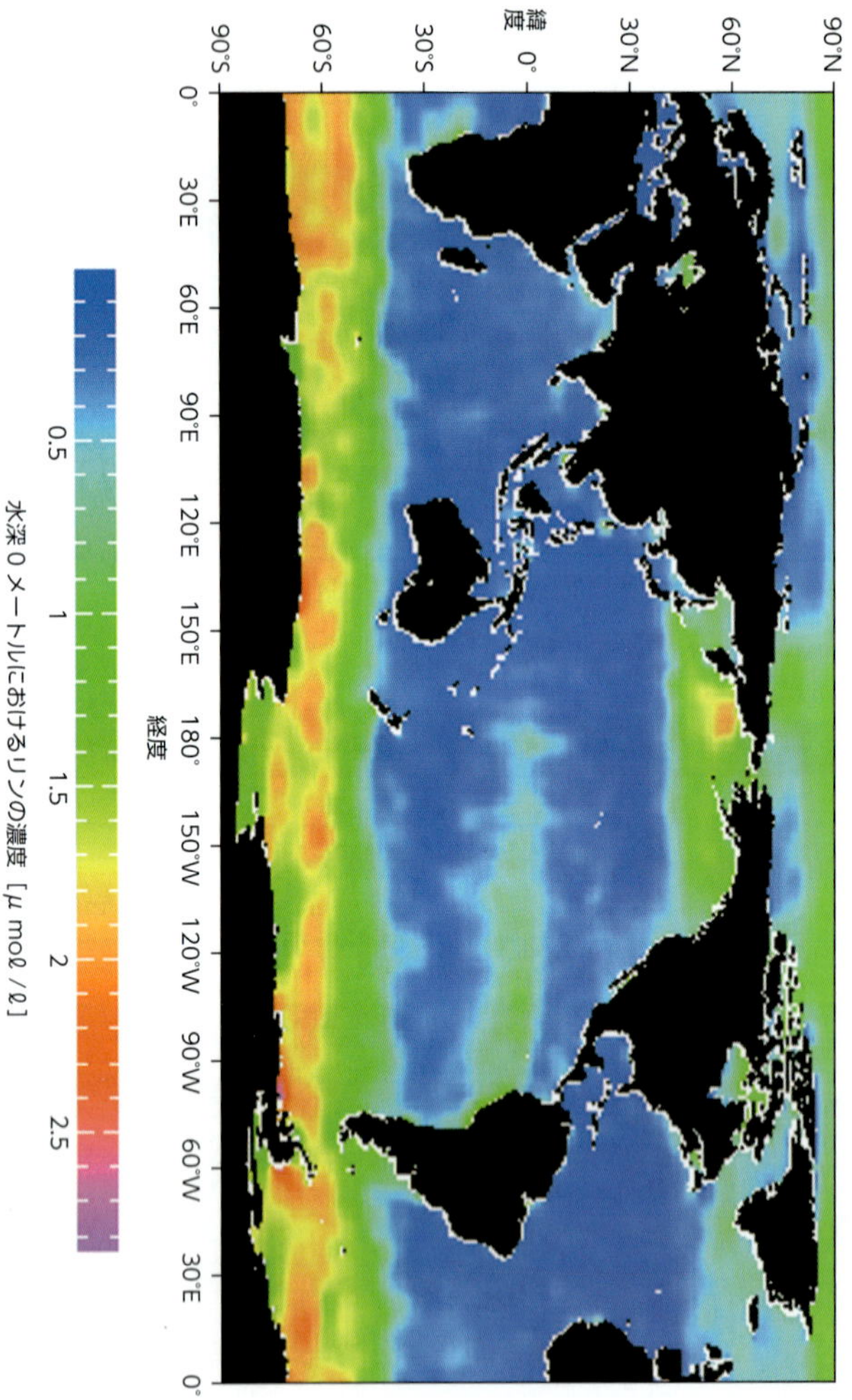

（NOAA NODC WOA98のデータを基に作成）

3-11 ^{14}Cに基づく深層水の年代の地理的分布

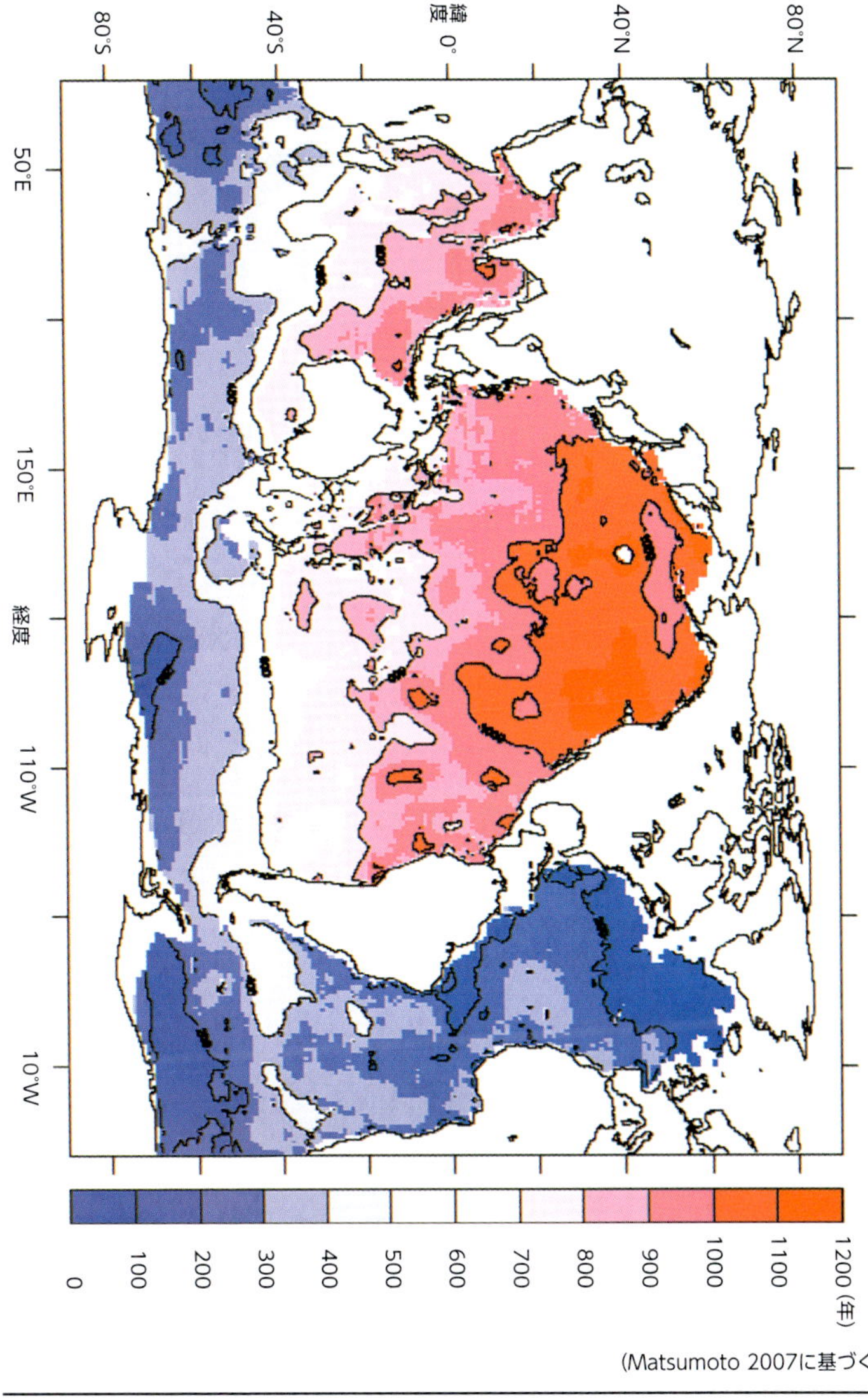

(Matsumoto 2007に基づく)

5-10 過去の太陽活動変動の復元

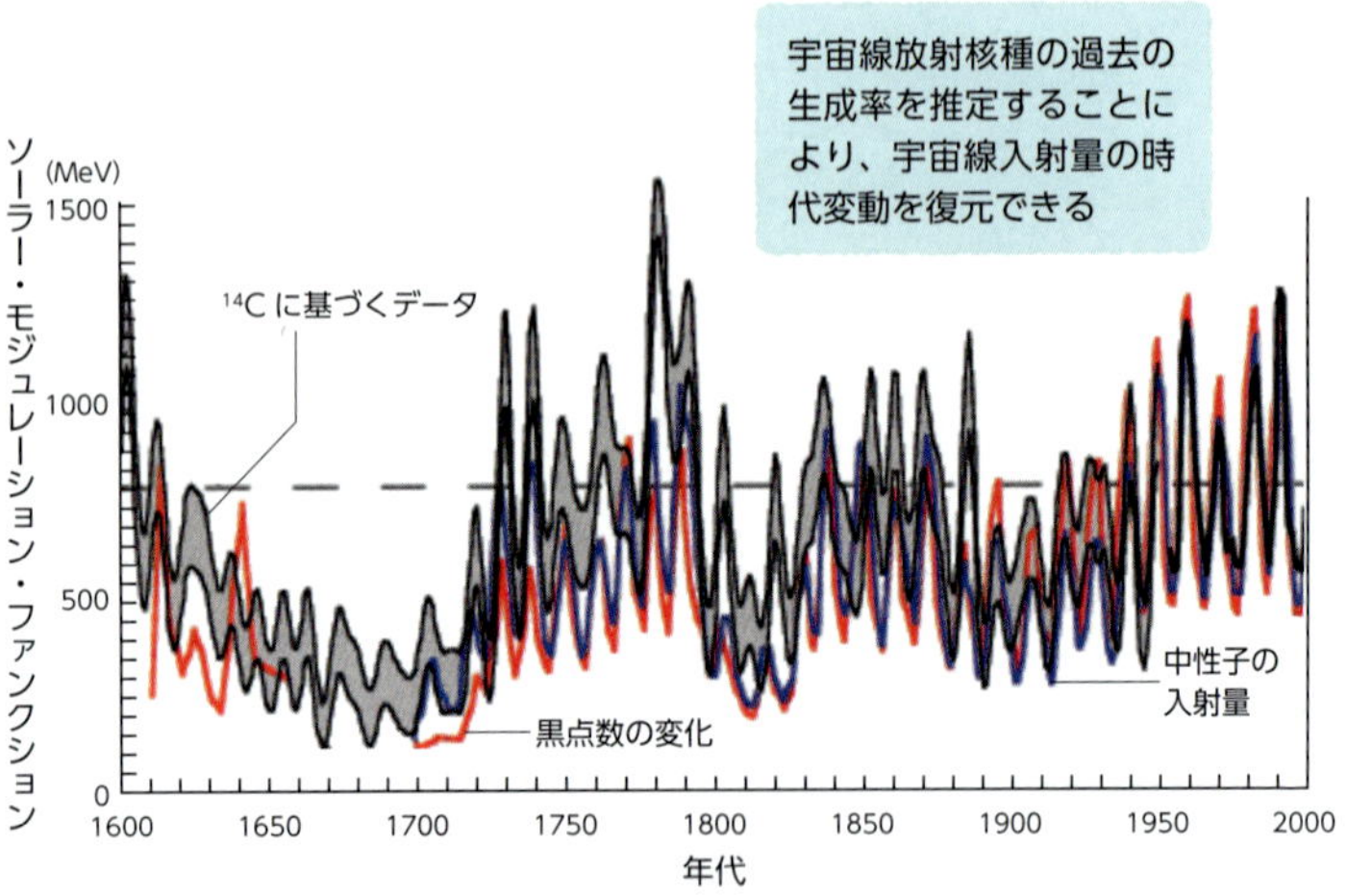

「ソーラー・モジュレーション・ファンクション」は、
太陽活動の銀河宇宙線入射量への影響を反映した関数

(Muscheler et al. 2007 に基づく)

^{14}C、^{10}Be に基づく過去 9000 年の銀河宇宙線変動

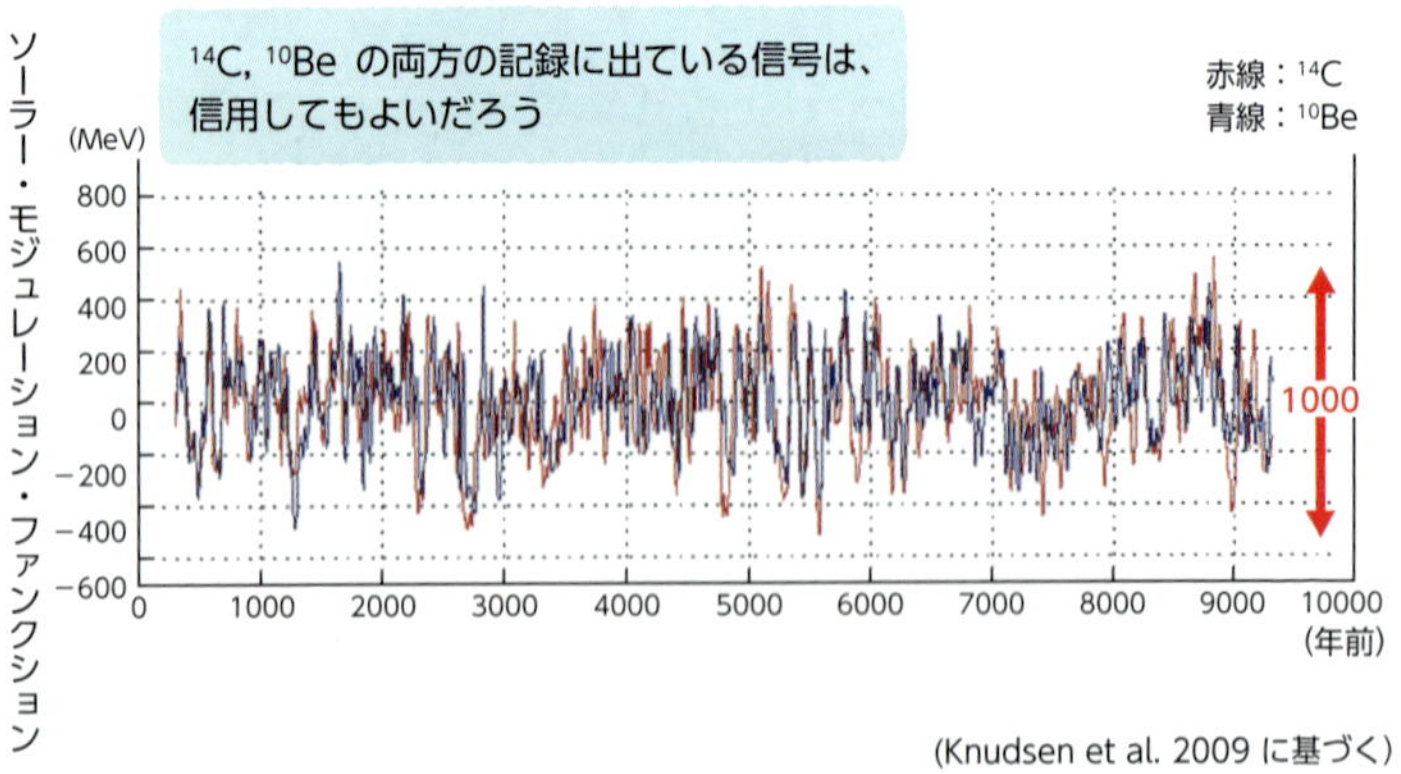

(Knudsen et al. 2009 に基づく)

5-13 中世温暖期および小氷期の気温異常の空間分布

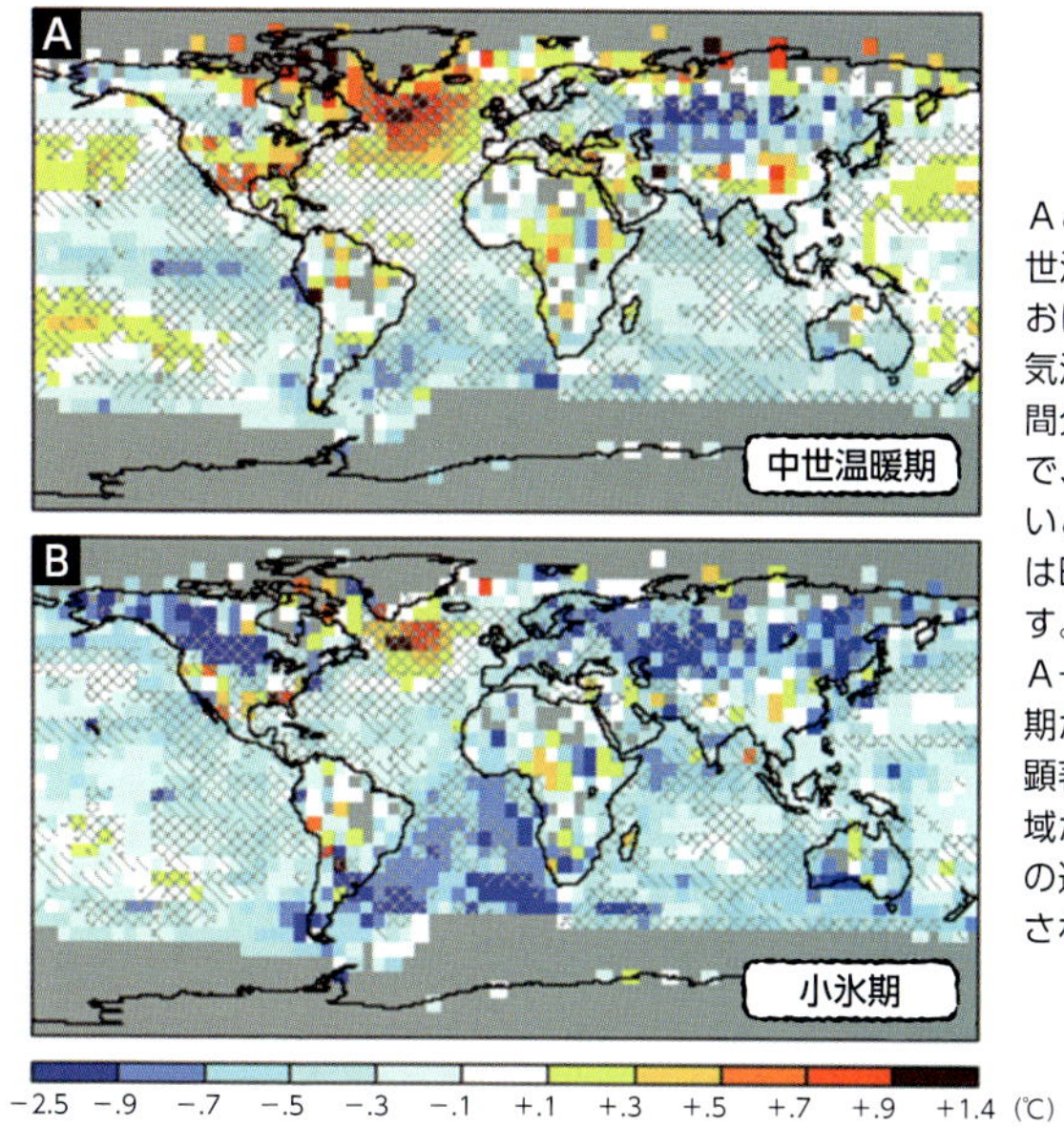

AとBはそれぞれ中世温暖期と小氷期における気温の、平均気温からの偏差の空間分布を示したもので、青色は気温の低いところ、オレンジは暖かいところを示す。

A−Bでは、中世温暖期が小氷期に比べて顕著に暖かかった領域がオレンジで、その逆の領域が青で示される。

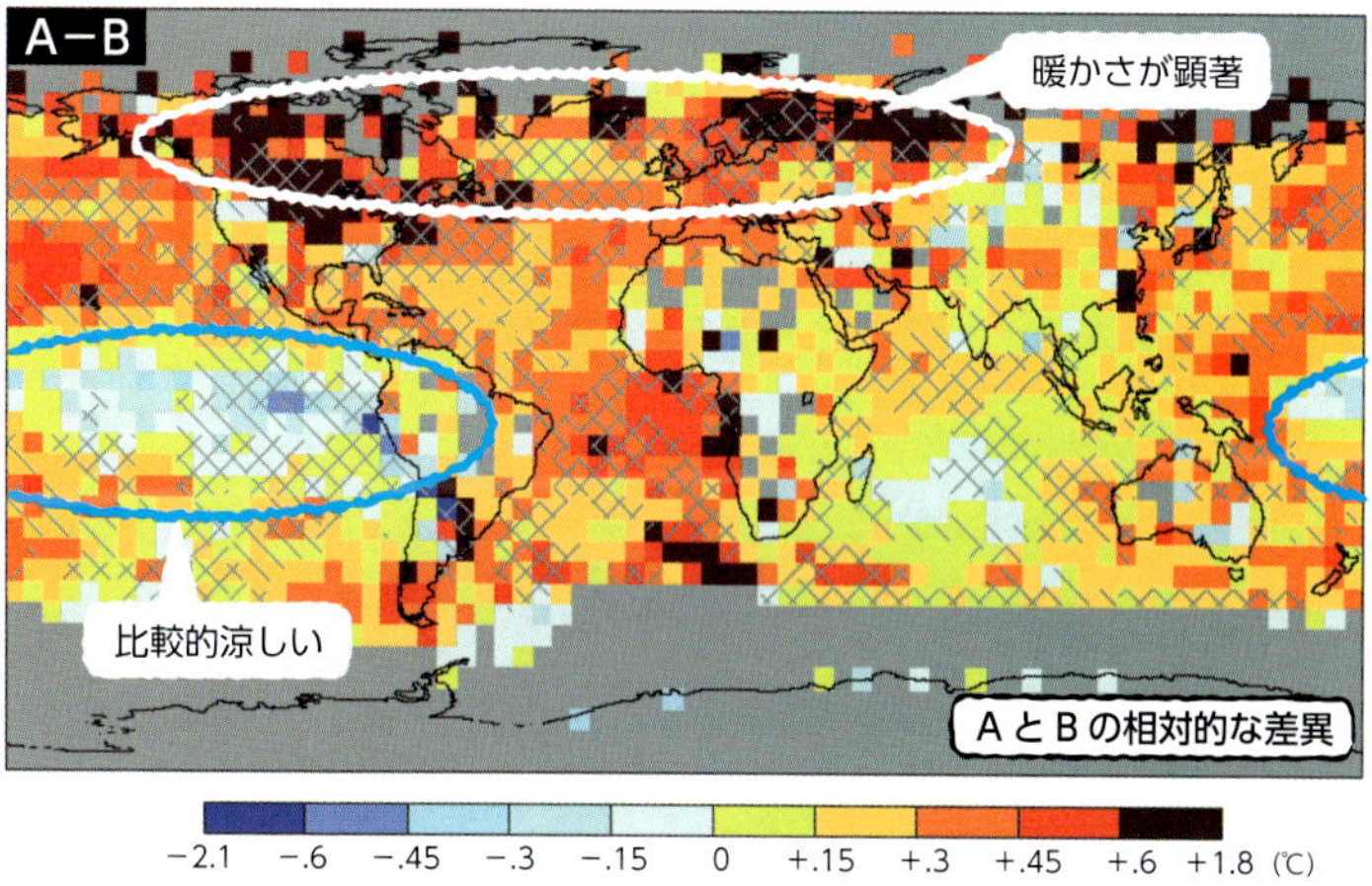

(Mann et al. 2009 に基づく)

5-18 太陽活動の極大期と極小期の差

太陽活動の増大に伴うハドレー循環の拡大を示唆

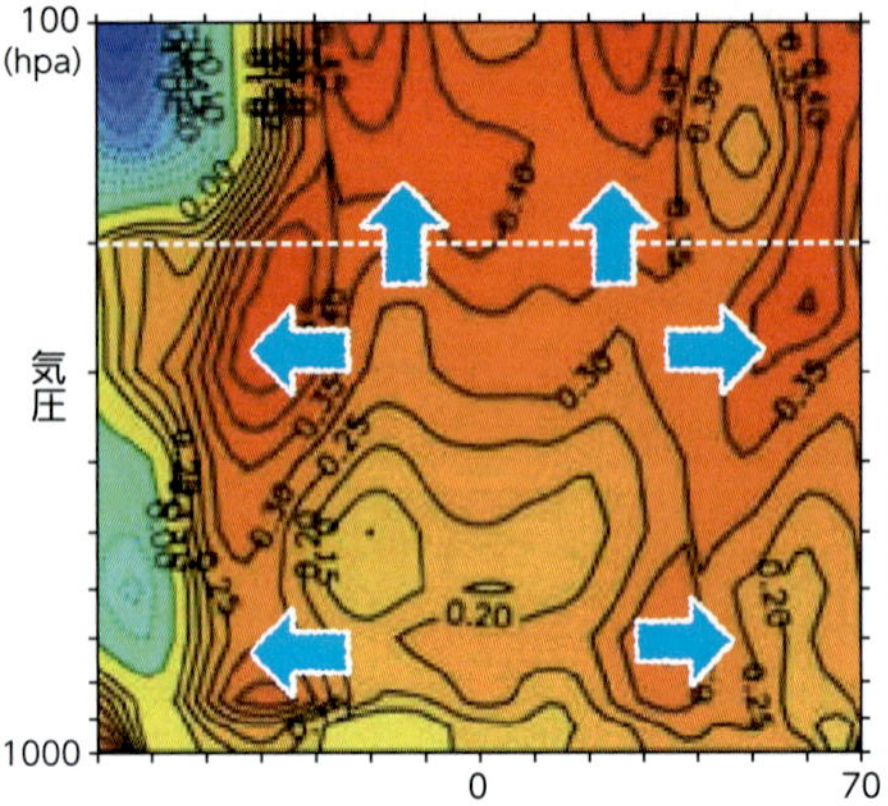

経度方向に平均した気温の子午面上の緯度・高度分布を、太陽活動の極大期と極小期についてとり、その差を見たもの。オレンジの濃いところほど、太陽活動の極大期に気温が上がっている。

(Gleisner and Thejill 2003 に基づく)

5-19 ラニーニャ的（PDOーパターン）

太陽活動の極大期と極小期の1～2月における地表面温度の差。青～紫が濃いほど温度が低い。ラニーニャ的（PDOー）パターンが見てとれる。

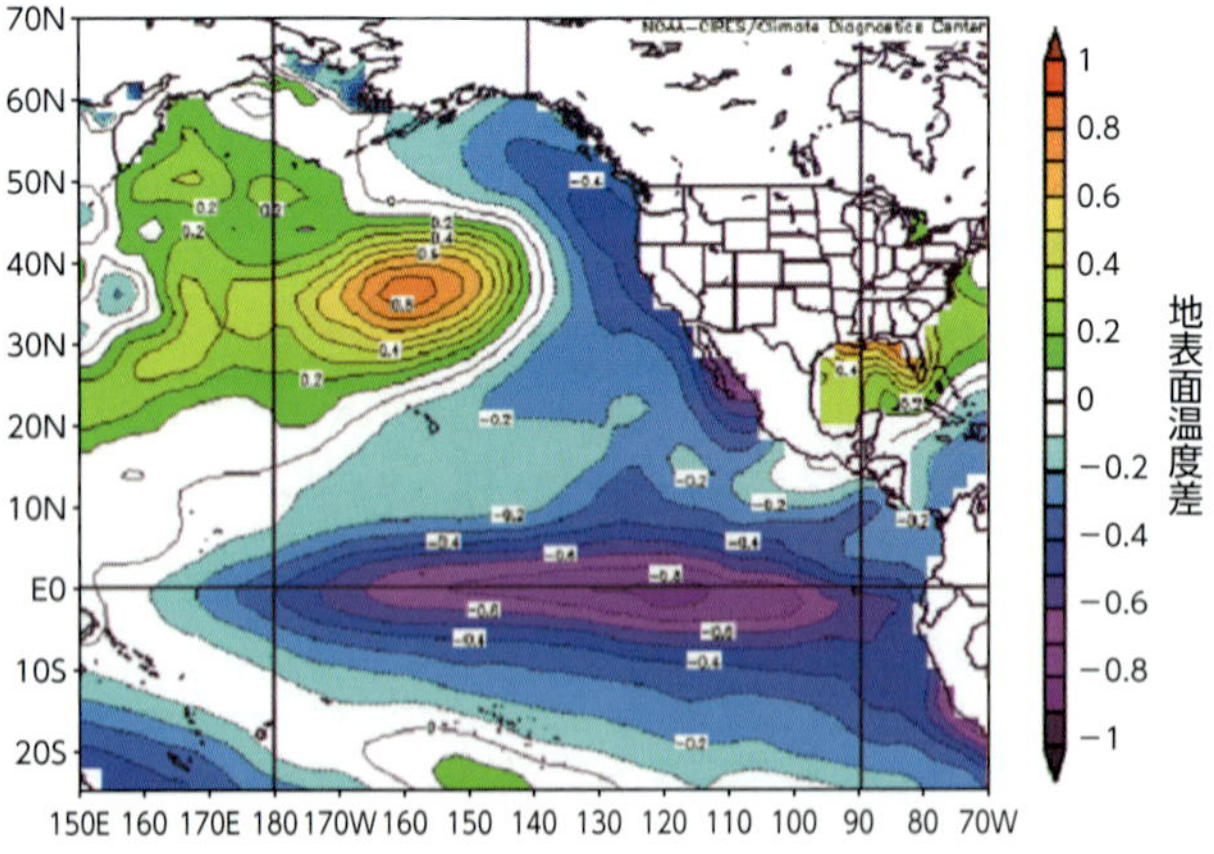

(van Loon and Meehl 2008 に基づく)

第4回

急激な気候変動とそのメカニズム

――『デイ・アフター・トゥモロー』の世界

こんばんは。早いもので、もう第4回になりました。見慣れた顔も多くなり、こちらもリラックスして話ができます。

今日は、「急激な気候変動とそのメカニズム」というタイトルのお話です。サブタイトルにある『デイ・アフター・トゥモロー』というのは四、五年前に公開されたSF映画ですが（日本での公開は二〇〇四年）、もちろんその映画を観たことがなくても今日の話題を理解するのにまったく支障はありませんのでご安心ください。映画の内容を簡単に紹介すると、主役はジャックというちょっと変わった古気候学者。海洋観測の結果から北大西洋の水温や塩分が低下したという現象が見つかり、彼は古気候の記録に基づいて、そういう現象が起こり始めると気候モードの大きなシフトが起こりうると指摘します。さらに彼は、気候モードのシフトは6～8週間で起こると主張します。最初のうち周囲は彼を相手にしなかったのですが、そうこうするうちに急激に寒冷化が進み、大きな竜巻が起こって都市を破壊したり、津波（あるいは高波？）が起こって街をのみ込んだり、大規模な気象災害が立て続けに起こり、嵐が過ぎ去ったあとの地球は氷河期になってしまう……というふうにストーリーが進んでいきます。

この物語の途中には、主人公による「予測モデルは当てにならない」という発言もありました。ほかにも、映画のなかに出てくる気候変動に関わるいくつかの設定や主張を拾ってみたのが図4-1です。今日のお話の最後に、これらのうちどれが本当でどれがハッタリかという話もしたいと思います。

急激な気候変動が北半球で起きていた

ダンスガード＝オシュガー・サイクル（DOC）の発見

この映画『デイ・アフター・トゥモロー』のヒントになったのが、今日お話しする急激

4-1　ジャックの主張

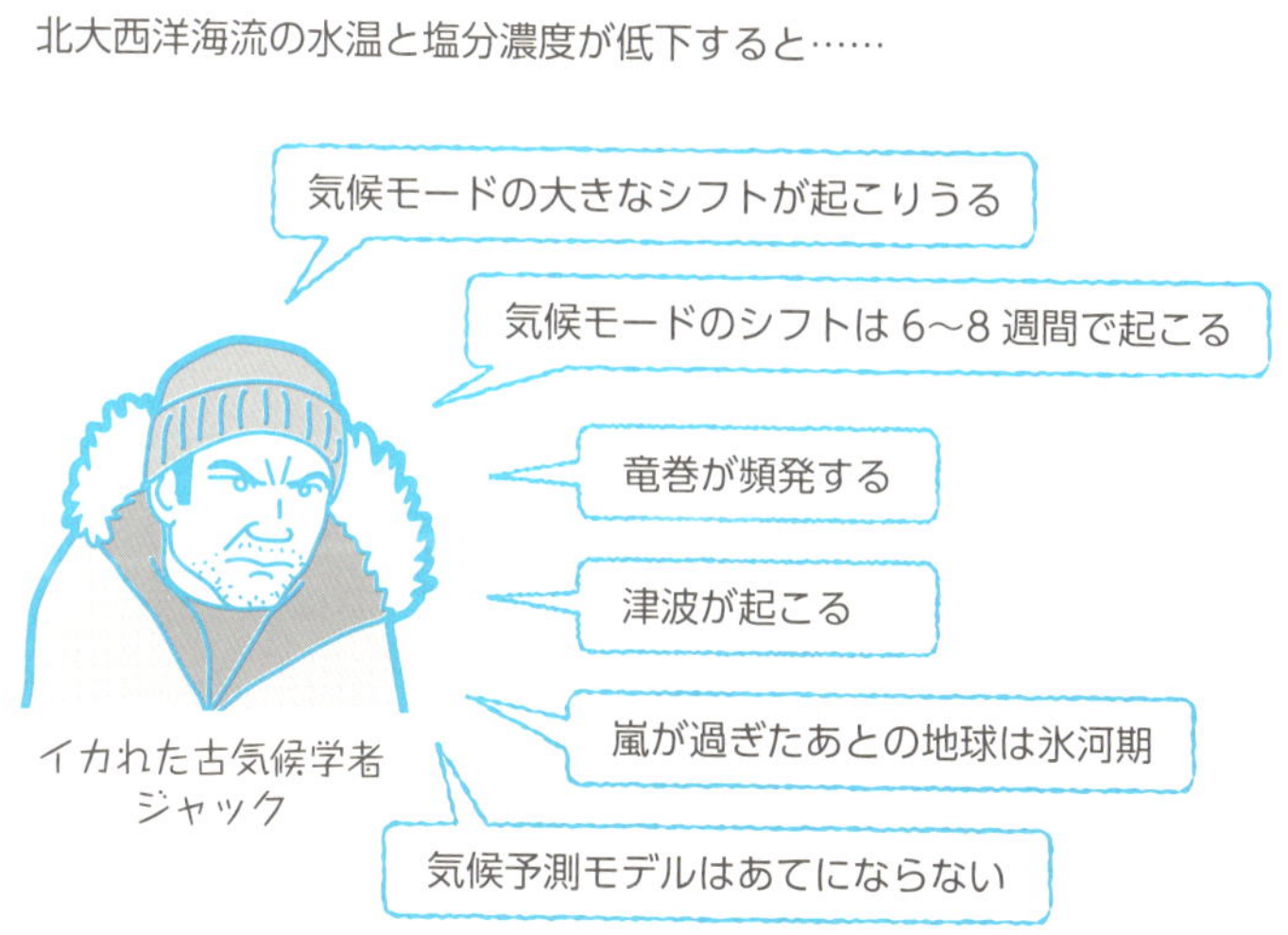
北大西洋海流の水温と塩分濃度が低下すると……
気候モードの大きなシフトが起こりうる
気候モードのシフトは6〜8週間で起こる
竜巻が頻発する
津波が起こる
嵐が過ぎたあとの地球は氷河期
気候予測モデルはあてにならない
イカれた古気候学者
ジャック

な気候変動です。じつは、最終氷期——今から7・5万年ぐらい前から2万年ぐらい前まで——に急激な変動が繰り返し起きていたのですが、そのことがわかったのは比較的最近です。一九九三年に『ネイチャー』という科学誌に載った論文がきっかけでした。グリーンランドの中心部で、アメリカとヨーロッパのグループが競い合うように氷床の掘削と、回収した氷床コア（氷の柱）の解析を行い、結果を世界に報告したのが一九九三年なのです。回収されたグリーンランド氷床コアには、過去10万年ぐらい*の気候変動が記録されていました。

図4-2のグラフがその結果で、横軸が氷（積雪が潰れて固まったもの）の酸素同位体比（$\delta^{18}O$）で、これは基本的に気温（グラフの右に行くほど高い）を表しています。氷床の酸素同位体比は降雪の酸素同位体比と同じで、気温が低いほど軽い同位体の割合が増えるのです。その理由は、ちょっと専門的になりますが、水蒸気と、水蒸気から晶出する雪との間の同位体の分配が温度に依存しているためです。縦軸は時代となっていますが、これは実際には氷が採取された地点の表面からの深さを雪が降った時代に変換したものです。

右図の最終氷期部分（2〜7・5万年前）について見ると、前々回にお話しした海の堆積物中の石灰質微化石の酸素同位体比の変化では、同位体比の変動はもっとずっと滑らかだったのですが、それが氷床コアではこんなにギザギザしています。左の図は右の図の最終氷期部分を拡大したもので、数百

＊図4-2は一応20万年前までの記録とされていますが、10万年前よりも古い部分では記録が乱されていることが明らかにされました。

4-2 グリーンランド氷床コアに記録された気候変動

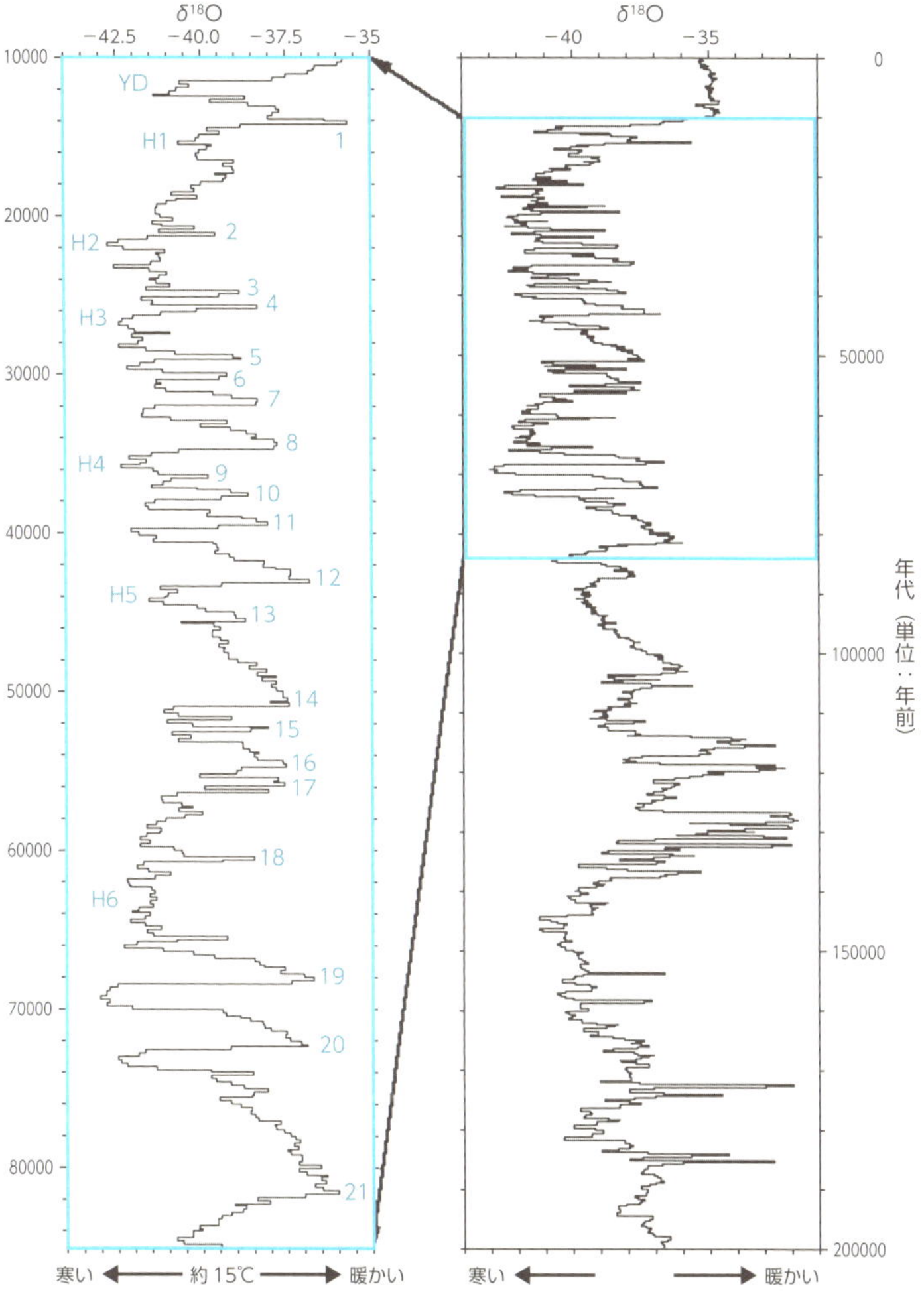

（Dansgaard et al. 1993 に基づく）

～数千年で繰り返す大振幅の変化が明確に見えます。ウィリ・ダンスガードという人とハンス・オシュガーという人がこれを最初に見つけたので、二人の名前をとってダンスガード＝オシュガー・サイクルと呼ばれています。

では、図4-2の左のグラフからどういうことが読み取れるでしょうか。図から何が読み取れるかを考えることは、頭の体操にもなるし、観測事実を理解するには非常に役立つのですが、いかがでしょうか。横軸の太矢印の長さは温度幅にしてだいたい15℃ぐらいあります。

――非常に大きな、急激な温度変化が、比較的短い間に起きた。

そうですね。だいたい数百年から数千年ぐらいのタイムスケールで繰り返し変化しているのが読み取れます。また、変化はさらに短い時間スケールで起こっていますね。では、振幅はどうでしょう？

――大きな振幅でシャープに見えている。

そうですね。温度にすると、いちばん大きな振幅だと10℃を超える大きな変化だということがわかります。ほかにはどうですか。すべてのピークについてそうだというわけではないけれども、急激に上がって、少しなだらかに下り、さらに急激に下るという特徴があるように見えますが、いかがでしょうか。

結論として、第一に最終氷期には、非常に急激な温暖化が繰り返し起こっていたことがわかります。この図にある最初に公表されたデータでは分析の間隔が１００年ほどですが、たとえば気温が一直線に上がっているところもありますよね。これがどれほど急激な変化かという問題は、氷の分析をしている人たちも当然興味を持ったので、さらに細かく分析してみると、いちばん短い場合で3年、平均して数十年ぐらいで変動が起こっていたことがわかったのです。

じつは、この現象自体は、『ネイチャー』に論文が出版された一九九三年よりさらに10年以上前に見つかっていました。氷の研究をしている人たちは最初、これが気候変動を反映しているとは信じられなかったようです。だから変動の真偽を確認するために何箇所も掘削し、最終的にグリーンランドの中央を掘って決定版といえるデータを得て、たまたま一地点だけに見られる現象ではないことが確認されたのです。また、氷床コアが断層で切れていて、見かけ上、急激な変動のように見えているわけではないことも確かめられました。変化の急激さについては、最終的には3年というのがいちばん短い事例だったのですが、一九九三年の報告では「10年ぐらい」と濁しています。報告した研究者たち自身が、3年という短さを信じられなかったようです。その後の繰り返しのチェックで、いちばん短い事例で3年、平均して数十年であることがわかってきました。

また、急激な気温の上昇に続いて、だいたい数百年から数千年ぐらいかけて少しなだらかに寒冷化が起こり、その後比較的急激に――上がるときほどは急激ではないのですけれども――だいたい数十年から数百年間で一気に気温が下がるという変化のパターンの繰り返しも見られます。

このパターンは、ピークによって若干の差異はあるのですが、基本的には温度が低いところと高いところの間を行ったり来たりしていて、中間的状態はあまりありません。これはヒストグラムを取るともっと明確に見えます。つまり、暖かいモードと寒いモードの間を行ったり来たりしているわけですが、これを「気候モードジャンプ」といいます。

それからもう一つわかったのは、暖かいモードと寒いモードの繰り返しに特徴的なリズムがあることです。たとえば図4‐2左のグラフで約4万3000年前の亜間氷期（数百～数千年間続く比較的温暖な時期）の12番にバッと温度が上がっていますよね。ここでは上がる幅も大きく、その後の亜氷期の持続期間も長いのですが、やがて下がる。その次の亜氷期（亜間氷期の11番）は、12番に比べて振幅が小さく、持続期間もちょっと短くなっている。3番目（亜間氷期の10番）はさらに振幅が小さく、短くなる。そういう傾向が、特に亜間氷期の12番から9番にかけてと、8番から5番にかけて顕著に見えます。それ以外にも似た傾向が見えますよね。それが何を意味するかは別にして、一つの特徴なのです。

一九九三年にこの報告がでると、いままでは氷期―間氷期という数万年の時間スケールでのゆっくりとした変化が卓越しているものだと安心していた過去の気候変動が、どうもそうとはかぎらないということになってきました。数年と言えば人間の一生より短いですからね。数年の間に気温が10℃変わると、たとえば東京が稚内の状態になってしまうわけです。そうなると、見過ごすわけにはいかないというので、どういうメカニズムなのか、見つかったのは氷期の事例だが間氷期にもこういうことが起こるのか、などの疑問が噴出して、古気候の研究がこの問題に集中しました。

その後二〇〇八年に出た論文で、こうした変化が本当に数年で起こっていたことが改めて示されました（図4‐3）。図の酸素同位体は温度を反映するのですが、それらは10年どころか1、2年で変化

4-3 グリーンランドの氷床コアから得られた気温変動の高解像度データ

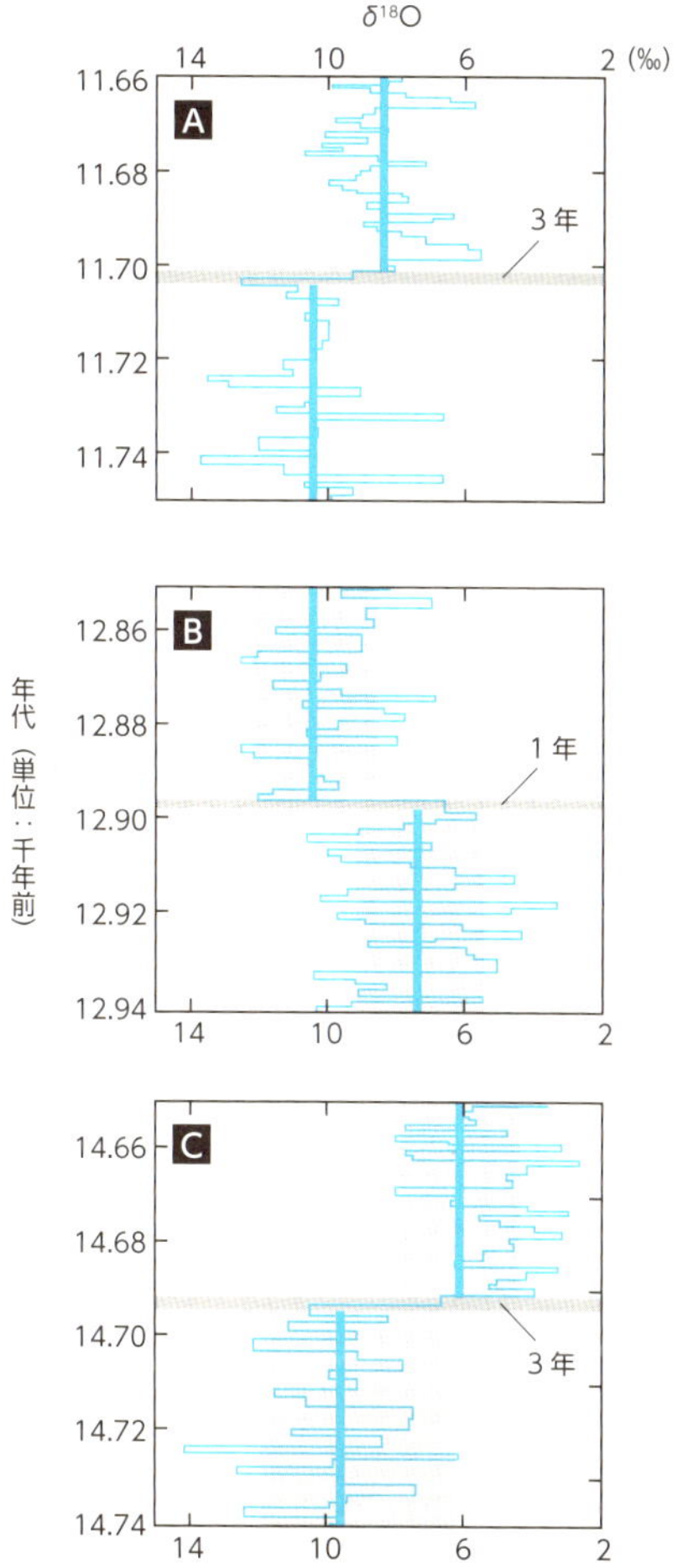

グラフ中の太い縦線は変動前後の150年間の平均気温を示す。1～3年のうちに変動が起きていることがわかる。(Steffensen et al. 2008に基づく)

していたのです。それから、氷のなかにはたとえば砂ぼこりが入っており、おそらくはゴビ砂漠、タクラマカン砂漠から来たといわれていますが、その量がだいたい50年ぐらいで変化していることもわかりました。こうして、急激な気候変化が本当に数年～数十年で起こっていたことが確実になってきたのです。

ハインリッヒ・イベントの発見

氷の掘削試料の解析から急激な気候変動が示されたのと時期を同じくして、海の堆積物を扱っている研究者たち――まあ、私自身もそうなのですけれど――の間でも、ハインリッヒ・イベントと呼ばれるイベントを示す堆積物が、特にグリーンランドの沖合にあることがわかってきました（図4－4）。

どういう堆積物かといいますと、海底堆積物を採るには、ピストンコアラーといって、船の上から鉄のパイプを落として堆積物に差し込むのですが、それを北大西洋高緯度海域で落とすと、スムーズに入

4-4　北大西洋高緯度海域の堆積物

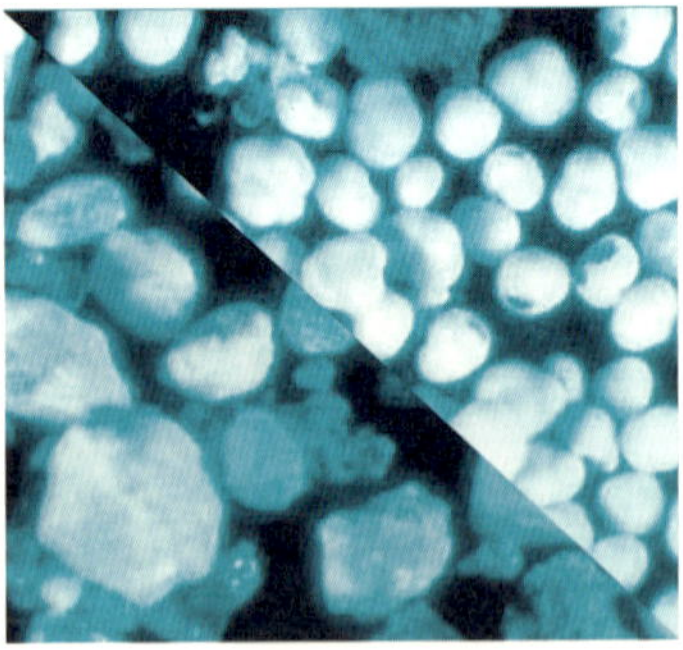

通常は右上のような石灰質のプランクトンの殻が堆積しているが、特定の層準では左下のような岩石片が混じっている。

(IGBP Science 2001より。Photo : Anne Jennings)

らずジャリジャリッと、途中で邪魔者にあたる。通常、大西洋の真ん中のような遠洋域では陸からの砂や礫のような砕屑物の影響がほとんどないので、有孔虫という、差し渡しが0・1ミリぐらいの石灰質のプランクトンの殻が堆積しています。ところが北大西洋高緯度海域の堆積物では、ある特定の層準に写真のような岩石の破片がたくさん入っている。大きいもので1ミリ以上の破片が入っていたのです。

次の図4-5は、堆積物のなかにどれだけ岩片が入っているか、その割合の時代変化を示したものです。横軸は海底からの深度から換算した堆積物の年齢です。1万5000年前とか2万1000年前というふうに数千年間隔で、特に岩片が多い時期があることがわかります。これを最初に見つけたのがハインリッヒという人だったので、ハインリッヒ・イベントという名前がつきました。

では、ハイリンッヒ・イベントの礫はいったいどこ

4-5 ハインリッヒ・イベントとは？

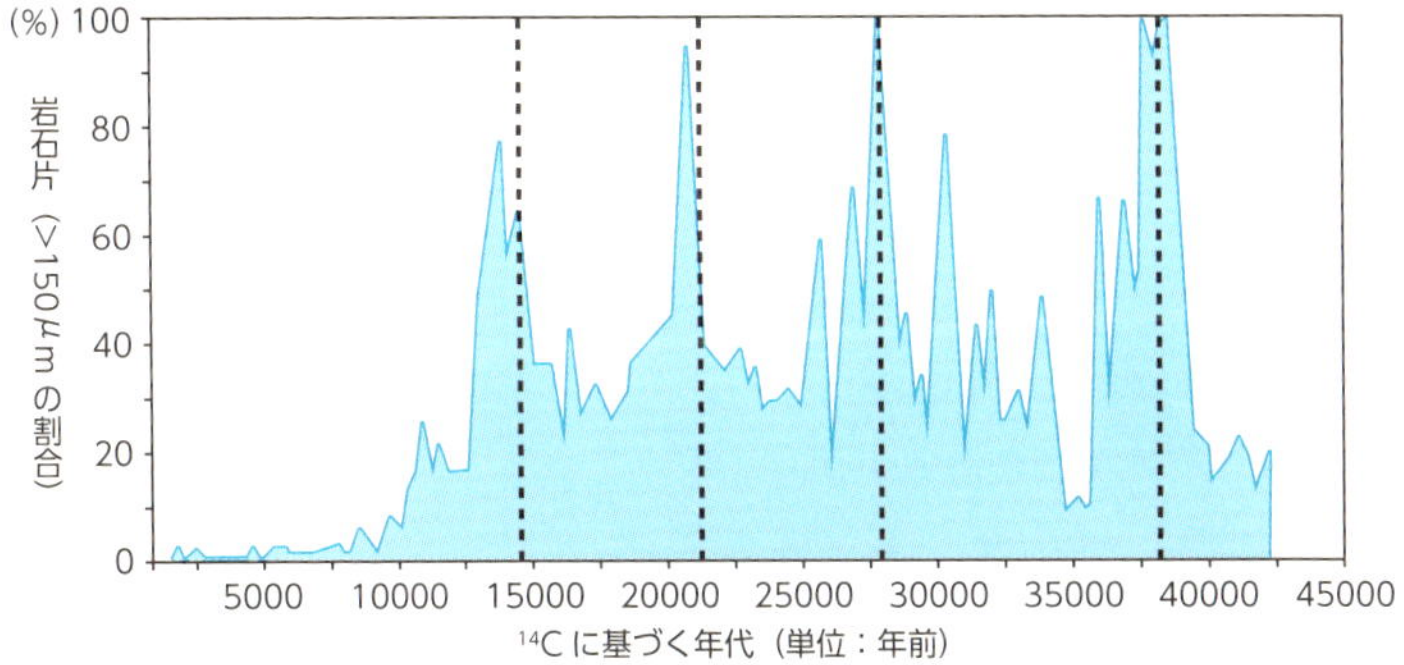

北大西洋高緯度海域の堆積物における、直径150μm以上の岩石片の割合の変動。7000～8000年間隔で礫層が繰り返し出現する。（Maslin et al. 1995に基づく）

から来たのでしょうか？　海のど真ん中に、大きいものでは1ミリメートルを超える礫が堆積していたわけです。どのように堆積したと思いますか？

――火山の噴火。

たしかに火山の噴火でもこのぐらいの大きさのものは飛んでくるのですが、ハインリッヒ・イベントについては岩片の種類がわかっていまして、多くは石灰岩や砂岩の破片なのです。ですから、この場合は火山ではありません。

――黄砂。

1ミリメートルの岩片を風で飛ばすというのは容易ではありません。じつは私は日本海の堆積物に含まれる黄砂の研究をしているのですが、その大きさはだいたい10マイクロメートルぐらいです。最大で30〜40マイクロメートルぐらいでしょうか。ハインリッヒ・イベントの岩片とは2桁ぐらい大きさが違います。海の真ん中にこれだけの岩片を運ぶには、ごくかぎられたメカニズムしかないのですが、いかがでしょう。

――氷が融けた。

そうです。それを漂礫、あるいは、ＩＲＤと呼びます。ＩＲＤとはIce-rafted debrisの略なのですが、ようするに氷山が運んだ礫のことです。これらの礫は、もともとは氷河の底面に付いていました。氷床は厚いところで数キロメートルあり、それが流動しているということは前回までにお話ししました。それが流れるときに、その底面で岩盤を削っていく。だから、底面付近は氷あずき状態になっている。それを示したのがこの写真（図4-6）です。

氷床の底面を見ると、氷床が流れるときに岩盤を削って取り込んだ岩片がたくさん付いていています。写真の氷床の基底付近には割ときれいな縞がありますが、その部分もじつは氷で、氷のなかに岩片がまぶされているのです。これが海に突っ込むと、氷床の基底の、岩盤を削って取り込んだ部分も氷山となって、きれいな氷山と一緒にプカプカ流れていくのです。これが北大西洋高緯度極域から南方へプカプカ流れていくのですが、それが南から来るメキシコ湾流（暖流）にぶつかるとそこで融けて、岩片をボタボタと下に落とす。こうして堆積した地層が先ほどお話ししたハインリッヒ・イベント層の正体なのです。ですから、ある特定の時期に大量の氷山が大西洋の真ん中まで流れて、そこで融けたことがわかるのです。

さらに、ハインリッヒ・イベント層に含まれる礫の種類を調べると、ハドソン湾に起源があるような石灰

4-6 テイラー氷河の底面付近の様子

基盤の岩石を氷河が削ってつくった、氷と岩片の混合物の層
漂礫の堆積

南極大陸、ヴィクトリアランド
（© Glaciers online, M.J. Hambrey）

4-7 ローレンタイド氷床の分布とその崩壊流出経路

最終氷期の北米大陸付近の氷床の分布（上図）と、漂礫の堆積（下図）

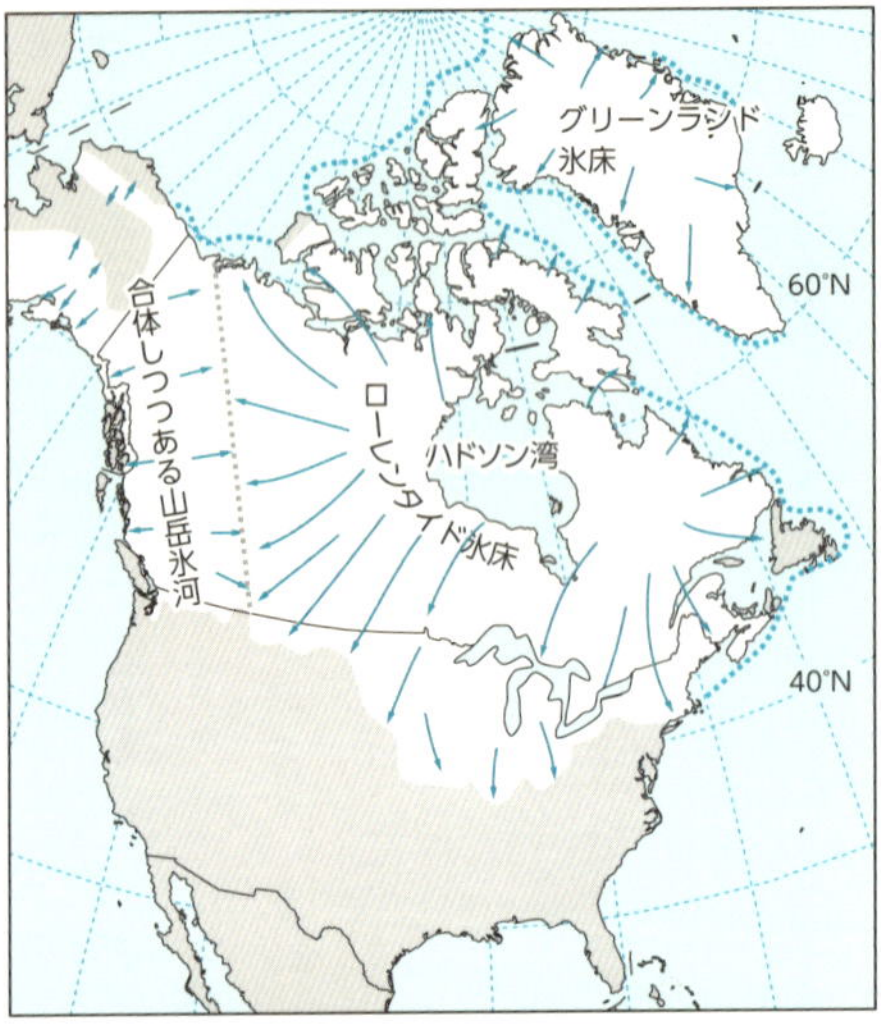

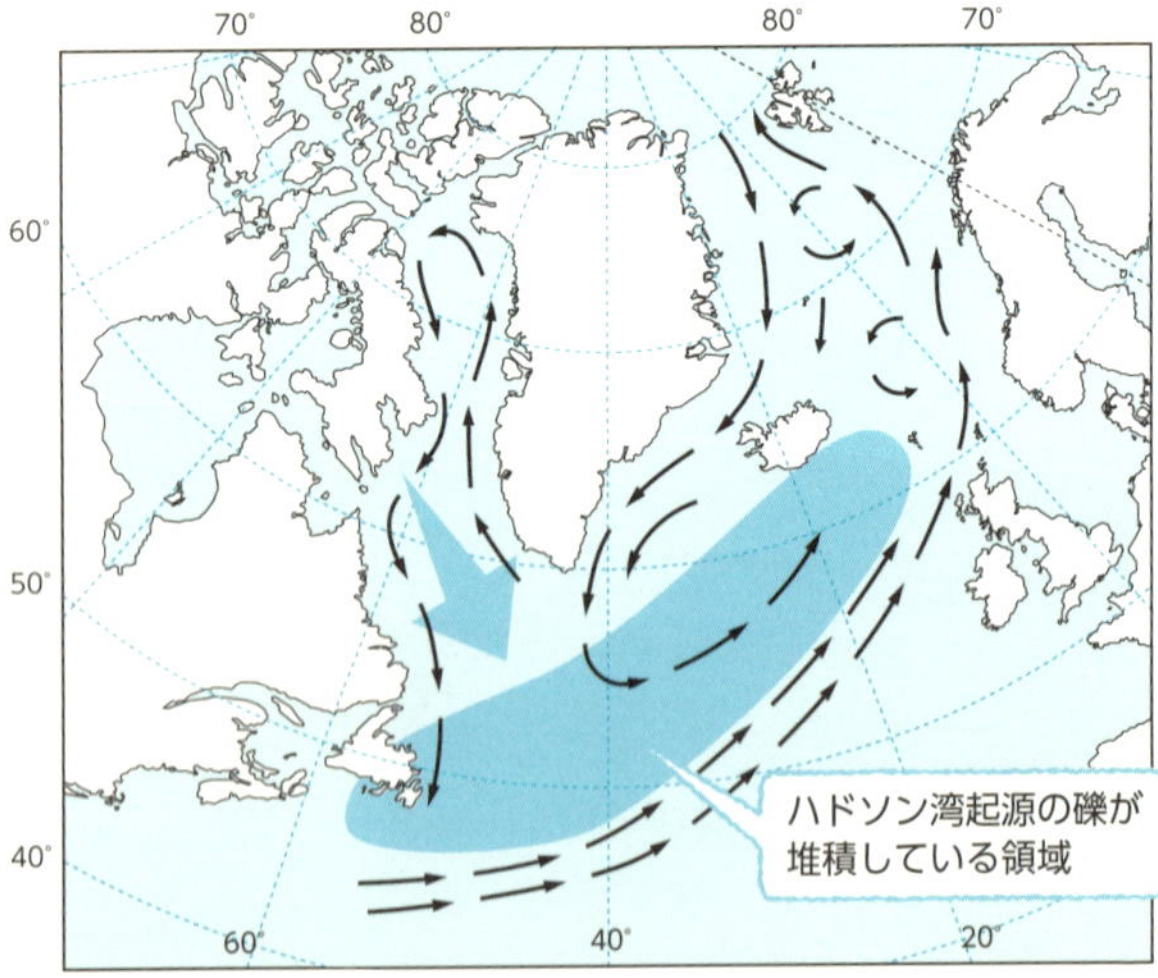

（上図、Strahler and Strahler 1994 に基づく。下図、Bond et al. 1993 に基づく）

岩の礫が多いこともわかってきました。図4-7の上の図は、最終氷期に北米の大部分を覆っていた氷床（ローレンタイド氷床）の分布を示しています。厚いところでは、厚さが3キロメートル以上あったといわれています。ハドソン湾起源の礫は、ローレンタイド氷床の北の部分が氷山になって北大西洋に流れ出たことを意味しています。それが南から来るメキシコ湾流とぶつかって、下の図に示される海域でみな溶けて、その礫を落とした。つまり、ハインリッヒ・イベントはローレンタイド氷床の北のセクターが一気に崩壊したことを意味するのではないかと考えられるようになりました。こうして、千年スケールの気候変動として、グリーンランドではダンスガード＝オシュガー・サイクルがあり、その沖合ではハインリッヒ・イベントがあったことがわかってきたのです。

ダンスガード＝オシュガー・サイクルとハインリッヒ・イベントの関係

では、両者には関連があるのでしょうか。図4-8の下のグラフは、グリーンランドの氷床コアの酸素同位体比（$\delta^{18}O$）の変動です。上のグラフはグリーンランド沖合の海から採った堆積物コアに含まれる、浮遊性有孔虫と呼ばれる微化石を使った表層水温の指標です。ある種の有孔虫の殻は、寒いと左巻き、暖かいと右巻きという風に巻き方が逆転するのですが、その比を示しています。水温の指標の変動は、瓜二つとまではいかないけれども、グリーンランド氷床コアの$\delta^{18}O$とかなり似た形の変動を示しますよね。この二つのパターンを対比すると、ハインリッヒ・イベントの位置と、ダンスガード＝オシュガー・サイクルの関係を見ることができます。先ほどお話ししたように、ダンスガード＝オシュガー・サイクルの急激な変動では、何回かに一度大きな振幅で長く持続する温暖期があり、それに続く2回目、3回目の温暖期はだんだん振幅が小さくなって持続期間も短くなり、やがて次の大振幅の温暖化が起こっているのですが、それを区切っているのがハインリッヒ・イベントなのです。だから、ハンイリッヒ・イベントと、このダンスガード＝オシュガー・サイクルと呼ばれる急激な気候変動は、完全に同じものではないのですが、密接に関係していることがわかってきました。

さらに、先ほどの漂礫（IRD）の

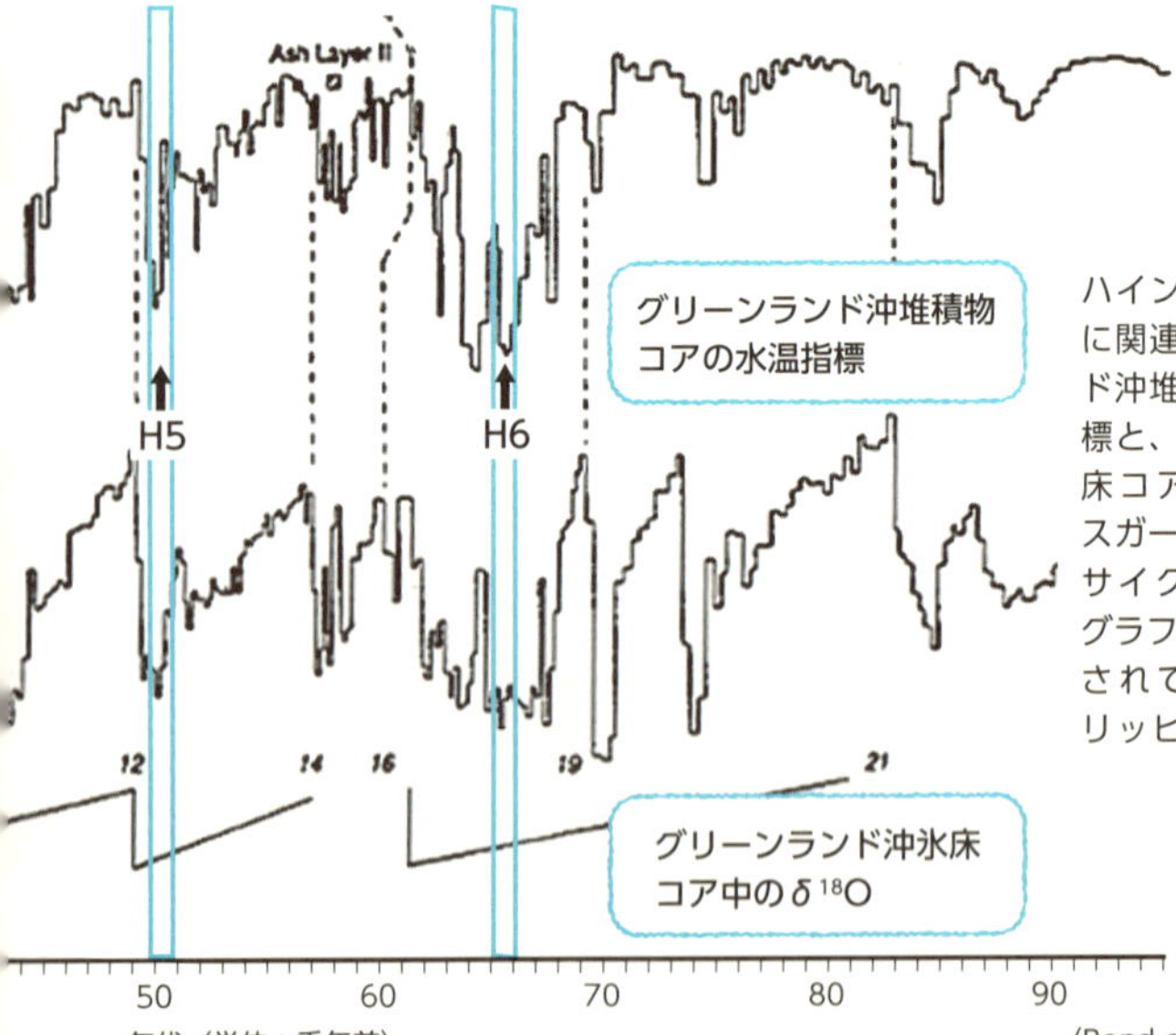

ハインリッヒ・イベントに関連するグリーンランド沖堆積物コアの水温指標と、グリーンランド氷床コア中の$\delta^{18}O$（ダンスガード ＝ オシュガー・サイクルの指標）。上のグラフで H1, H2, …と示されているのがハインリッヒ・イベント。

（Bond et al. 1993 に基づく）

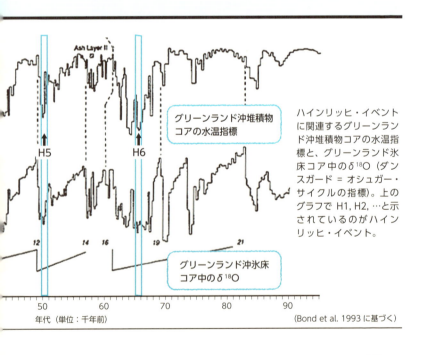

量の時代変化を細かく調べたのが図４‐９です。図の中央が漂礫の量の変化、下がグリーンランド氷床コアの酸素同位体比の変化、上が北大西洋の表層水温指標で、図はそれらの関係を示しています。色で網を掛けたのはハインリッヒ・イベントで、そこで漂礫が多くなっているのがわかります。ハインリッヒ・イベント以外にも、小さな漂礫のピークがたくさんあることがわかってきました。じつは、これらは、ダンスガード＝オシュガー・サイクルの一つ一つの寒い時期に対応していたのです。

そして、寒い時期に対応したピークをつくる礫の種類を調べると、ハインリッヒ・イベントの礫はローレンタイド氷床が崩壊した証拠を示しているのに対し、小さなピークを構成する礫はもう少し小さな氷床、たとえばアイスランドの氷床や、スカンジナビアの氷床の崩壊を示しており、ローレンタイド氷床ではないらしいこともわかってきました。

以上のことから、ダンスガード＝オシュガー・サイクルは小さな氷床の成長・崩壊と関係している

4-8　ハインリッヒ・イベントとDOC

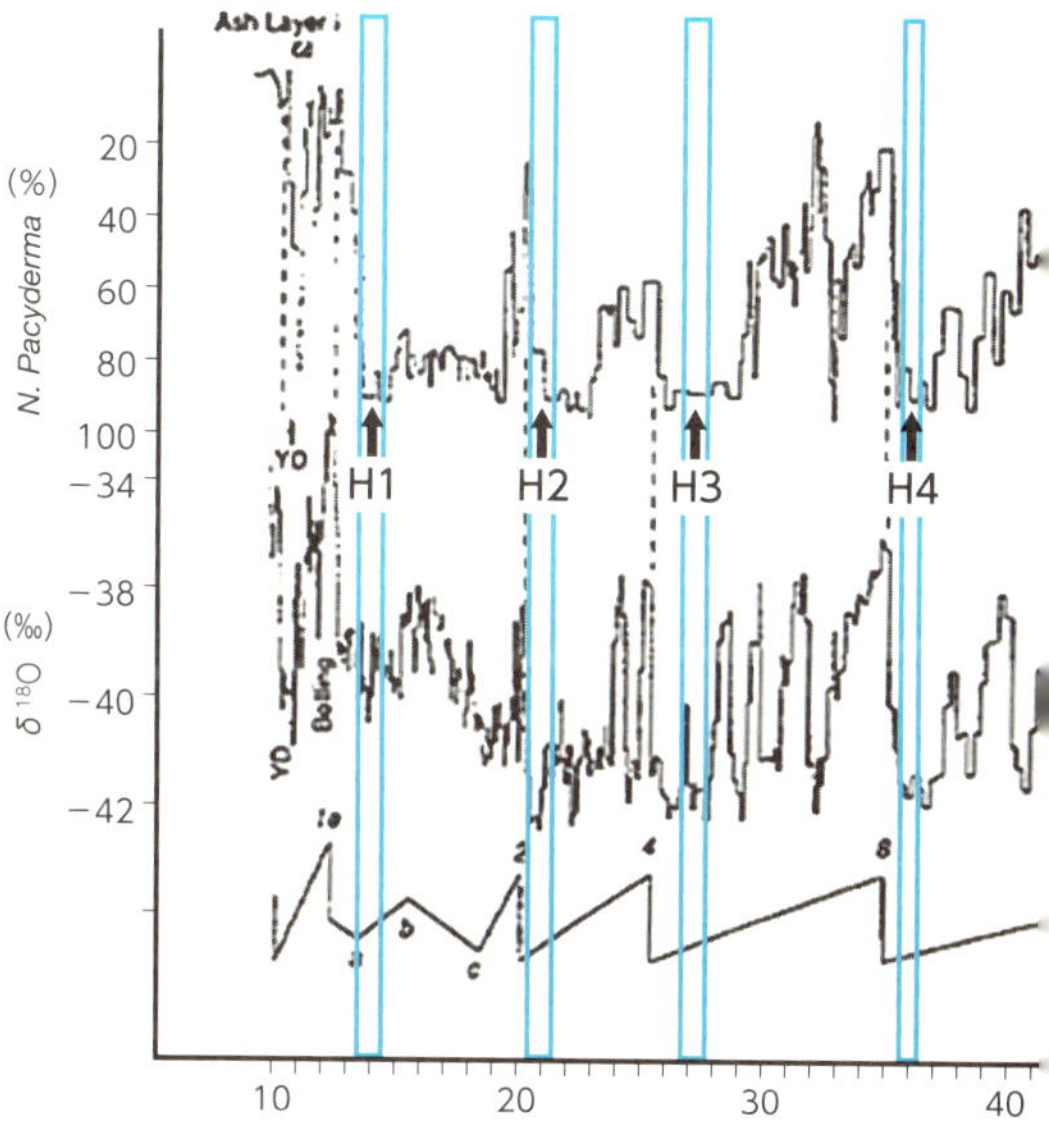

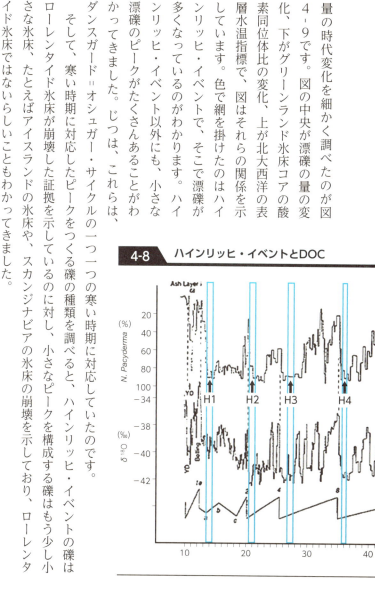

4-9 漂礫の時代変化の詳細

ハインリッヒ・イベントより小さい漂礫イベントも！

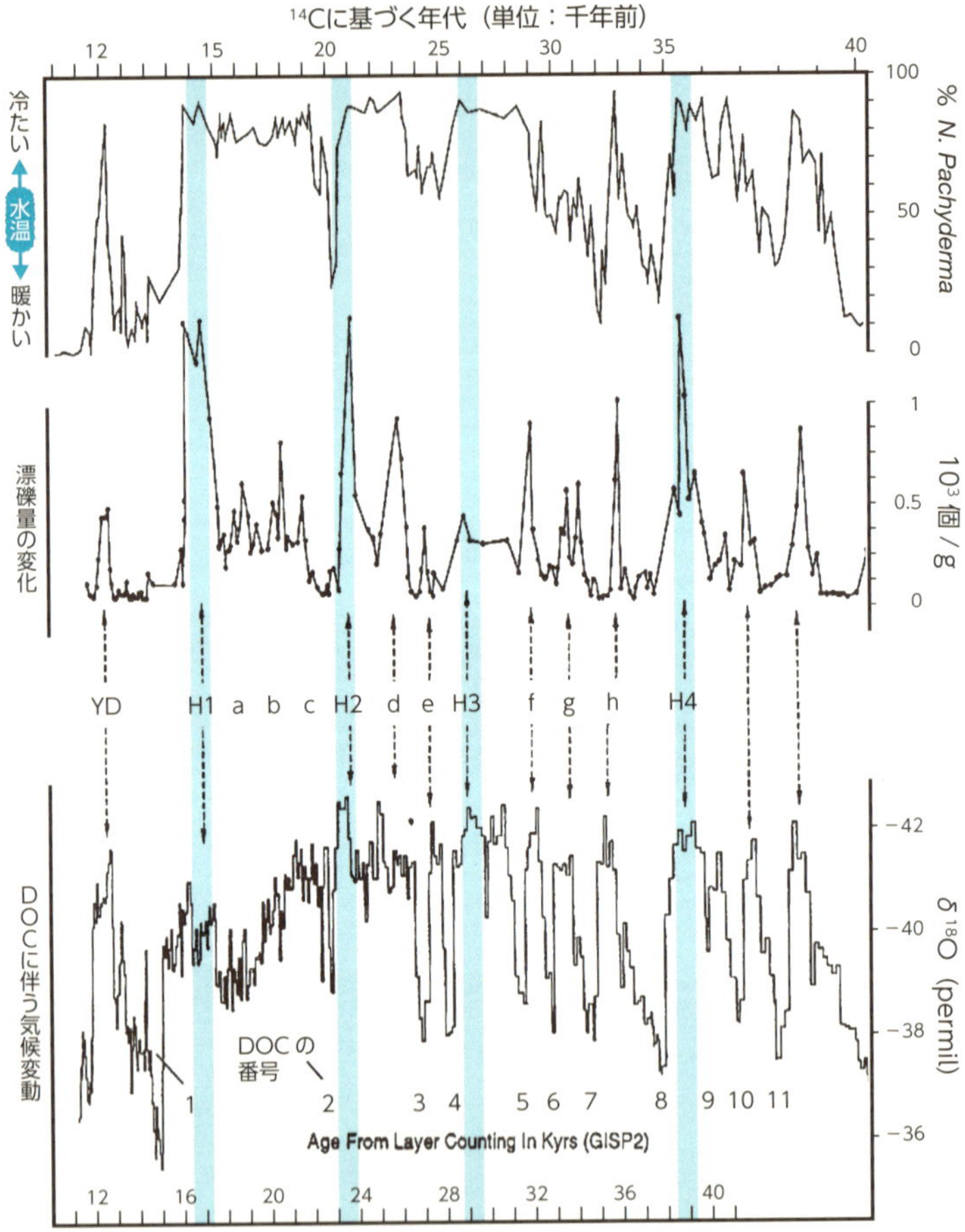

ハインリッヒ・イベントより小さな漂礫イベントがあり、それらもダンスガード＝オシュガー・サイクルに伴う気候変動と細かく対応している。

(Bond and Lotti 1995 に基づく)

らしい。一方、ハインリッヒ・イベントは、いちばん大きなローレンタイド氷床の成長・崩壊と関係しているらしいことが明らかになってきました。理由はさておき、氷床の成長・崩壊と、急激な気候変動が、密接に関係していることがわかってきたわけです。

ダンスガード＝オシュガー・サイクルとハインリッヒ・イベントをつなぐメカニズム

次には当然、それらはどのように関連しているのかという疑問がわきますよね。この疑問に答えていきたいのですが、まずその伏線として、ローレンタイド氷床の体積がおおよそどのくらいあったのかを頭に入れておこうと思います。さあ、どのくらいあったのでしょう？　正確にはもちろん地図を使って計算しなくてはいけないのですが、たとえば海水準にして何メートル分にあたるでしょうか？

――10メートル以上。

10メートル以上。そうですね。もう一声欲しいところですね。

じつはローレンタイド氷床自体は、面積がだいたい 1.1×10^7 km²、これは北米大陸の約半分に相当し、地球の表面積の約２％もありました。氷床が最大の時期には平均の厚さが2・4キロメートルぐらいあったといわれているので、体積にすると 2.7×10^7 km³、海水準にすると75メートルくらいに相当します。南極氷床よりも大きいぐらいです。

では、ハインリッヒ・イベントがもしローレンタイド氷床の崩壊によって起こったとしたら、海水準には実際どのくらい影響したのでしょうか？　先ほど海水準で75メートル相当とお話ししたのは、ローレンタイド氷床がいちばん大きいときの話です。それに、ハインリッヒ・イベントがローレンタイド氷床の崩壊に関係していると言いましたが、崩壊といっても完全に氷床がなくなったわけではありません。崩壊したのは、北部セクターと呼ばれる北の部分、面積にして4分の1ぐらいで、それが一気に流出したらしいのです。流出したといっても完全になくなったわけではなく、ある厚さまで薄くなると氷山の流出は止まるのです。たぶん半分ぐらいの厚さになったといわれています。面積で4分の1、厚さで半分とすると、全体積の8分の1ぐらい、海水準にすると10メートル程度となります。これは、そんなに正確な数字ではなくて、15メートルぐらいと言う人もいるし、せいぜい5メートルだと言う人もいます。しかし、せいぜい5メートルといっても、海水準がそれだけ上がったら大変なことになります。それほどのことが起こったのです。

そういうわけで、氷床の崩壊にともなう環境への影響の一つは海水準の変化ですが、それだけでしょうか。じつは、それ以外にもう一つ、重要な影響があります。深層水循環が止まるのです。なぜ止まるのでしょうか？

——沈み込みが止まるから。

その通り、沈み込みが止まるからなのですけれど、では、なぜ沈み込みが止まるのでしょうか。

——海水中の塩分が薄まる。

そうですね。表層水の塩分濃度が下がったのです。氷床が崩壊したことにより流れ出した氷山が北大西洋高緯度域で融けることによって表層水の塩分濃度が下がる。その際、氷山が融けたことによる淡水の供給量はどのくらいあったと思いますか。ハインリッヒ・イベントが約500年～1000年間持続したと考えて、先ほどのローレンタイド氷床の全体積の8分の1を仮に750年で割ると、水量にして 1.43×10^5 m^3/s となります。これは、揚子江の5倍ぐらいの流量にあたります。揚子江は世界で4番目か5番目ぐらいの大河川ですが、その5つ分が500年間北大西洋に淡水を供給し続けたわけです。

これは映画『デイ・アフター・トゥモロー』に出てきた、北大西洋の塩分と水温が下がったという話とも関係しますが、これだけ淡水が流入すれば本当に深層水循環を止められるのでしょうか。氷山が流れ出して融けて表層水の塩分が薄くなると比重が軽くなるので、それによって沈まなくなったという論理なのですが、そもそも深層水循環が止まった証拠はあるのでしょうか。本当に止まった、もしくは弱まった証拠があるかという疑問に対して、その後たくさんの証拠が示されましたが、今日はそのうちの一つだけ挙げておきましょう。

深層水循環を止める水まき実験

図4－10は北大西洋から採取したコアの分析の結果です。左側が、底生有孔虫といって海の底にすんでいる有孔虫の殻の炭素の同位体比。海の表層から降ってきた有機物（プランクトンの死骸）が海の

4-10 ハインリッヒ・イベントに伴う北大西洋深層水循環の停滞

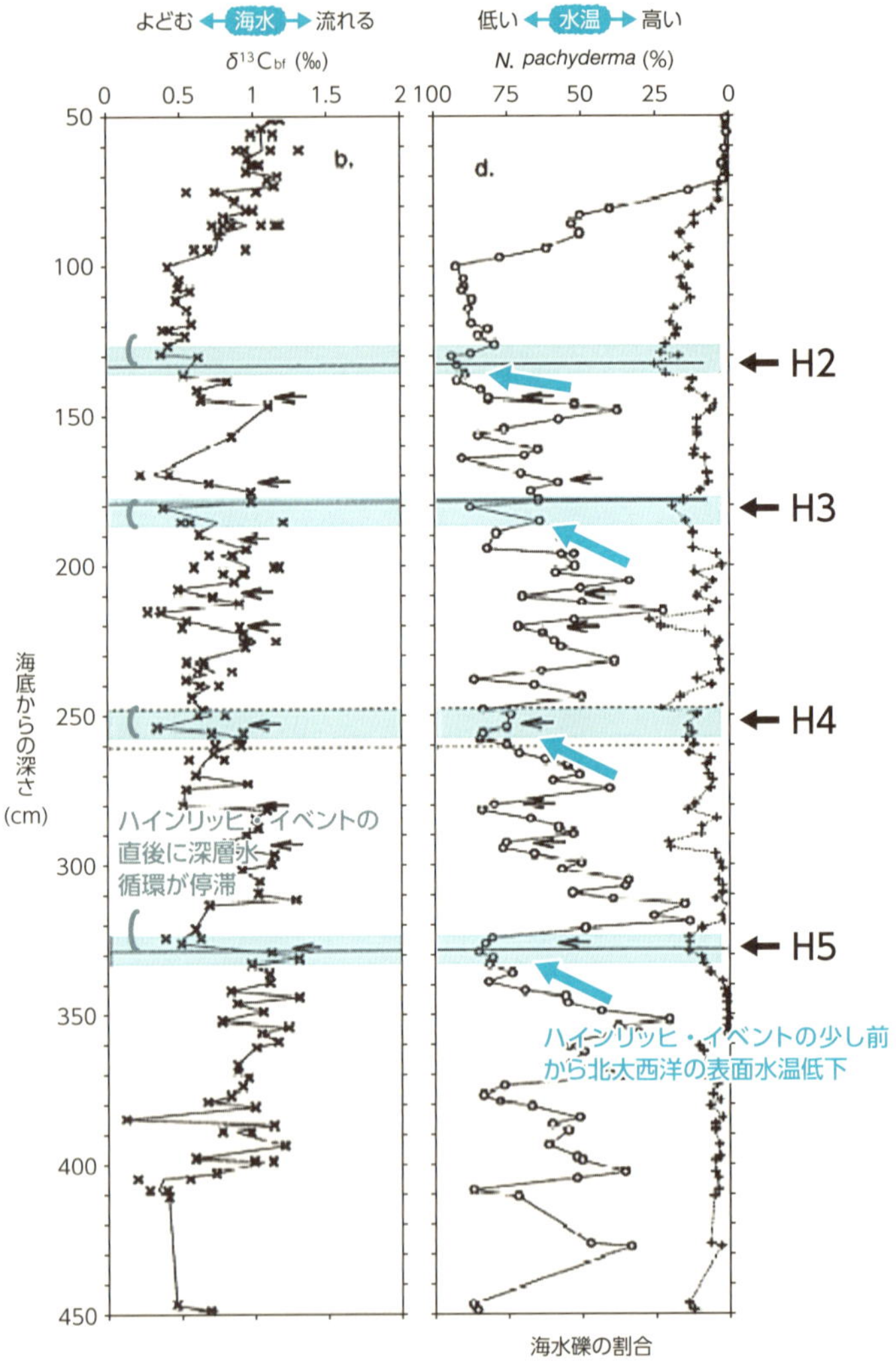

(Oppo and Lehman 1995 に基づく)

深層で分解すると、深層水中の溶存無機炭素の同位体はどんどん軽くなってゆきます。だから、よどんだ深層水ほど炭素の同位体比は軽い値になります。右側の図の左のグラフは、*Neogloboquadrina pachyderma* という浮遊性有孔虫の殻の左巻きの割合で、表層水温の変化を示しています。図の右端のグラフは漂礫の量の変動を示し、ハインリッヒ・イベントの2、3、4、5の位置を網掛けで示してあります。

この図からわかることの第一は、ハインリッヒ・イベントが起こる前に北大西洋表層の水温が低下している、つまりどんどん寒くなっているということです。そして、ハインリッヒ・イベントの直後に深層水の炭素同位体比が軽くなっている。つまり、ハインリッヒ・イベントが起こると沈み込みがなくなってその海の深層がよどんでくることを示しているのです。これらのことから、寒冷化が進んで、やがてローレンタイド氷床の崩壊が起こって氷山が流出し、流出した氷山が融けて塩分が薄くなることによって深層水循環が停滞したということが言えるわけです。

こうした古気候学のデータが出てくると、それに応える形で、本当にそうなるかどうかコンピューターで再現してみようという考えが出てきます。そうした試みを初めてなさったのがプリンストン大の真鍋淑郎先生です。コンピューターを使った気候モデル、「大気海洋大循環モデル」というのですが、その原型を世界に先駆けてつくった方です。

著名な先生ですが、その方がやってみましょうと、コンピューター上で北大西洋に500年間淡水をまく実験をされました。これは、水まき実験と呼ばれています。真鍋先生は北大西洋に水をちょっ

4-11 北大西洋水まき実験

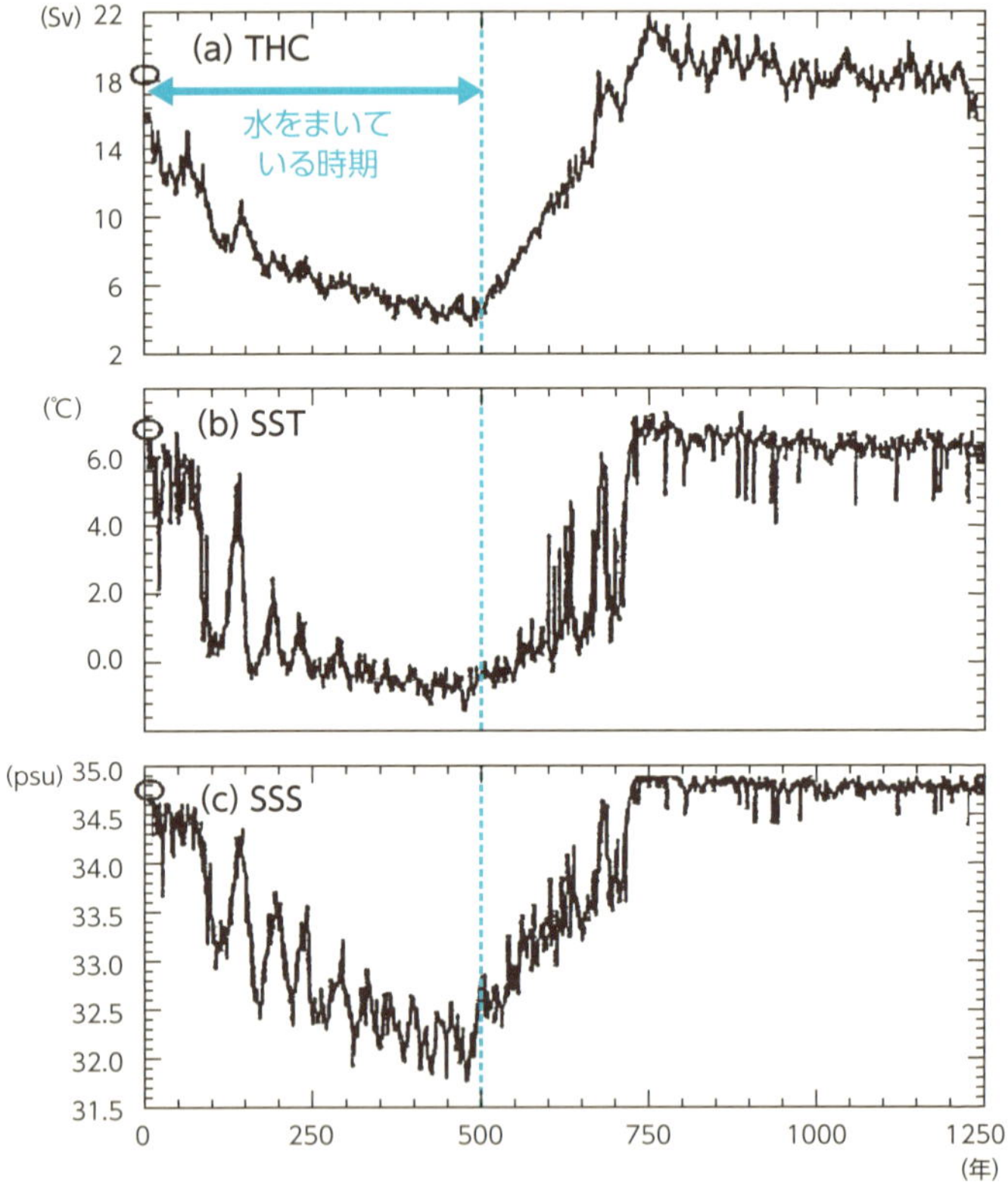

モデル上で北大西洋に500年間水をまく実験。北大西洋高緯度域に淡水をある期間まくことで、北大西洋深層水の循環が一時的にほとんど止まるほどの影響がある。

(Manabe 2000 に基づく)

と多めに、揚子江10本分ぐらいをまいたのですが、その結果が図４－11です。図のいちばん上が、深層水循環の強さで、ＴＨＣと書いてあるのはThermohaline circulation（熱塩循環）の略です。図から明らかなように、水をまき始めた途端に深層水循環の強さが、もともと18Sv（スベルドラップ＝流量の単位）あったものが、４Svぐらいまで落ちてしまう。そして水まきを止めた途端に元へ戻る。表層水温（SST: Sea Surface Temperature）も、水をまき始めるとどっと下がり、まき終わると戻る。表層塩分（SSS: Sea Surface Salinity）も同じです。

このようにして、古気候学的な証拠から推測されたことが、コンピューター上でも再現されたのです。この結果が『デイ・アフター・トゥモロー』の映画をつくる際のヒントになっています。映画は二〇〇〇年に撮られていますが、真鍋さんがこの結果を最初に出されたのは一九九五年でした。その後、真鍋先生の論文に刺激されてたくさんの水まき実験が行われています。

深層水循環における三つの安定モード

図４－12は、ふたたび現在の海洋大循環の模式的な図ですが、現在はなぜこういうパターンの循環が起こっているのでしょうか。現在は、北大西洋のグリーンランド沖で世界の深層水の９割が形成されていて、それが世界の深層水循環を駆動しています。なぜ、北大西洋で深層水ができるかというと、現在の大西洋では、雨や川で入ってくる淡水流入量よりも蒸発量のほうが卓越しているからです。だ

から、もしほうっておくと――ほうっておくというのは、深層水循環がなければ――大西洋の表層水はどんどん塩辛くなっていき、やがて沈み込みが始まります。同じように塩辛い水なら冷却されたほうが重くなるので、高緯度海域で沈み込みます。沈み込んだ塩辛い水は、大西洋を南下して南極海を通り、太平洋やインド洋に塩分を運び出す役割をしています。一方、太平洋は淡水の流入のほうが蒸発より卓越しているので、ひたすら甘く――つまり、相対的に塩分が低く――なっていきます。そうならないために表層水循環で淡水を大西洋に戻しているのです。つまり、深層水循環で大西洋は太平洋やインド洋に塩辛い水を送り出し、表層水循環で太平洋やインド洋は甘い水を大西洋に戻しているのです。これが深層水循環を駆動している。過去に深層水循環が一時的に止まっていたのは、北大西洋に氷山でたくさん淡水を供給することにより、表層水の密度を低くして沈み込みを一時的に止めるというメカニズムが働いたためだったのです。

氷山の流出で北大西洋の表層水の沈み込みが弱まる、あるいは停止すると、次に何が起こるのでしょうか。メキシコ湾流というのは、塩分だけではなく熱も運んでいます。昔、地理の授業で習ったかと思いますが、ヨーロッパがなぜ高緯度にあるのに暖かいかというと、メキシコ湾流があるからです。表層水の沈み込みが止まると、メキシコ湾流も止まります。そうすると、ヨーロッパはぐっと寒くなる。一方、深層水の形成は停止していますから、北大西洋の表層水の塩分はどんどん上昇します。沈み込みが止まっていた理由は淡水流入で塩分が低くなったからなので、寒くなると同時に淡水の供給が止まって――つまり氷山の流出が止まって――表層水の塩分濃度が上がってくると、やがて表層

4-12 コンベア・ベルトのスイッチオン／オフのメカニズム

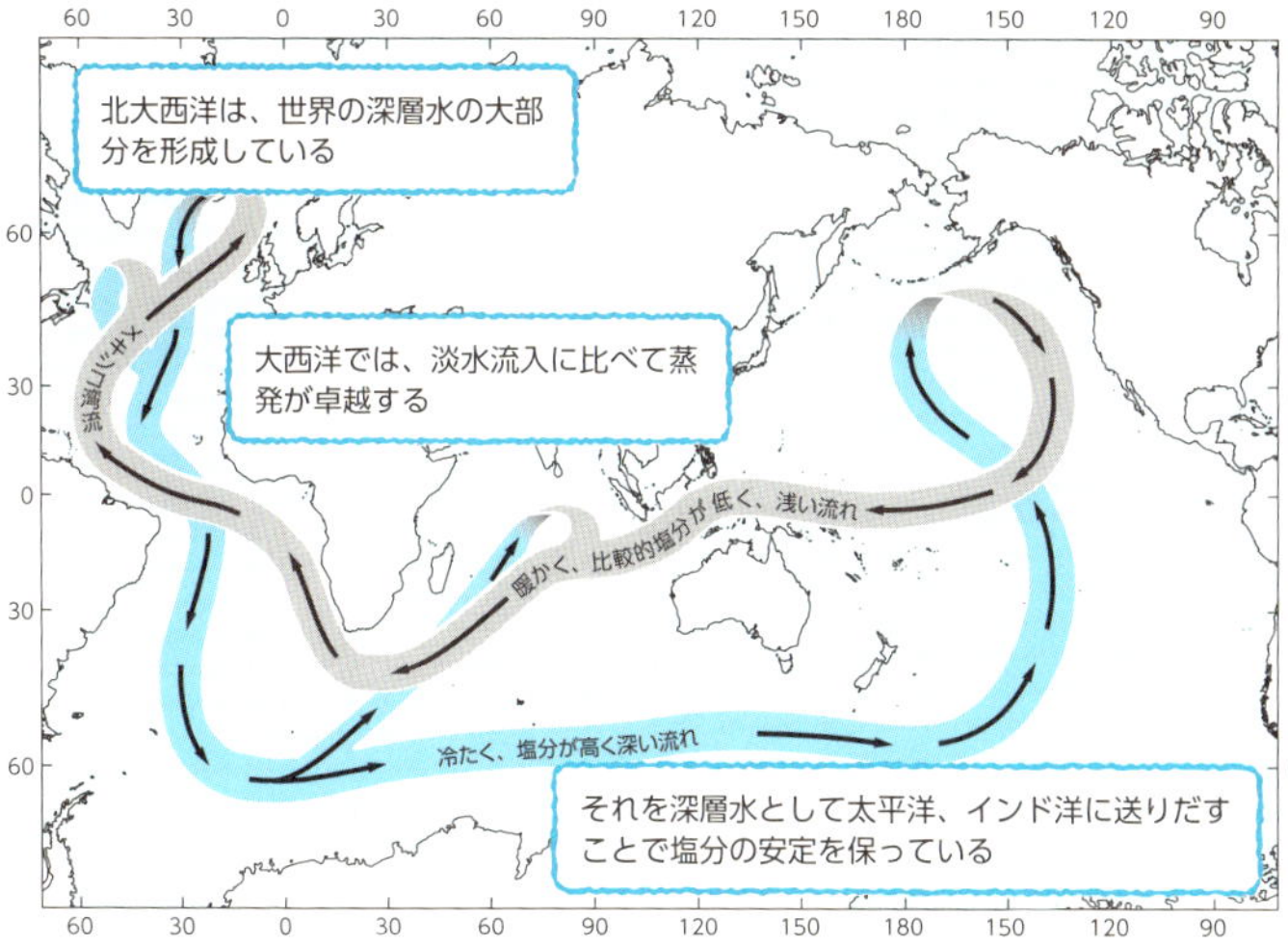

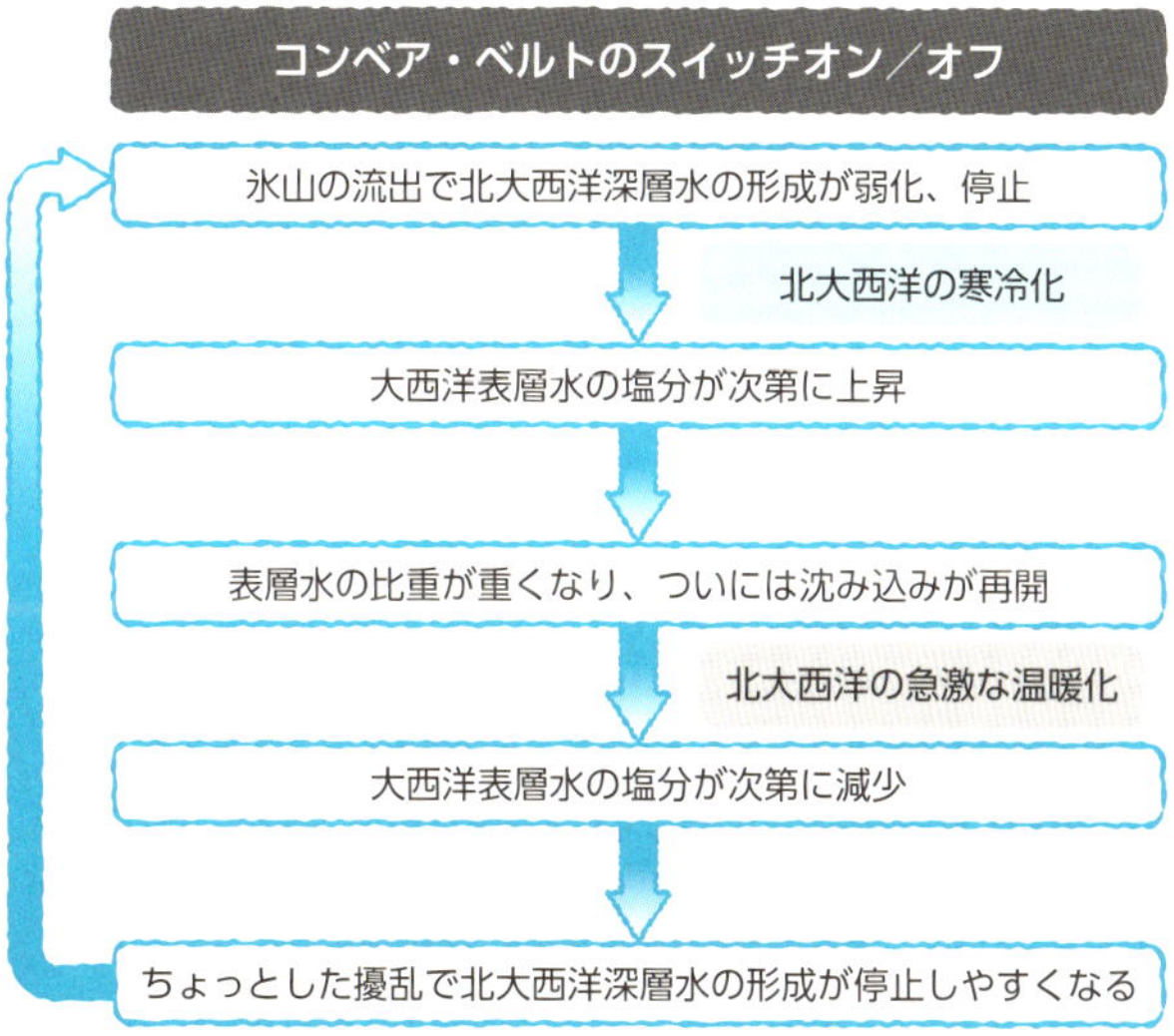

水の比重が十分に重くなって、深層水の形成が再開することになります。

するとメキシコ湾流がまた北に入っていきますから、北大西洋沿岸域で急激な温暖化が起こる。深層水はそこでどんどん形成され、今度は北大西洋の表層にたまっていた塩分がまた徐々に運びだされて塩分濃度が下がっていきます。最終的には、ちょっとした擾乱《じょうらん》でまた沈み込みが止まりやすい状態になる。たとえばローレンタイドの氷床の崩壊――これはかなり大きい擾乱ですが――、あるいはもっと小さい氷床の崩壊でも止まることはありえたと考えられます。

――今回の話の急激な気候変動では、数年で温暖化したあとしばらくなだらかに寒冷化して、それから急激な寒冷化が起こるということでした。その一サイクルのなかの、温暖化するタイミングで氷床が流れているのか、寒冷化するタイミングで氷床が流れているのか、どちらになっているのですか。

寒冷化が進行する間に氷床が成長してやがて限界の大きさに達して崩壊し、崩壊が終わると一気に温暖化が起こっています。氷山が流れ出るときがいちばん淡水を供給するので、それにより深層水循環が止まり、しばらくは寒冷な状態が続きますが、図4-10を見ると、じつは寒冷化はその前から始まっていると思われます。氷山流出の前から寒冷化が始まり、氷山が流出し終わった時にいちばん寒冷な状態になっているわけです。

寒冷化が進んでいる時期に氷床が崩壊するのは不思議に思われるかもしれませんが、それは後でお話しする氷床崩壊のメカニズムと関連しています。水まき実験の結果を見ると、氷山の流出が終わると今度は温暖化に向かいます。流出が止まると北大西洋表層での塩分が上昇し始め、やがて沈み込みが再開するからです。水まき実験によると、水まきを止めてから沈み込みの再開までにかかる時間は200〜300年くらいです。

このように北大西洋を中心とした深層水循環システムは、一度止まってもそれを回復させてまた動き出す能力を持っています。動いている状態が続くと、弱い擾乱でもふたたび止まりやすくなる。止まると、しばらくは止まっていますが、やがて動き出す。そういう性質を持っているのです。

その後、いろいろなコンピューター・シミュレーションの成果からわかってきたことは、大西洋における深層水循環には三つの安定状態があるらしいということです。一つは、現在（後氷期）やダンスガード＝オシュガー・サイクルの亜間氷期におけるような循環モードです（図4-13上の図）。図のNADWというのは北大西洋深層水（North Atlantic Deep Water）の略です。基本的に北で深層水が形成され、それがずっと南に流れていきますが、これが現在や亜間氷期の循環様式です。それに対してハインリッヒ・イベントのときには、北大西洋に大量に氷山が流出するので、NADWが完全に止まってしまい、南極のほうからくる深層水（Antarctic Bottom Water：AABW）だけが残ります（図4-13下の図）。これが二つ目の循環モードです。三つ目はダンスガード＝オシュガー・サイクルのハインリッヒ以外の亜氷期――そんなに著しい氷床の崩壊はないが、小規模の崩壊はある時期――の循環モードで、NADWは完全には止まらず、形成域が南下するとともに浅くなった状態で循環し、その下をAABWが循環しています（図4-13中段）。

深層水循環にはこうした三つのモードがあるらしいことがわかってきました。そして、北大西洋で

4-13 最終氷期の大西洋における三つの深層水循環モード

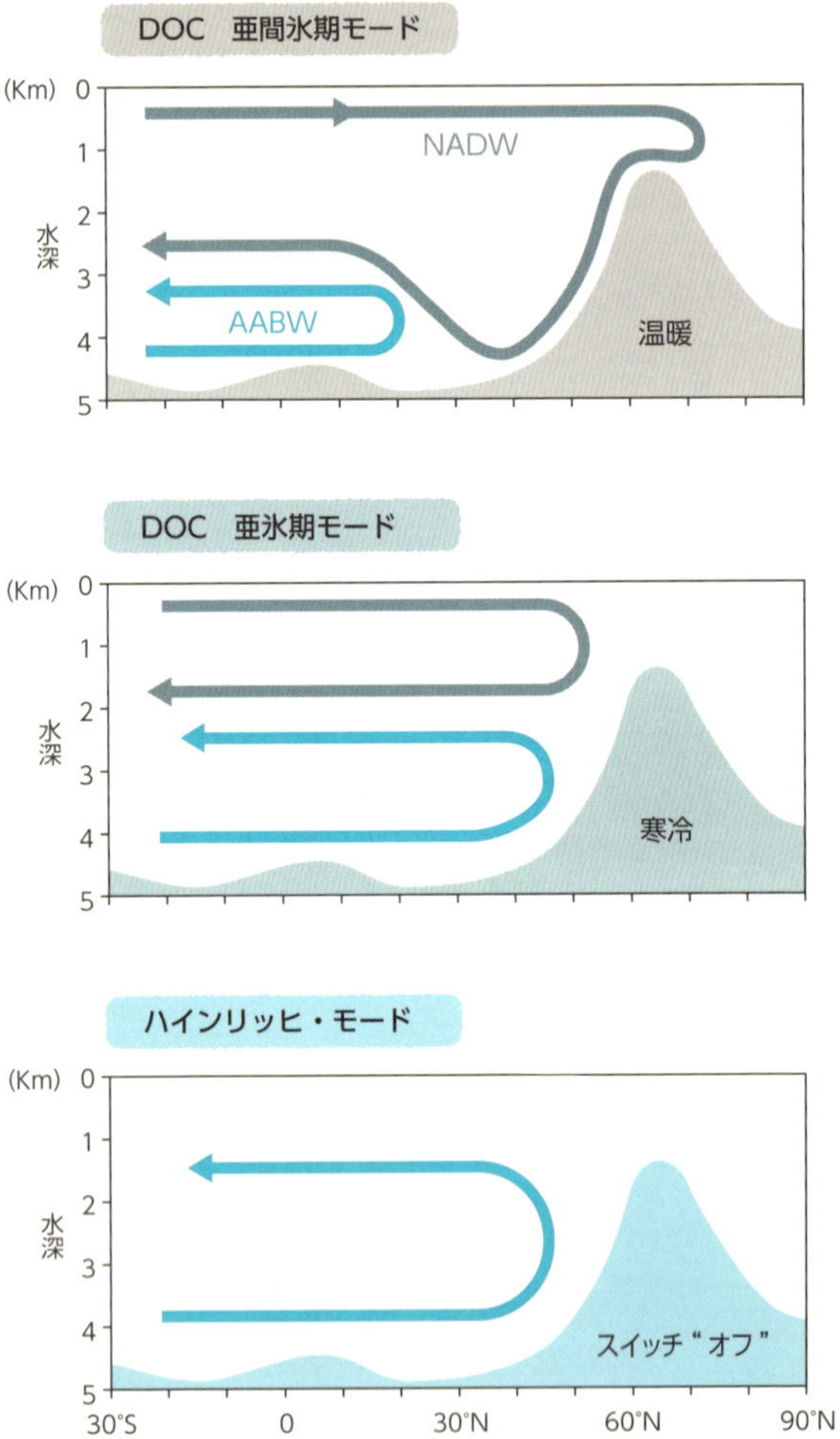

(Rahmstorf 2002 に基づく)

氷山の流出が起こると、いちばん規模が大きいハインリッヒ・イベントのときには世界の海洋の深層水循環が一時的に止まり、もう少し規模の小さい流出のときには完全には止まらず弱まった状態で循環が継続する、そしてそのどちらの場合も時間がたつとまた循環が復活することがわかってきました。

氷床はなぜ崩壊したのか

これまで急激な気候変動の原因を追ってきて、氷床の崩壊が原因の一つであることまではわかってきたのですが、氷床がなぜ崩壊するかに関してはまだ答えが出ていません。では、氷床が崩壊するのはなぜだと思いますか？

――氷床が海へ流れ出る方向へ動くということなので、何かのきっかけで滑りやすくなる、滑る。

なかなかいいポイントを突いていますね。では、氷床が流動するのはどういうメカニズムによるのか考えてみましょう。

ローレンタイド氷床の厚さは平均で2キロメートル以上もあったという話をすでにしましたが、氷床の底はどうなっているかご存じですか。見たことがある人はあまりいないと思いますが、氷床の底は融けている場合があるのです。逆に乾いている場合もあるのですが。それがポイントなのです。

先ほど示した図4-10のデータのなかにいくつかヒントが入っています。一つは、ハインリッヒ・イベント開始の前にすでに寒冷化が始まっていたという点です。寒冷化は氷床の成長を引き起こします。それから、氷床の成長の結果としてさらなる寒冷化が起こるという正のフィードバックもあります。それから、もう一つのヒントは、氷山の流出は500〜1000年ぐらいの間に一気に起こり、その後は停止しているということです。つまり、氷床がどっと流れる時期と、あまり流れずに止まっている時期との二つがあるのです。

これらのヒントをもとにメカニズムを考えるのですが、それには少しだけ数式が必要です。

図4-14は氷床のなかでの温度分布を示していますが、図の下側のグレーの部分が岩盤で、上の青色に描いてある部分が氷床です。とりあえず氷床が1キロメートルの厚さであるとしておきましょう。それから地球内部から表面には地熱が流れています。地熱が流れ

4-14 氷床内の温度分布

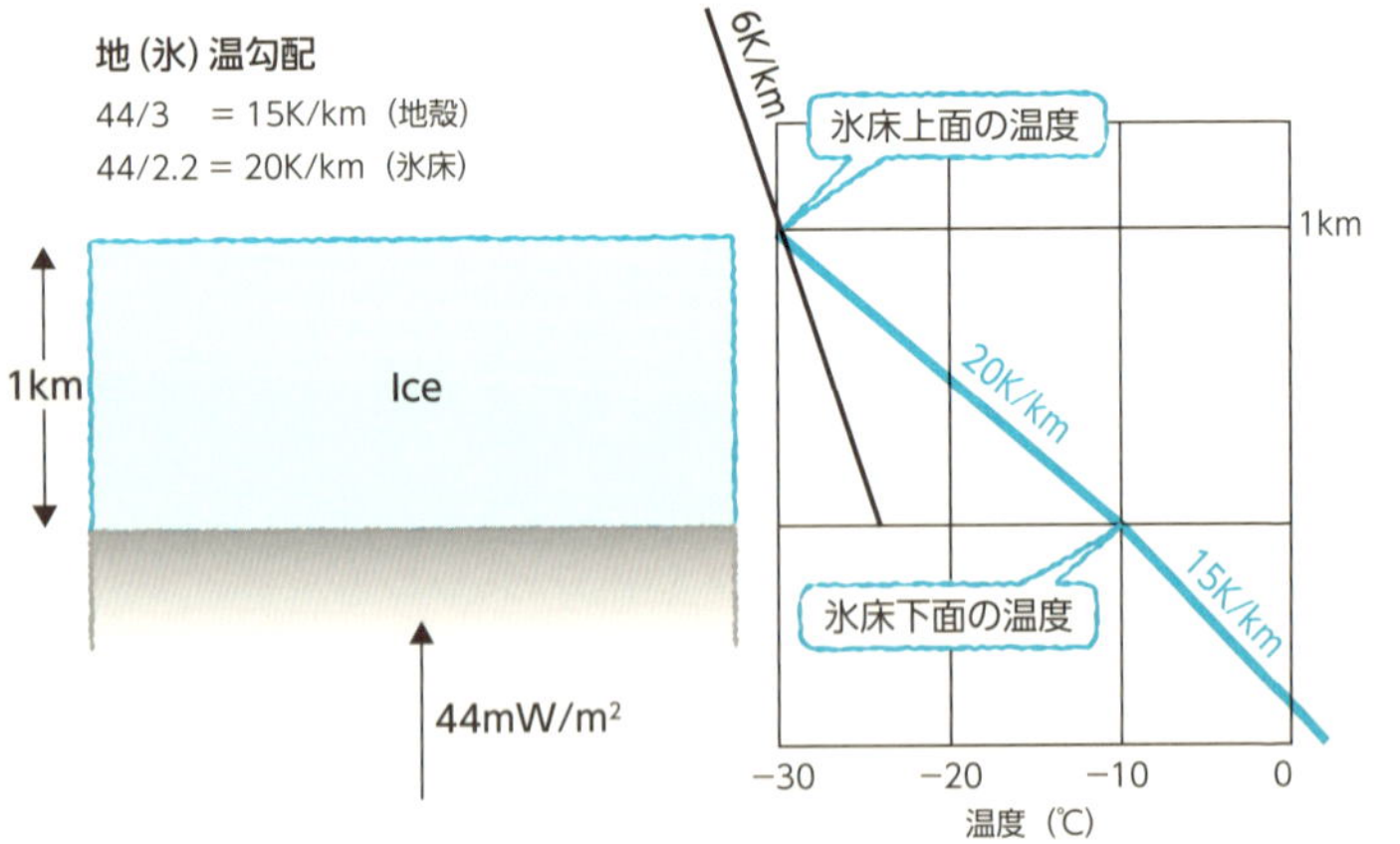

岩石の熱伝導率＝3W/mK、氷の熱伝導率＝2.2W/mK、地殻熱流量＝44mW/m^2としている。

る量を熱流量というのですが、いま仮におよそ44mW/m^2あるとします。右側のグラフは、横軸に温度、縦軸に氷床の高さをとっていて、氷床内の温度分布を示しています。岩石の熱伝導率、氷の熱伝導率と、地殻熱流量を与えてやると、氷床内部の温度分布が計算できます。それからもう一つ、氷床上面の気温は高度が高いほど下がります。通常はだいたい1キロメートル上がると6℃下がる。ここでは、一応この値を仮定します。また、1キロメートルの高さの氷床の表面での気温がマイナス30℃ぐらいであるとします。

そうすると、氷のなかと地面のなかでの温度の分布がわかります。熱流量がわかっていて熱伝導率がわかれば温度勾配が計算できる。図は、その結果を示しています。この場合の、氷の底面の温度はマイナス10℃となります。

4-15 氷床の厚さが1.6kmに達した場合の、氷床内の温度分布

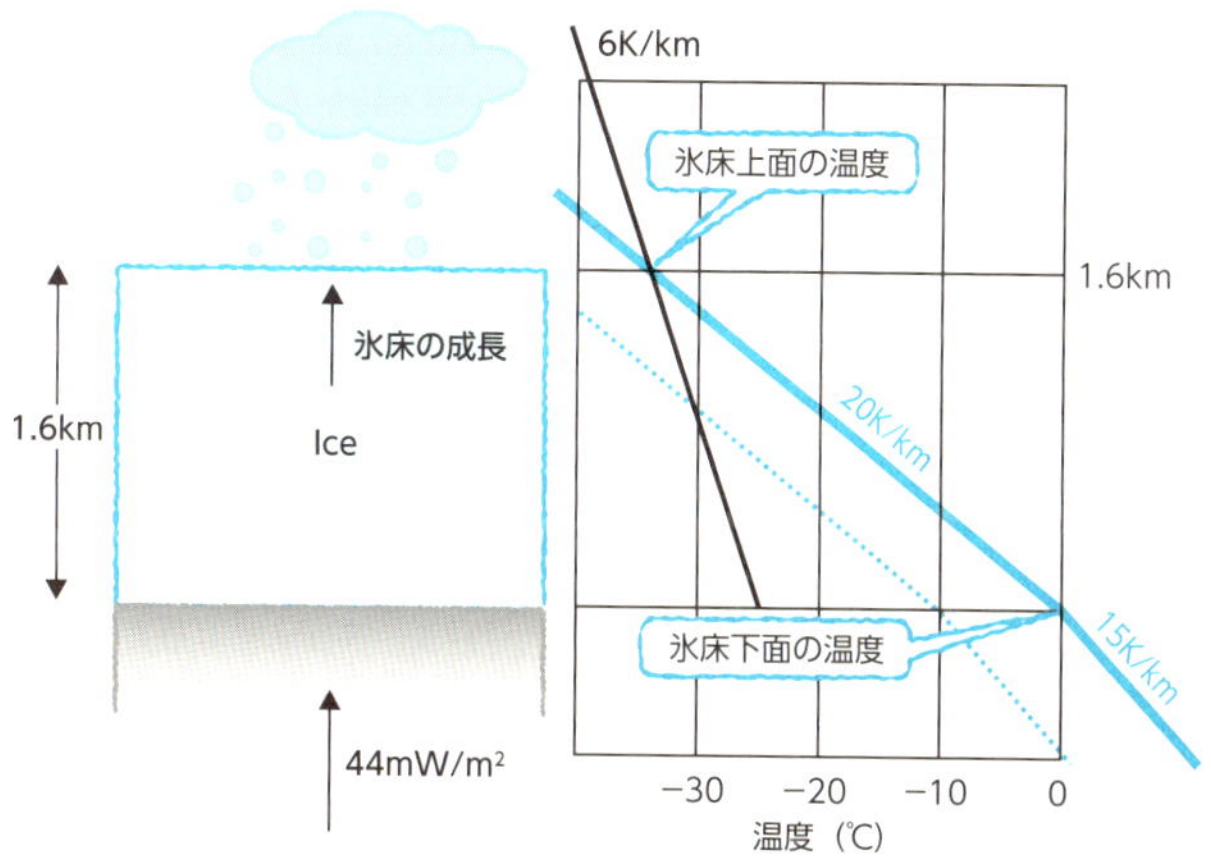

氷床の厚さが1.6kmに達した場合の、氷床内の温度分布。
底面が融け始める温度になる。

凍っているということですよね。この状況を氷床の底がドライベースであるといいます。ドライベースだと氷床はあまり流動しませんから、雪が降れば氷床はどんどん厚くなります。では、氷床が厚くなっていくとどういうことが起こるか。それが次の図4-15です。

図にあるように、雪が降り続けて氷床の厚さが1・6キロメートルまで増加したとします。そうすると氷床の表面の温度はマイナス33℃ぐらいと少し下がりますが、氷のなかの温度分布を見ると、同じ高度での温度は増加し、氷の基底の温度は0℃になってしまいます。こうなると、氷床の底はもう融け始めますよね。つまり、ドライベースで流動しにくい状態のまま氷床があるところまでその厚さを増すと、氷床のなかの温度勾配のおかげで、しだいに基底部の温度が上がり、ついには氷の融点を超えてしまう。それで氷床は一気に流れ出してその厚さを減少させる。つまり、氷床が薄いときはドライベースなのでどんどん成長して、ある厚さまで達すると氷床の基底が融点に達してウェットベースとなり、氷床は一気に流れ出します。それによって氷床は急激に薄くなり、ある薄さまで達すると基底はまた凍って、氷床の流動は止まる。そしてふたたび氷床の成長が始まり、また、ある厚さに達するとふたたび一気に流れて、氷山流出イベントが起こる。このサイクルを繰り返すのです（図4-16）。言い換えると、氷床はほうっておいても自分で踊っている。成長したり、崩壊したりを繰り返す一つのサブシステムなのです。こういうサブシステムを「自励振動システム」といいます。

――簡単に言うと、地面は必ず熱を出しているので、その上に氷のふたをすると下からくる熱がたまってしまい、下から融けるということでしょうか。

4-16 氷床の成長と流出のサイクル

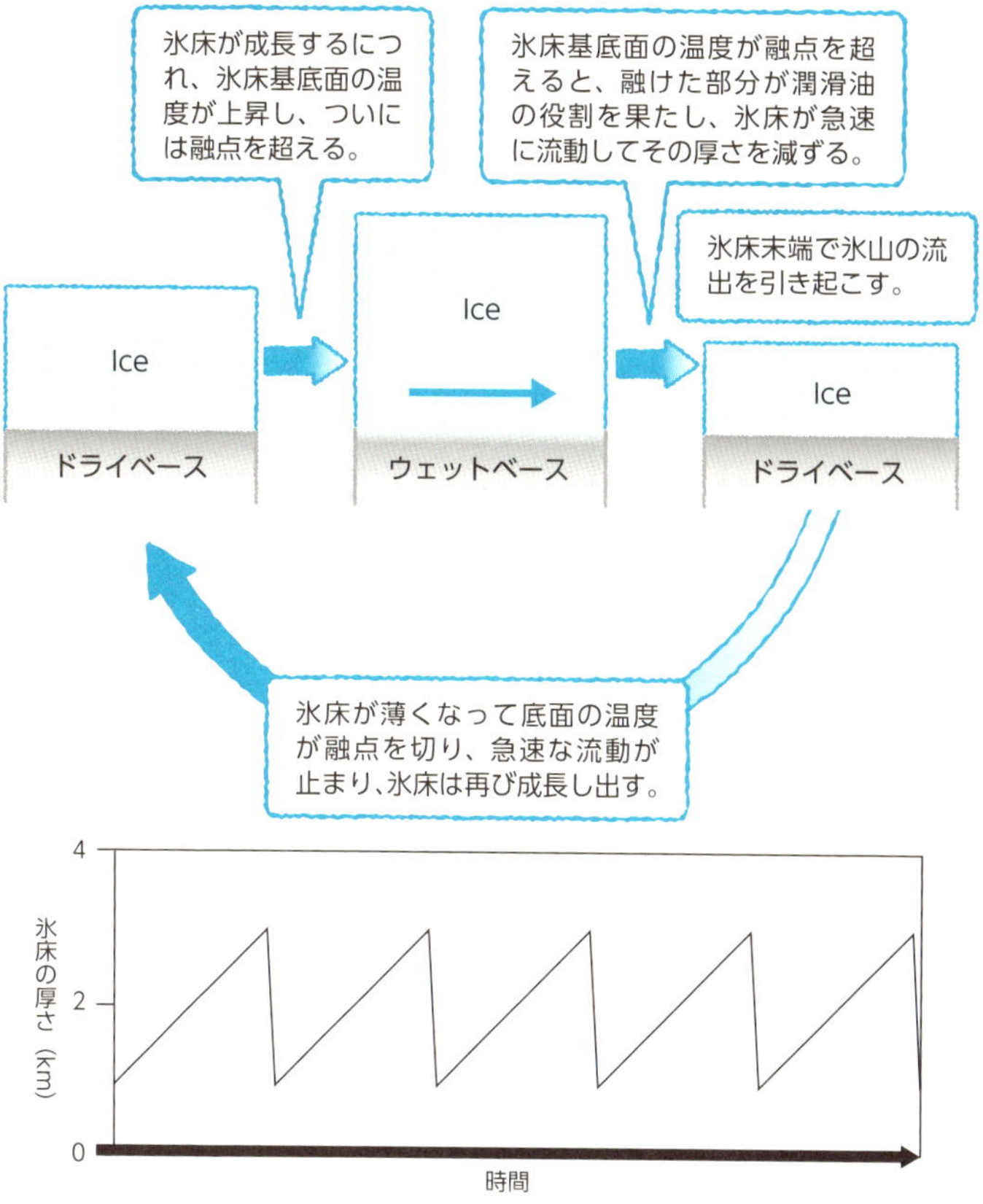

氷床は、自分で成長崩壊を繰り返す
（一種の自励振動システム）

$$\text{周期} = \frac{\text{地表温度}}{(\text{降雪速度}-\text{流動による薄化速度}) \times (\text{地殻熱流量})}$$

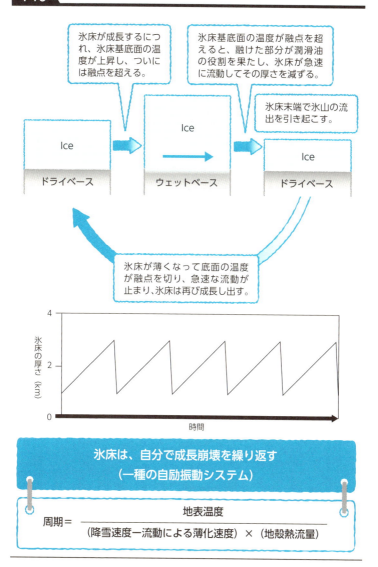

そういう説明も当たらずとも遠からずですが、氷も物質なので、そのなかを熱が流れて氷のなかに温度勾配がつくられることが重要です。氷のなかの温度勾配は地球内部からの熱流量で決まっているので、一定と見なすことができます。したがって、氷床が上に向かって成長するにつれて氷床の底の温度が上がり、ついには融点に達してしまう。すると氷床が一気に滑り出してその厚さを減じ、氷床の底の温度が融点を下回って流動が止まる、というわけです。ちょうど獅子おどしのような動きですね。氷が「ふた」で、その下に熱がたまると大雑把にイメージするよりも、ここではやはり図に示したような温度勾配の存在に起因する自励振動システムであることをきちんと捉えていただきたいと思います。

図4-16の中段はこの自励振動を図にしたもので、縦軸が氷床の厚さ、横軸が時間を示しますが、氷床はじわじわと厚くなって上限の閾値に達すると一気に崩壊し、下限の閾値に達すると流動が止まって、また厚くなってゆく。こういうことを繰り返しているのです。そして、その周期は、氷床の大きさや、どのくらいの速度で雪が降るか、どのぐらいの速度で流動するかのバランス、地面の下からくる熱の流れ、それから地表の温度などによって決まります。ちなみにローレンタイド氷床について計算すると、だいたい7、8千年の周期となり、ハインリッヒ・イベントの周期とよく合います。だから、どうもハインリッヒ・イベントというのはローレンタイド氷床が自分で成長崩壊を繰り返す現象を見ているのだと考えられるのです。

——冬になってどんどん雪が積もっていったとすると、0℃以下で圧力が高くなると凝固点が下がるので、それも氷床が融けやすい方向に働くわけですよね？

そうですね。厳密にはその通り氷の融点への圧力の影響を入れなければいけません。ですから先述の0℃というのは厳密には不正確です。しかしその効果はあまり大きくないので、氷床がある厚さになると融点を超えて融けて滑り出し、その厚さがある値まで減少すると流れが止まってふたたび厚さを増し始めるという自励振動システムを成しているという結論は変わりません。

ちなみに、先ほど深層水循環のところであまりはっきり言わなかったのですが、あれも一種の自励振動なのです。いったん止まってもやがて自分で復活して動きだし、やがてまた微妙なバランスで止まりやすくなるのです。ただあの場合は、何かきっかけを与えてやらなければいけない。そのきっかけを与えるのが、氷床の崩壊でした。たとえばローレンタイドみたいに大きな氷床や、スカンジナビアみたいに小さな氷床が、それぞれ自分のリズムで踊っている。小さな氷床が崩壊したときに起こるのがダンスガード＝オシュガー・サイクルの亜氷期の状態です。ローレンタイド氷床は大きいので数千年に一回しか崩壊しないのですが、それが崩壊したときには、ハインリッヒ・イベントが起こり、深層水循環がいったん止まります。現実には、それらの両方が合わさる形で複雑なリズムを生み出しているのです。

地球環境は、地球を構成しているさまざまなサブシステムが相互に影響し合いながら変動することを反映して変動しているのですが、氷床の成長・崩壊や深層水循環の停止・再開は、それらのサブシステムがそれぞれ固有の振動をしていて、相互に影響し合っていることのわかりやすい例だと思います。

ここまでのまとめ

ここまでの要点をまとめましょう。一つ目は、最終氷期にグリーンランドで急激な気候変動が繰り返したことがわかってきた。二つ目に、それは北米のローレンタイド氷床をはじめとする氷床の崩壊に伴って氷山が北大西洋に流出し、一時的に北大西洋での深層水形成を止めた、もしくは弱めたことによって引き起こされたものだった。三つ目は、北大西洋の深層水循環には複数の安定モードがあって、小さな擾乱によってモードジャンプが起こる。その擾乱の程度によって、深層水循環が弱まるか、止まるところまでいってしまうかという違いが生じる。そして最後に、氷床は独自のリズムで自ら成長・崩壊を繰り返していた、ということです。

――南極の氷はどういうふうに扱うのですか。

鋭い質問ですね。南極はグリーンランドよりも、もっと寒いのです。北半球のローレンタイド氷床との大きな違いは、一つには、北半球は寒いといっても南極よりは暖かくて、水蒸気が多い。そのため降雪量も多いのです。その結果、北半球の氷床は早く成長して、その底面は融点に達する。それに対して南極のほうは、寒すぎて雪があまり降らず、氷床の成長が遅い。だから氷床の自励振動がなかなか起こらないのです。今後、南極が温暖化していくと、氷床の成長と崩壊が起こりうるかもしれな

ここまでの
まとめ

1 最終氷期のグリーンランドでは、急激な気候変動が繰り返された

2 それは、北半球氷床の崩壊に伴う北大西洋の氷山の流出が、一時的に北大西洋の深層水循環を止めた（あるいは弱めた）ことにより引き起こされた

3 北大西洋の深層水循環には三つのモードがあり、小さな擾乱によりモード・ジャンプが起こる

4 氷床は、独自のリズムで成長崩壊を繰り返した（自励振動）

いですね。

――今日の話は、2万年から8万年ぐらい前の間に起こったイベントですよね。現在の氷床の大きさはその時期と比べて何分の1ぐらいなのですか。

3万年前から8万年前の間で、ダンスガード＝オシュガー・サイクルが典型的に起こる状況での海水準はマイナス90メートルぐらいです。現在残っている氷床がすべて融けると海水準が70メートル前後上昇するはずですから、現在の約2・3倍ですね。ローレンタイド氷床が最大になった最終氷期極相期（2万年前）には氷床は安定していたのですが、海水準はマイナス120メートルだったと推定されるので、現在の2・7倍になります。

せっかくなので少しだけ突っ込んだ話をしましょう。図4-2をもう一度見ると、最終氷期でいちばん寒いとき――2〜3万年前――にはあま

り急激な変動はありません。ハインリッヒ・イベントは起こっていたのですが、ダンスガード＝オシュガー・サイクルのような急激な気候変動の繰り返しは見られません。これは、北半球の氷床の大きさがあるしきい値を超えると安定化してしまうことを意味していると考えられます。この状態は、海水準にしてマイナス１２０メートルですから、これより海水準で30メートル分ぐらい小さくなったときが、いちばん変動が激しいときにあたるようです。氷床がさらにもう少し小さくなってもまだ急激な気候変動は起こっていたのですが、変動の周期が長くなってきます。氷床サイズによって、応答の周期が変わっていたようなのです。そして、氷床サイズは何にコントロールされているかというと、ミランコビッチ・サイクルなのです。

ダンスガード＝オシュガー・サイクルに伴う変動の波及

日本海で見つかった証拠

最終氷期には、グリーンランドや北大西洋ではかなり大きな気候変動の繰り返しがあったことがわかりましたが、この変動は地理的範囲で言うとどの辺りまで達していたのでしょうか？　グローバルなのか、地域的なのか、そういう疑問が当然わいてくると思うのですが、いかがでしょうか？

――グローバルじゃないですか。

グローバル？

――太平洋側にまで。

ダンスガード＝オシュガー・サイクルに伴う変動は、少なくとも北半球全域に及んでいたことがわかっています。じつは南半球にも及んでいたのですが、その関係は単純ではないのです。今日は残りの時間でこのお話をしたいと思います。

ここで、たまには自分の研究の話をしてみようと思います。私はこの話題に関係したことを研究しているのですが、きっかけは、日本海の堆積物を別の目的で研究していたときに、偶然この現象の証拠を見つけたのです。もう20年ぐらい前のことですが。

図4‐17は日本海の堆積物の写真です。これは15メートルぐらいの柱状の堆積物を半割りしたもので、20メートル以上の長さの金属パイプを海底に刺して、それを回収して1メートルずつに刻んで半割したものです。写真を見てわかる通り、日本海の堆積物は複雑な白黒の縞模様で特徴づけられ、それがえんえんと続いたのです。しかもその縞模様が日本海の深いところ全域に分布しており、縞の一つ一つが日本海全域で対比できることがわかったのが一九八九年です。ダンスガード＝オシュガー・サイクルが報告される前ですね。なぜこのような縞模様ができたのかすごく不思議で、それが気候変動に興味を持ったきっかけでした。

この堆積物の色を測ると、グラフの青線のような変動を示します。上の黒線はグリーンランドの氷

4-17 日本海の堆積物に見られる縞模様と、グリーンランド氷床コアのδ18Oの関係

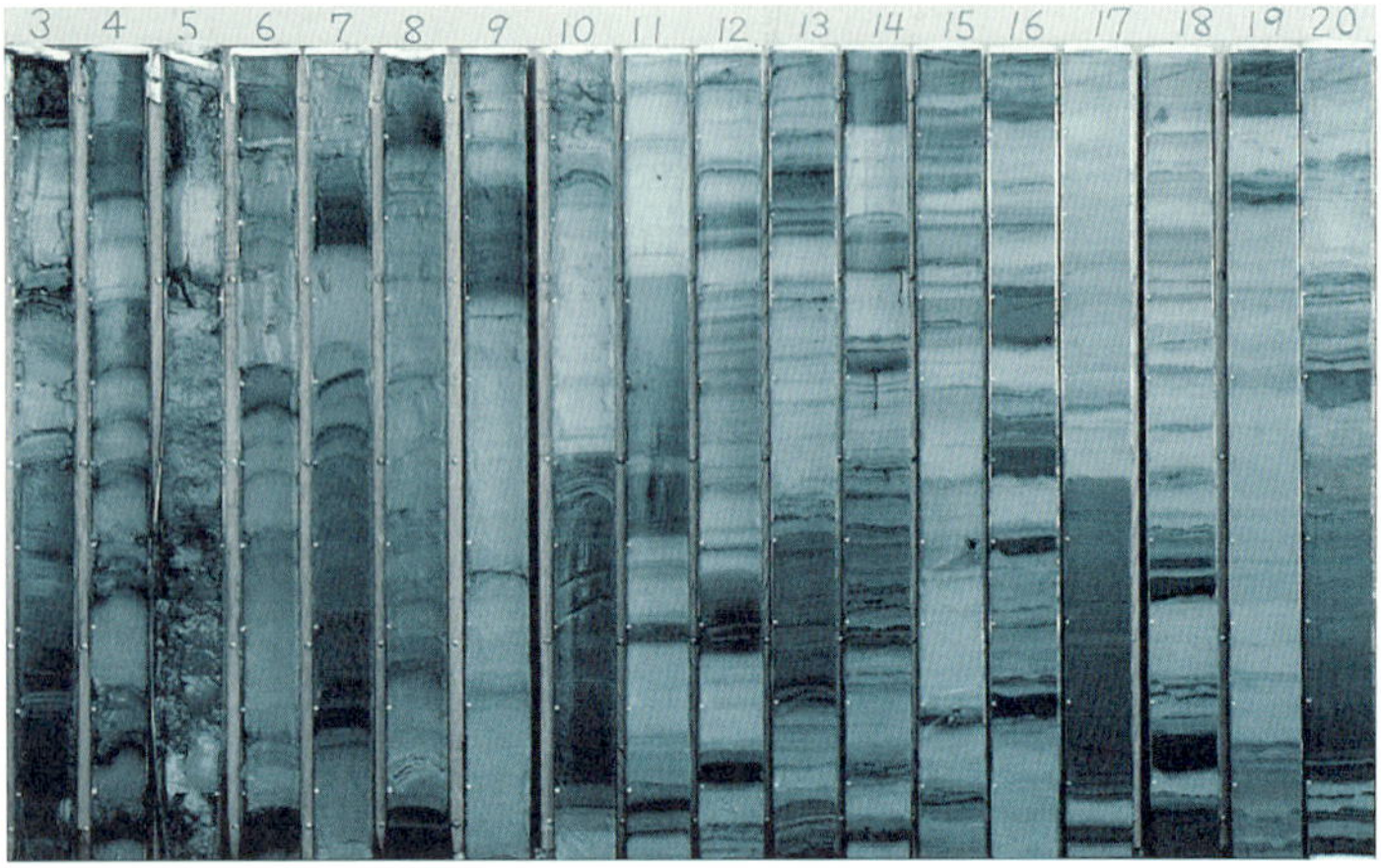

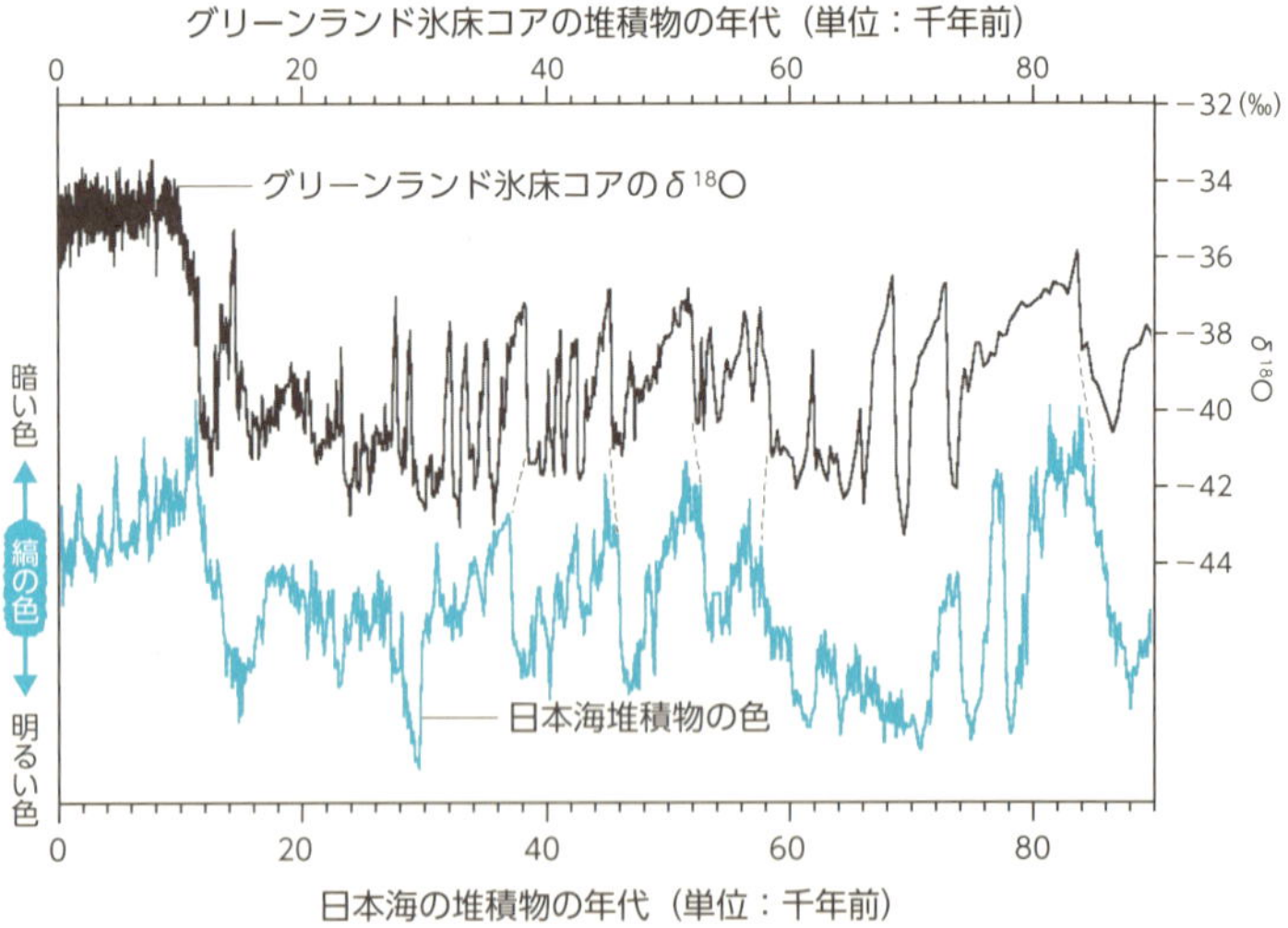

（δ18O はダンスガード＝オシュガー・サイクルに伴う気候変動の指標）

床コアの酸素同位体比の時代変動を示しているのですが、両者の変動パターンがよく似ているのがわかると思います。両者の年代は独立に決められているのですが、両物の白と黒の縞はダンスガード＝オシュガー・サイクルと連動して堆積していたのです。理由はわからないけれども、日本海の堆積物の白と黒の縞はダンスガード＝オシュガー・サイクルと連動して堆積していたのです。

そこで、これがダンスガード＝オシュガー・サイクルとどのように連動していたのかを、私はずっと研究してきました。まず色の原因ですが、黒い縞は有機物が多い部分。プランクトンの死骸が多いのです。白いほうはじつは砕屑物で、黄砂や川から運ばれた泥です。なぜプランクトンの死骸が多くなったり、少なくなったりするのでしょう。これは、プランクトンが繁殖するもとになるリンや窒素などの栄養塩類が対馬海峡から日本海にどのくらい入ってきたかに関係します。日本海への栄養塩の供給は何が決めているかというと、対馬海峡から入ってくる水塊の種類と量なのです。

東シナ海沿岸の大陸棚外縁の部分では、リンの濃度を測るとだいたい0.5 μg/l ぐらいあります。これに対してもっと南の黒潮に相当する部分の栄養塩濃度は0.1μg/l 以下で、栄養塩がほとんど入っていないのです。図4-18に示したように、日本海へは黒潮から分岐した対馬暖流が対馬の南側の海峡を通って入り、栄養塩の豊富な海水――東シナ海沿岸水と呼ばれますが――は主に対馬の北側の海峡を通って入ってきます。図の青と黒の矢印の比は、じつは揚子江から出てくる淡水の量によって決まるのです。揚子江からたくさん淡水が流出すると東シナ海の沿岸水が対馬海峡の入り口まで張り出し、栄養塩の乏しい黒潮があまり日本海に入れなくなって、栄養豊富な東シナ海沿岸水ばかりが入ってくるようになる。逆に、揚子江から淡水があまり流出しなくなると黒潮がたくさん入ってくるということが起こります。では、揚子江の流出量は何で決まっているかというと、梅雨、つまり東アジア夏季モンスーンなのです。

というわけで日本海堆積物の白黒の縞は、南中国における梅雨の雨量変動を、揚子江の流出量を通じて見ていることがわかってきました。

私がこの研究を行って論文を書いた後、中国の鍾乳石を使って揚子江流域の雨量変動を見たデータも出てきて、それにもきれいにダンスガード＝オシュガー・サイクルが出ていることが示されました。つまり揚子江流域に降る雨の量が、何らかの理由でダンスガード＝オシュガー・サイクルに連動して変動していることが明らかになってきたのです。

では、揚子江流域における梅雨の雨量はいったい何が決めているのでしょうか。図

4-18

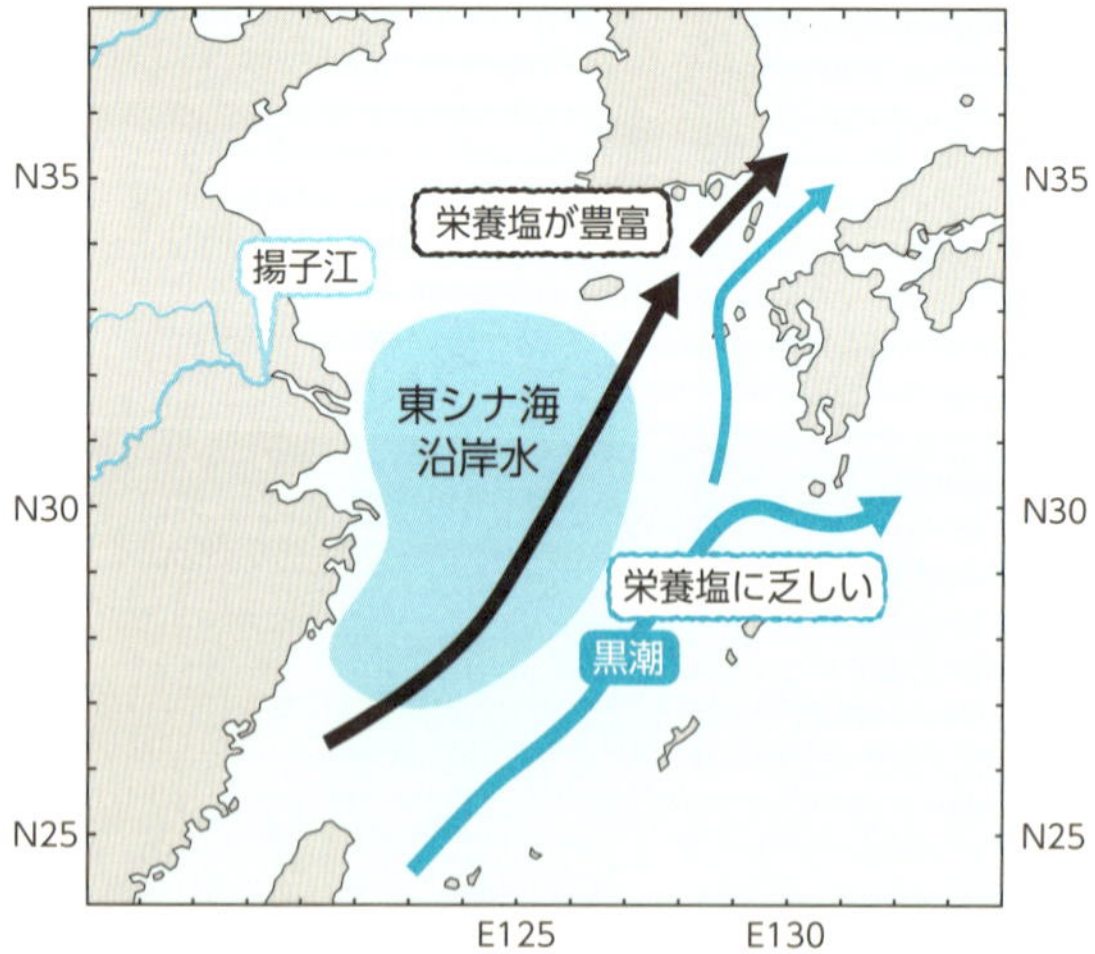

日本海への栄養塩の供給量を左右する主な海流と、揚子江および東シナ海沿岸水の関係。

4-19は現在の観測に基づいた梅雨前線と偏西風の位置の季節変化を示しています。縦軸が緯度、横軸が季節です。上の図は5月から8月にかけて梅雨前線が南で発生して北上していく様子を示しています。下の図は、偏西風の軸が北上していく様子を示しています。下の図を見ると偏西風の軸は、5月には北緯30度ぐらいのところにあって、それが季節とともに北上していきます。上の図の濃い網かけ部分は梅雨の雨がいちばんよく降るところを示し、下の図の偏西風の軸の位置を示す太い矢印を、上の図にそのまま重ねてあります。この図からわかることは、偏西風の位置が梅雨前線の北限を規定しているということです。このように現在の気象観測データも、偏西風ジェットの位置が、梅雨前線の位置を決めていることを示しています。

細かい話は飛ばしますが、私たちの研究室では、日本海堆積物に入っている黄砂（砂といっても、実際は10マイクロメートル前後の細粒な塵です）の起源をずっと研究しています。日本列島や北太平洋に飛来する黄砂の起源および運搬経路は大きく分けて二つあります。

一つはタクラマカン砂漠で、タリム盆地内で頻繁に生じる砂塵嵐によって巻き上げられた塵が偏西風ジェットに乗って10キロメートルを超える高い高度で東に運搬されます。もう一つはモンゴルのゴビ砂漠で、シベリア高気圧が弱まることに伴って、春先に東アジア内陸部で生じる移動性低気圧が生み出す砂塵嵐によって巻き上げられた塵が、砂塵嵐とともに2～3キロメートルの高度で南東方向に運搬されます。アジア上空を吹く偏西風ジェットは、季節によって南北に経路を移動させ、冬にはヒマラヤの南側を吹いていますが、春にチベットの北へとジャンプし、夏から秋にかけて、ずっとそこ

4-19 偏西風の位置が梅雨前線の北限を規定している

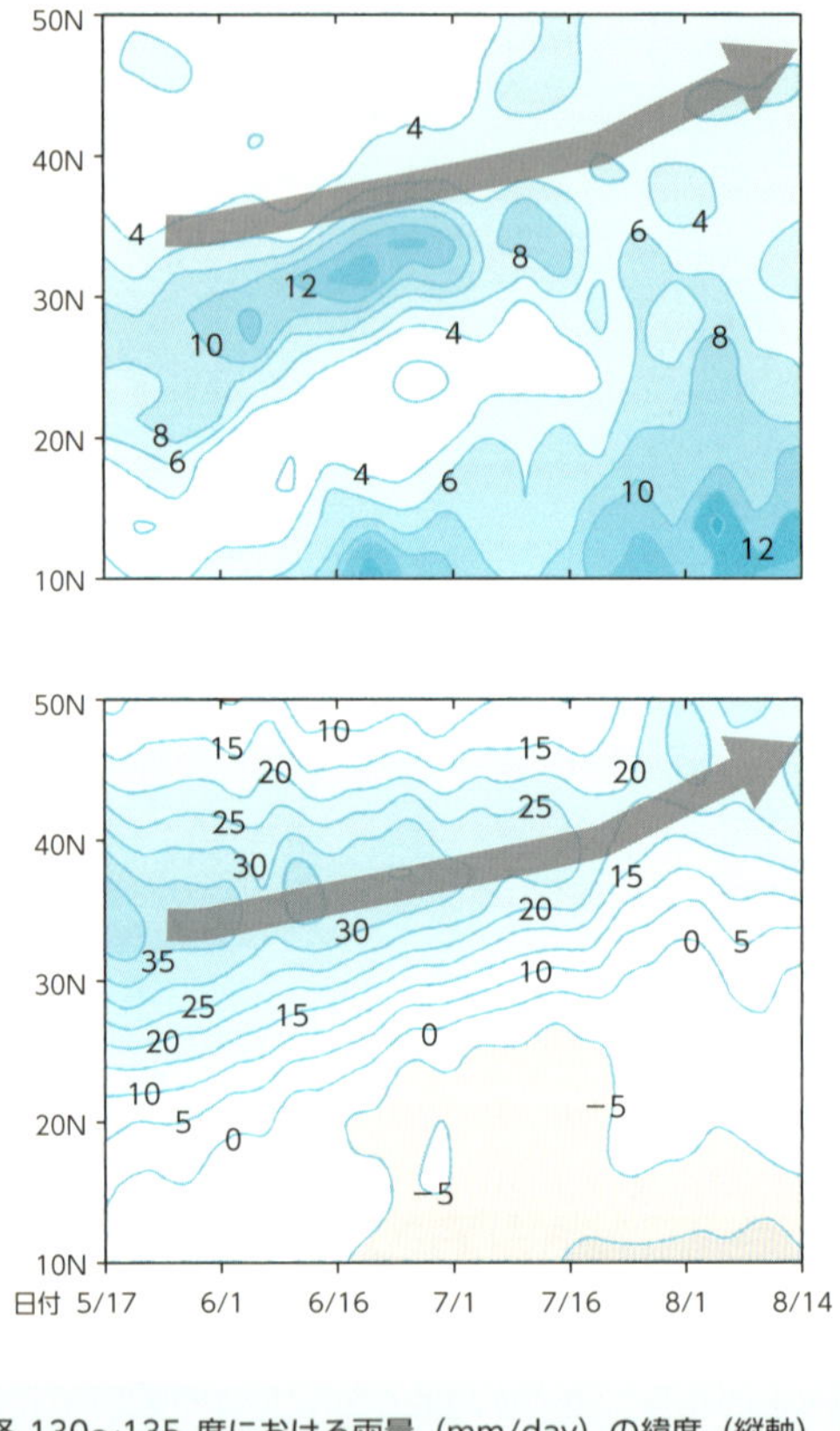

（上）東経 130～135 度における雨量（mm/day）の緯度（縦軸）、季節（横軸）に対する分布をプロットしたもの。雨量の南北方向の分布の季節変化を示している。（下）東経132度における偏西風ジェットの速度分布をプロットしたもの。速度の高低の南北方向の分布の季節変化を示している。下の図から偏西風の軸の位置の変化がわかり（太い矢印）、同じ矢印を上の図に重ねてみると、偏西風の軸の位置が梅雨帯の北限になっている。

(Sampe and Xie 2010に基づく)

に留まります。偏西風が北上したときにはタクラマカン砂漠起源の塵がたくさん飛んでくる。一方、偏西風帯がヒマラヤの南にあるときは、日本に飛んでくるのはゴビ砂漠の塵ばかりなのです。

ですから、それらの量比を調べることによって偏西風がどう動いたかを知ることができます。それによると、ダンスガード＝オシュガー・サイクルの亜間氷期には偏西風が北上していて、そのときには南中国にたくさん雨が降ったらしい。ダンスガード＝オシュガー・サイクルの亜氷期には偏西風がずっとチベットの南にとどまり、そのときには揚子江流域にあまり雨が降らず、日本海には栄養塩があまり入っていかなかったようなのです（図4-20）。

あまり自分の研究の話ばかりすると話が狭くなるのでこの辺にしておきますが、そういうわけでダンスガード＝オシュガー・サイクルは北半球全域に及んでいたのです。いま私がお話ししたのは東アジア・モンスーンの変動ですが、これ以外にインド・モンスーンも、北アフリカのモンスーンも、北アメリカのモンスーンもダンスガード＝オシュガー・サイクルに連動して変化しているという研究がほぼ同時並行で進み、二〇〇〇年あたりからそれらの結果がどっと出てきました。北半球全域にダンスガード＝オシュガー・サイクルに連動した変動があることがはっきりしてきたのです。

4-20 偏西風軸の位置と東アジアの夏季モンスーンフロントの関係

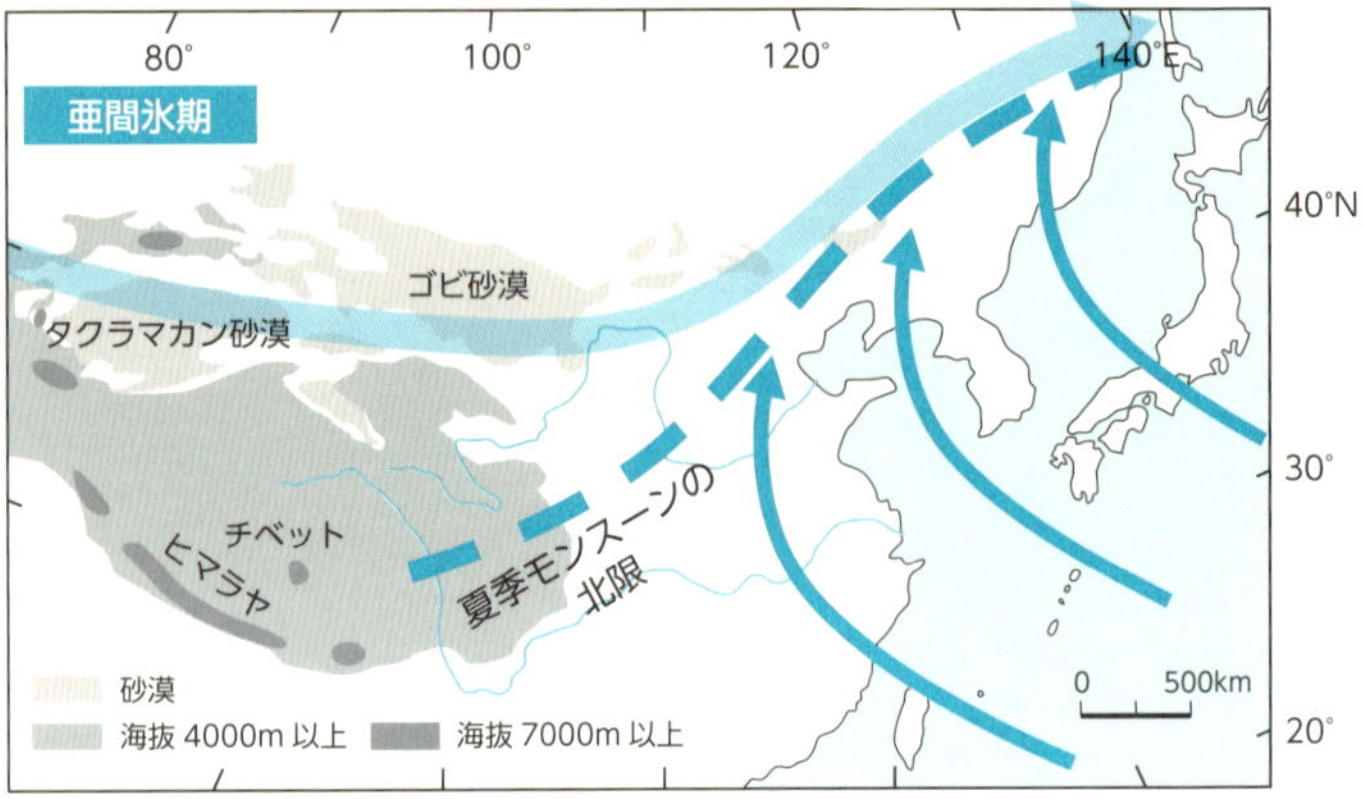

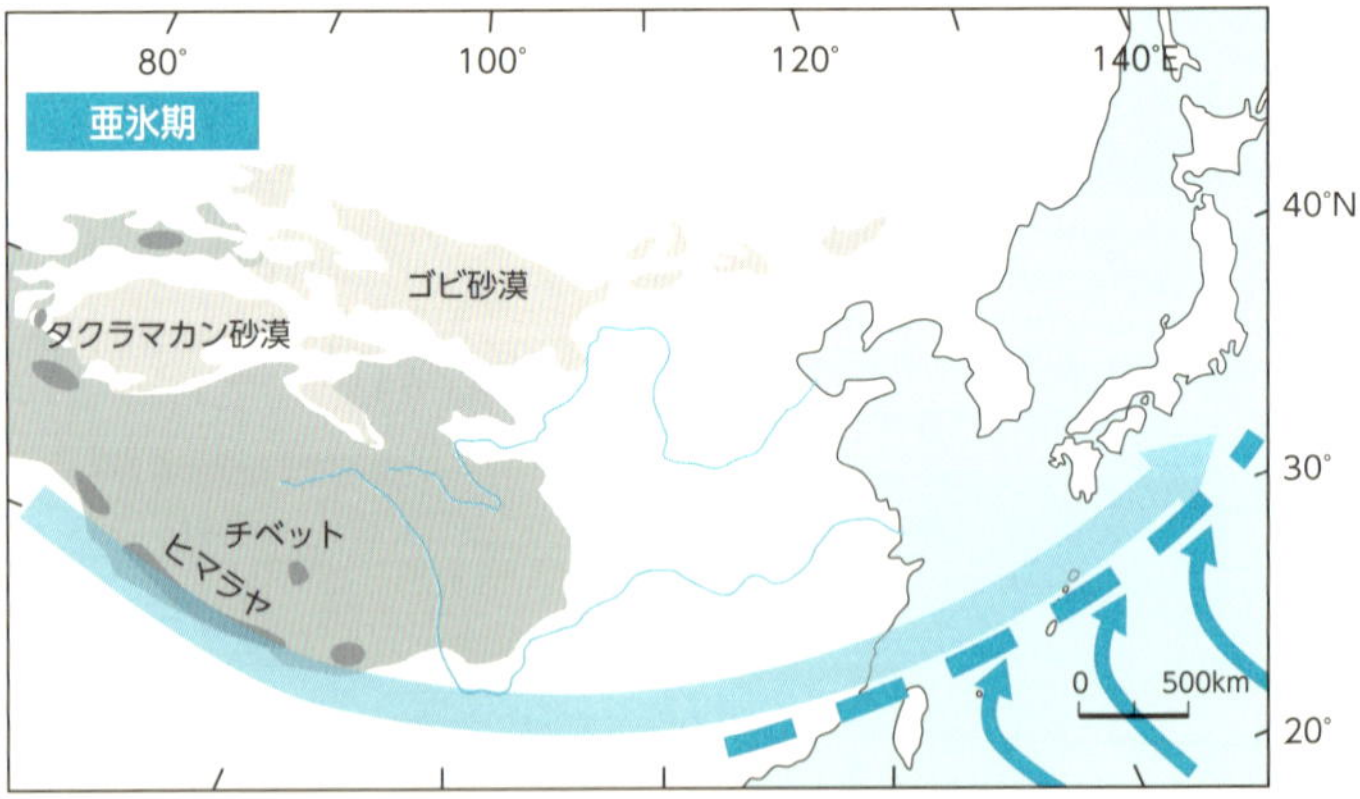

ダンスガード＝オシュガー・サイクルに伴う偏西風軸（太い矢印）の南北振動が、夏季モンスーンフロント（破線）の南北振動を引き起こしている。

ダンスガード＝オシュガー・サイクルの伝播

さらに、偏西風や熱帯収束帯の位置の変動がダンスガード＝オシュガー・サイクルの信号を伝播しているらしいこともわかってきました。熱帯収束帯というのは赤道域で上昇気流が起こる場所のことです。人工衛星から見ると、地球には赤道のところだけ雲がずうっとかかっていて、その下に熱帯雨林が発達しています。

そういう証拠がそろってくると、古気候モデル研究者たちはそれが本当に再現できるかというモデル実験をします。図4-21はその一例で、緯度方向に切った断面での大気循環パターンを示しています。図のAMOC（Atlantic meridional overturning circulation）というのは北大西洋における深層水循環のことで、上図はそれが流れているとき、下図はそれがスイッチ・オフのときの緯度断面での大気循環に対応します。この図では、赤道付近で上昇気流が起こって中緯度付近で下降気流が起こるという「ハドレー循環」のパターンが見えています。中央の点線のところが、さっき言った熱帯収束帯ですね。それから丸く囲った部分は偏西風の軸の位置を示すのですが、AMOCが動いているときは上の図に示す位置にあり、AMOCを止めると、下の図にあるように特に熱帯収束帯がはっきり南下するのです。北半球の偏西風帯は、あまり顕著ではないのですが、ほんの少し南にシフトします。南半球の偏西風帯は、明確に南にシフトします。つまり、北半球の偏西風帯、熱帯収束帯、南半球の偏

4-21 大気を緯度方向に切った断面での大気循環のパターン（モデル計算による）

北大西洋深層水の形成停止によって、
偏西風帯、熱帯収束帯が、南にシフトする

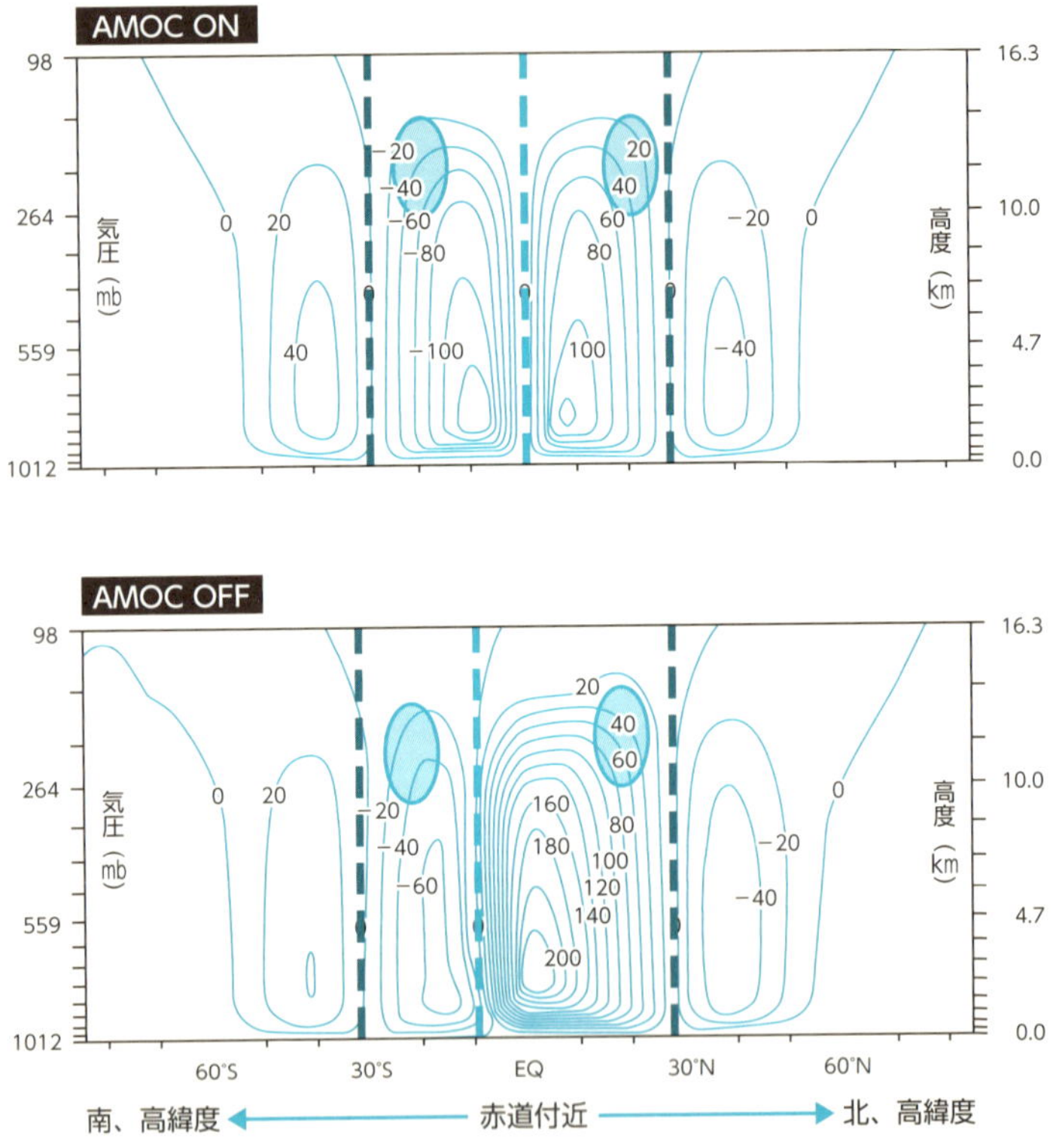

AMOC（北大西洋における深層水循環）が ON（流れている）と OFF（止まっている）の場合で、熱帯収束帯の位置が変わる。細い線は時計回りの大気循環の速度を示す。
(Broccoli et al. 2006 に基づく)

西風帯が、北大西洋における深層水の形成（ＡＭＯＣ）を止めることによってみんな南にシフトするというのです。

理由はちょっと考えれば簡単なことで、ようするにＡＭＯＣを止めるというのは、メキシコ湾流を止めることなのです。すると北半球は寒くなる。一方、次にお話ししますが、ＡＭＯＣを止めると南半球は暖かくなる。北半球が寒くなると、偏西風とか熱帯収束帯を南に押しやる効果があり、南半球は暖かくなると、それらを南に引っ張る効果があります。その両方が同時に働くために、全体が南にシフトするのです。

ちなみに、大気中のCO_2濃度を増やした場合にはどうなるかというと、熱帯収束帯の位置は変わらずにハドレー循環が南北方向に拡大するという、赤道に対して対称的な動きをするといわれています。これは、ＡＭＯＣを止めたり動かしたりした場合に、全体が南にシフトしたり北にシフトしたりといった非対称な動きになるのとは大きく異なります。

南半球とダンスガード＝オシュガー・サイクル

最後に、ダンスガード＝オシュガー・サイクルに連動した気候変動は南半球ではどうだったのかについてお話しします。南半球でも南極で氷床コアが掘削されているので、そこで得られた記録と北半球の気候変動の記録を比較してやればよいのですが、グリーンランドの氷床コアと南極の氷床コアの記録のどことどこが同時であるか（対比できるか）を、どうやって知ることができるのでしょうか？

これ、けっこう難しい問題ですよね。今日は話さなかったのですが、以前、氷床の氷のなかには気泡が入っていて、過去の大気の成分を分析できるという話をしました。そのときはCO_2の話が主でしたが、気泡にはメタンも入っています。

図4-22下図が示すのはメタンの濃度の変化です。じつはメタンの濃度は、ダンスガード＝オシュガー・サイクルに連動して変動しています。なぜかというと、メタンの主な発生源は北半球中・高緯度の湿地で、モンスーンが強くなったり弱くなったりすると湿地面積が変化するからだといわれています。いちばん下のグラフにグレーと青の線があるのがわかると思いますが、グレーの線はグリーンランドの氷のなかのメタン、青の線は南極の氷のなかのメタンの濃度です。大気中のメタン濃度の変化は両極同時に起こりますよね。だからこれを対比することで、二つのコアを対比できるのです。

こうして対比したのが中段と上段の酸素同位体比の図です。中段がグリーンランド氷床の酸素同位体比の変化、上が南極の氷床コアの酸素同位体比の変化です。両者は、

一番下のグラフがグリーンランドの氷床コアと南極の氷床コアの気胞から得られたメタン濃度の変化(二つが合うように重ね合わせている)。これをもとに二種類のコアの年代を対応づけたうえで、双方のコアにおける$\delta^{18}O$ 濃度（DOCに伴う気候変動の指標）を比較する。中段がグリーンランドの氷床コア、上が南極の氷床コアにおける$\delta^{18}O$ 濃度の変化。
(EPICA Community Members 2006に基づく)

数百〜数千年スケールの変動があるという意味では似ているのですが、タイミングが合っているかどうかで言えば、あまり合っていないですよね。よく見ると、たとえばダンスガード＝オシュガー・サイクルの亜間氷期の8ですけれども、グリーンランドは暖かい時期にあたりますが、南極は、比較的寒い時期にあたっています。どちらかというと両極で変動が逆転しているのです。完全な逆転ではないのですが、傾向としては逆転しています。

この関係を模式的に書いたのが図4-23の上の図です。たとえばグリーンランドがいちばん寒いとき、つまりハインリッヒ・イベントのときには、大西洋の深層水循環（＝AMOC）がオフになっている。そうすると北から冷たい深層水が来なくなり、南

4-22　南北極域における気候変動の対応づけと比較

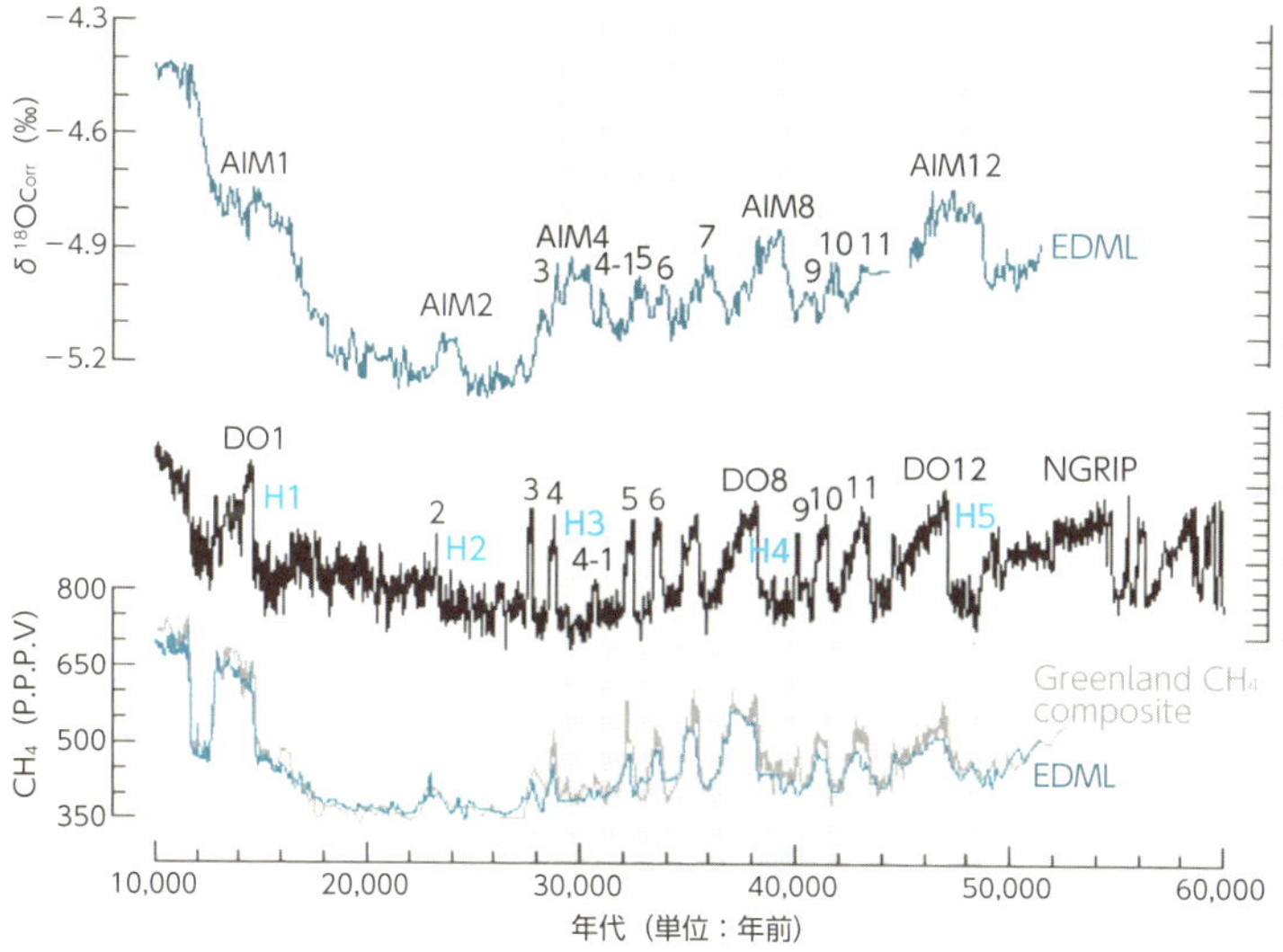

4-23 両極間のシーソー関係

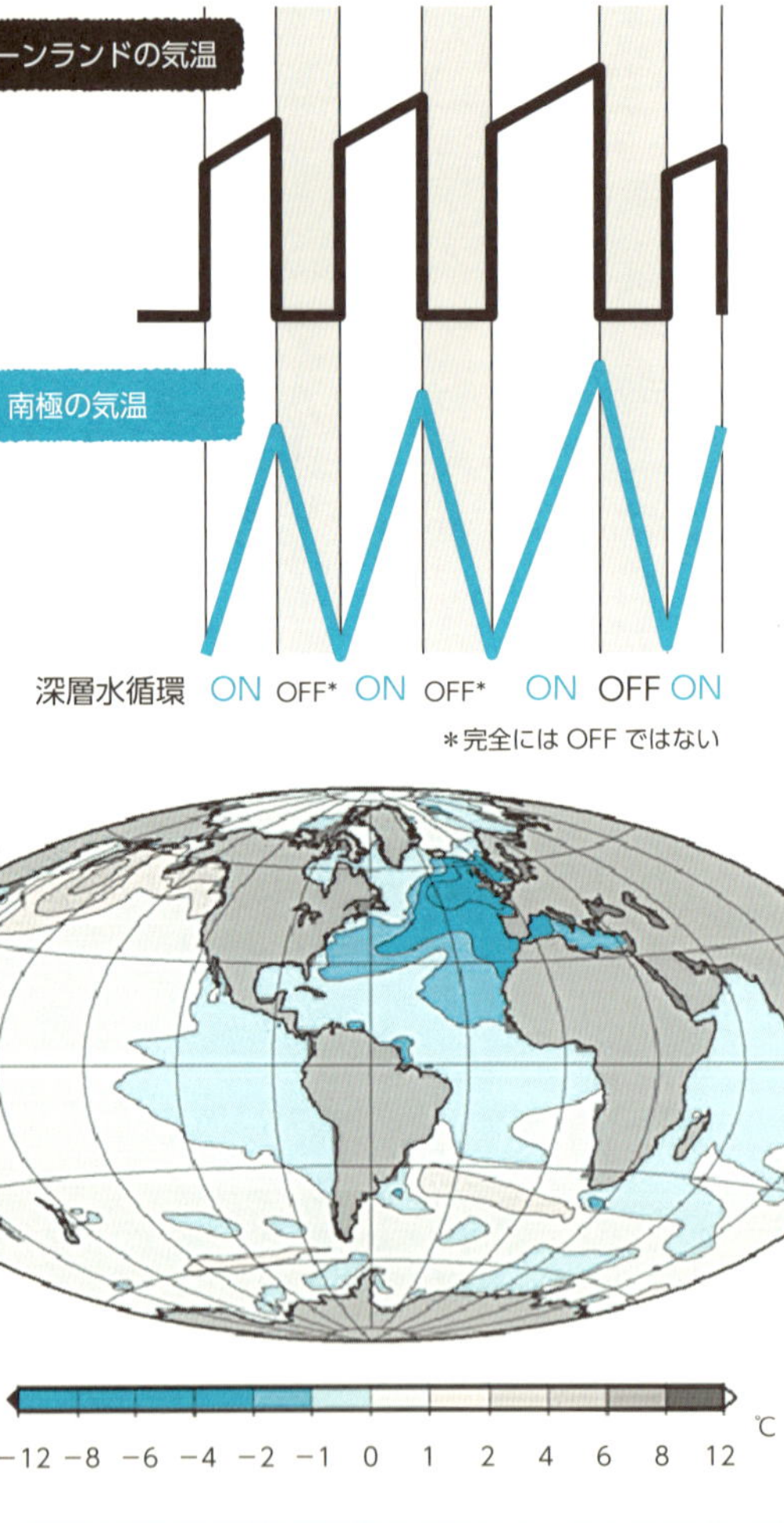

両極間のシーソー関係（bipolar seesaw）の模式図。下の図は北大西洋の深層水形成を止めたときの、世界の表層水温の変化をシミュレートした結果。

（Kageyama et al. 2010 に基づく）

極は徐々に暖まりはじめます。次に深層水循環がオンになると南極は寒冷になってきます。しかしその変化はあまり急激ではありません。

それをモデルで再現したのが下の図で、AMOCを止めたときに寒冷になる地域と、温暖になる地域を示しています。じつはどこが温暖になるかはモデルによってかなり異なるのですが、少なくとも大西洋については、北大西洋が寒冷になり、南大西洋が暖まるという関係は複数のモデルで共通しています。これを両極間のシーソー関係（bipolar seesaw）と呼びます。

そういうわけでダンスガード＝オシュガー・サイクルに連動した急激な気候変動の影響は、南半球も受けるのですが、どちらかというと南北半球で逆転した動きをしたと考えられます。また、温度変化の振幅は南極のほうがずっと小さかったこともわかります。

後半のまとめ

後半の要点をまとめると、

・ダンスガード＝オシュガー・サイクルに連動した変動は、北半球全域に及んでいる。
・その信号の伝搬には、偏西風や熱帯収束帯など地球規模の大気の循環が重要な働きをしている。
・ダンスガード＝オシュガー・サイクルに連動して偏西風帯や熱帯収束帯の南北シフトが起こっており、それは大西洋における深層水循環のスイッチのオン・オフで引き起こされた。

・南半球には、その信号がどちらかというと逆転する形で影響している。

以上のことからも、いくつものサブシステムが複雑に絡み合って急激な気候変動が起こっていることや、その変動の伝わり方も単純ではないということがわかってもらえたと思います。

最後にもう一度、映画『デイ・アフター・トゥモロー』に戻って、映画の設定や主人公の主張のなかで何が妥当で何がおかしかったかを検証してみましょう（図4-24）。急激な気候変動の存在を古気候学者が言い出したというのは、マルです。それから、北大西洋の表層水温低下、塩分低下が起こって、それが急激な気候変動のきっかけになったというのもマルですね。気候モードの大きなシフトが起こる、これもマル。この辺からが映画の設定がフィクションになるところで、6～8週間で変化するというのは、まあちょっと考えにくいですね。短くて3年ぐらいです。だいたい映画というのは、針小棒大というか、ちょっとしたネタを10倍、100倍に誇張して大げさにやらないと映画にならないので仕方がないのでしょうけれども。

それから、寒冷化の結果として竜巻が起こるというのは、どこから出てきた話なのか理解できません。順当に考えると現在より温暖化しないと竜巻は増えないと考えられるので、この映画の状況とはむしろ逆でしょう。それから、津波が起こるというのもバツです。ただし、氷床崩壊でローカルに津波が起こることはありえますね。嵐が過ぎたら氷河期がくるというのも、理屈がわからないですね。たぶん、映画のインパクトを増すために、温暖化に関係する他の変動もあれこれ入れて派手にしたのだと思います。

予測モデルが当たらないというのは、——今この場にモデル研究をやっている人、いないですよね（笑）——それなりに正しいと思います。それはどういうことかというと、現在の天気予報などに使うモデルというのは、基本的に既存の観測データを基にしてチューニングしているので、状況が観測データの範囲を越えた場合に、どういうサブシステムがどう動くかという要素は入っていないのです。最近、ＩＰＣＣ（気候変動に関する政府間パネル）などで古気候のことを重要視し始めたり、モデルをやっている人たちが注目し始めたのは、古気候記録を解析することで、われわれのこれまでの経験や観測でわかっている範囲を超えた状況でどういうサブシステムがどのように動くかを知ることができるからなのです。だから古気候のデータを基に、それを再現す

4-24　映画『デイ・アフター・トゥモロー』の設定を検証する

急激な気候変動の存在を「古気候学者」が言い出した	○
北大西洋海流の水温と、塩分濃度が低下する	○
気候モードの大きなシフトが起こりうる	○
気候モードシフトは 6〜8 週間で起こる	×
竜巻が頻発する	×
津波が起こる	×
嵐が過ぎたあとの地球は氷河期	×
気候予測モデルはあてにならない	△

るシミュレーション（数値実験）が盛んに始まっています。通常の天気予報のモデルを使っても再現できないので、それを再現するためにはいろんなサブシステムとそのメカニズムをとり入れなくてはいけない。そういうものを入れることによって、自分たちの知っている範囲を超えた状況にもモデルが対応できるように、古気候記録の解析とそれを復元するためのチューニングを一生懸命しているのです。

古気候記録が語る地球の未来

終わりに、今日も含めこれまでお話ししたことでぜひお伝えしたい点は、地球にはさまざまなサブシステムが存在していて、条件が整うと与えられた信号を増幅する機能を発揮する場合があるということです。特に今日は、正のフィードバックの例を多くお話ししたので増幅する例でしたが、逆に、抑える働きをする（負のフィードバックを持つ）サブシステムも存在します。それから、これも繰り返し強調していますが、サブシステムというのはしばしば複数の安定モードを持っていて、状態がその間をジャンプする性質を持っていること。モードジャンプは、変化を引き起こす原因があるしきい値を超えたときに急激に起こります。たとえばCO_2濃度を徐々に上げていったときに、それに比例して気温が上がっていくかというと、必ずしもそうとはかぎらない。あるしきい値を超えると気温が一気に上がる場合がありうるということです。

さらに言えば、私たちはそういったサブシステムの存在や、その性質について、ごく一部を知っているにすぎないのです。まだ私たちの知らないものがたくさんある。したがって、これはちょっと煽っているように聞こえるかもしれませんが、地球温暖化に伴ってわれわれがまだ知らないサブシステムが働きだし、それによって予期しない気候モードジャンプが起こる可能性は、少なくともゼロではない。逆にひょっとしてすごく運がよければ、これから負のフィードバックが働いて、CO_2を上げてもしばらくは気温が安定するかもしれませんが、どっちかというと正のフィードバックのシナリオのほうがありそうな気がします。

ともかく重要なことは、気候モデル屋さんも含めて、誰も気候システムのすべてを知ってはいないのです。だからこそ、観測記録の範囲を超える条件下での気候システムの挙動を調べようというときに、古気候記録から未知のサブシステムやフィードバックが存在した可能性を検討することが重要なのです。これまでは現象を比較的正確に把握できる近い過去の古気候研究が多く行われていたのですが、たとえば、近い過去にはCO_2が非常に高い状態は存在しない。しかし、もう少し古く数千万年前の地質記録までさかのぼるとあるのです。だから、最近はそういう古い時代の極端な変動を再現する試みが始められています。古い過去までいくと、たとえば大陸配置が違ったり植生が違ったりしますから、結果をそのまま応用はできないのですが、古い過去を探ることによって、われわれがまだ知らないけれども、地球温暖化に伴ってこれから重要になるかもしれない、急に出現するかもしれないサブシステムやフィードバックが見つかる可能性があるのです。そういうものの研究が最近始まっているということなのです。

――現在の人為的なCO_2濃度の上昇が、氷床が融け出すきっかけになり、淡水の量を増やして深層水の流れに大きく影響する危険性も、ゼロではないということでしょうか。

そうですね。温暖化に伴って、グリーンランドの氷床が現在縮小しているのは間違いない事実です。ただ、グリーンランドの氷床が現在縮小していることによって淡水が北大西洋に供給されて、それが北大西洋深層水の循環を止めるかというと、それほどの供給量には今のところ達していない。だから、止まることはないと思います。そういう意味では、映画『デイ・アフター・トゥモロー』は間氷期の条件で北大西洋深層水の形成を止めるという話なので、そこはフィクションですね。氷期の条件だとローレンタイド氷床のような大きな氷床があって、それが崩壊して淡水が溶け出るから深層水循環を止めることができるのですが、グリーンランドで融けているのは割と小さな氷床で、全体が一気に崩壊するわけではなさそうなので、当面は大丈夫です。もっと温暖化が進行するとわからないですけれども。だから間氷期の条件で深層水循環が止まるかというと、止めるのは難しいというのが多くの研究者の考えだと思います。

じつは氷床の崩壊だけを考えると、西南極の氷床のほうが崩壊の危険性が高く、過去の間氷期に西南極氷床が崩壊していたという証拠もいくつかあります。ですから、温暖化に伴って西南極氷床が一気に崩壊する可能性は否定できません。もし、西南極氷床が崩壊すると、海水準が上昇します。南極の氷床の場合は崩壊しても深層水の形成の場所には淡水が出ないので、深層水循環にはそれほど影響はないと思いますが、海水準にはかなりの影響が出る。西南極氷床が全部崩壊しても海水準の上昇は４メートルですから、実際の海水準上昇は１～２メートルがいいところかもしれないですけれども、１～２メートルでも上昇したら冗談ではないですよね。そういう意味では、危険性はあります。ＩＰＣＣではいままで海水準の上昇については、基本的に気温の上昇による表層水の膨張しか考えていなかったのですが、前回（二〇〇七年）から氷床の崩壊も考慮し始めており、次回（二〇一四年）のＩＰＣＣの報告では、これまでよりきちんとした格好で考慮されるようになると思います。つまり、氷床の崩壊過程とかメカニズムの解明に関しては今、専門家が一生懸命観測をして、より正確に予想ができるような情報を得ようとしているところなのです。それが西南極氷床の崩壊の前に間に合うとよいですけれどね（笑）。温暖化で問題になることはいろいろありますが、私は、海水準上昇はかなり深刻な問題ではないかと思っています。

第5回

太陽活動と気候変動

——太陽から黒点が消えた日

こんばんは。早いもので今回が最終回です。この講義を始めたときには、2回目、3回目で参加者がいなくなったらどうしようかという不安もあったのですが、こうしてなんとかご参加の皆さんの数も減らずに最後までたどり着きました。名残惜しい気持ちもありますが、ほっとしている部分もあります。

今日は「太陽活動と気候変動」の話をします。これは皆さんかなり関心の高い話題のようで、事前のアンケートでもかなり熱の入った質問がありました。

始める前に、太陽活動が気候変動を引き起こす可能性が十分あると思う方、手を挙げていただけますか。半分以上いらっしゃいますね。では逆に、そんなことはありえない、もしくは、太陽活動の影響はあっても無視できる程度だと思う方は、どのくらいおられますか？　それなりにはいらっしゃるようです。今日の話の終わりまでに皆さんがわたしにどのように説得されるのか、ちょっと楽しみです。

今日のテーマは太陽のことを知らなければ始まらないので、まず、太陽の活動にはどのような特徴があるのか、それが過去にどのように観測されてきたのかを最初に簡単にお話しします。いまから30

年ぐらい前は、太陽活動が気候変動に関係しているという話をすると、その当時の気象学者に鼻でフンと笑われてしまい、まともな科学者はそんなことは考えないと言われた時代でした。それを徐々にひっくり返して、太陽活動と気候変動の関係を世の中に知らしめてきたのは、現在の観測よりも古気候の記録をもとに行われたさまざまな研究だったのです。でも過去の太陽活動をどうやって知るのでしょう？　これはなかなか不思議な話なので、ちょっと難しいかもしれませんけれども、まずこの話をしましょう。次に、観測衛星が一九七九年に最初に打ち上げられてから30年以上が経ち、観測記録がだんだん蓄積してきた結果、太陽活動と気候との関係がかなり見えてきたという話をします。そして最後に、太陽活動と気候が具体的にどういうメカニズムでつながっているのかをお話しして終わりたいと思います。

過去の太陽活動を知る

黒点の観測記録が示すもの

この講義の第1回に、地球の表面の温度はどうやって決まるのかという話をしました。具体的には、図1-1（本書4ページ）に示したような放射平衡の話です。すなわち、

・太陽の光が地球に当たる面積は地球の断面積に等しいので、太陽から地球に供給されるエネルギーは、太陽の明るさ（太陽定数）×地球の断面積で与えられる。

・一方、地球は、そうして受けとる太陽エネルギーと、自身の温度に対応する長波長の電磁波として地球の表面全体から放出するエネルギー（黒体放射）をバランスさせて、地表温度を一定に保っている。

・地表温度は、地球が受けているエネルギーと放出するエネルギーのバランスで決まるので、地表温度を計算するには、その二つのエネルギーが等しいとして計算してやればいい。

ということでした。それが次の式です。

4式（再掲）

$$S_0(1-A)\pi r_e^2 = \alpha 4\pi r_e^2 \sigma T_e^4$$

ここで、左辺は地球が受ける太陽のエネルギーで、S_0は太陽定数、Aは反射率（アルベド）、πr_e^2は地球の断面積でした。一方、右辺のαは射出率、$4\pi r_e^2$は地球の表面積、σT_e^4のT_eは地表面温度、σはステファン・ボルツマン定数です。この式の両辺をπr_e^2で割ると、

4式の変形

$$S_0(1-A) = \alpha 4\sigma T_e^4$$

が得られました。この式は、地表面温度（T_e）が、基本的には太陽の明るさと、アルベド、それから射出率の三つで決まっていることを意味しますが、これら三つの値は、それぞれ変わりうる値です。

アルベドや射出率が変わりうることについては、もう説明不要でしょう。一方、太陽の明るさは通常は一定だとしているわけですが、じつはこれも変わるのです。ではどのくらい変わりうるのか、それがどれだけ地表面温度に影響を与えるのかを考えてみましょう。

ここでひとつ質問します。太陽活動といえば、皆さんは太陽黒点の変化を思い浮かべるかもしれませんが、黒点が多いときと少ないときでどちらのほうが太陽は明るいですか？

――多いとき。

多いときのほうが明るい……それで正解なのですが、その理由が問題です。衛星が飛ぶ前の、今から たかだか40年ぐらい前には、専門家の間でもどっちが明るいかについて議論がありました。というのも、黒点というからには黒いわけで、太陽の一部が黒くなっているなら、その分だけ太陽の明るさは低下するはずだという見方があったのです。それなのになぜ、実際には黒点が多いときのほうが太陽は明るいのか。それについてはいかがですか？

――黒点が多いときは、太陽の活動が活発になるときだと聞いたことがあるのですけれども。

そのとおりなのですが、太陽活動が活発だという意味は？

黒点が多いときに太陽がより明るいのは、じつは「黒点が多いときには白斑も多く、それが黒点の暗さを埋め合わせてもあまりあるぐらい明るいから」なのです。通常、黒点は太陽を見ればすぐに見えるのでよく知られていますが、太陽には黒点以外に「白斑」というものがあります。これは、よく見ると太陽の黒点の周りに存在する、太陽がより明るい部分のことを指します（図5-1上図）。黒点が多いときには太陽の活動が激しいのですが、それは太陽の表面付近でのガスの対流が強くなっているということなのです。黒点の中心は暗くて温度が低いのだけれども、その周りには、それを補ってあまりある大きさと数の白斑がある。図5-1の下のグラフは、黒点と白斑それぞれの、太陽の明るさに対する寄与を示していますが、それを見ると、黒点が暗くなっているときには白斑のほうは明るくなっており、この両方を足すと正味では明るくなっているのです。

こういうことも衛星による観測が始まるまでは、なかなかわからなかったのですね。なぜかというと、地球には大気があって、それが太陽光を散乱したり吸収したりするものですから、地表から太陽光を測っているかぎりは、それらの影響のほうが太陽活動自体による明るさの変動より大きかったのです。

その後一九七九年に太陽観測衛星が打ち上げられ、大気圏外からの観測が始まって明らかになってきたのですが、太陽の黒点周期、いわゆる11年周期に対応して太陽の明るさは何%ぐらい変わっていると思いますか？

10%も変わっていると思う人はさすがにおられないでしょうか。1%より高いか低いか。1%ぐらいだと思う人、手を挙げてください……たくさんおられますね。では、0・5%ぐらいだと思う方？ 0・1%あるいはそれ以下と思われる方は？……だいたい予想は三分されましたね。

その答えはというと、図5-2の上のデータが先ほどお話しした衛星の観測の結果です。

衛星には寿命があるので数年ごとに新しい衛星を打ち上げるのですが、それぞれの衛星が持ってい

5-1 太陽活動と黒点

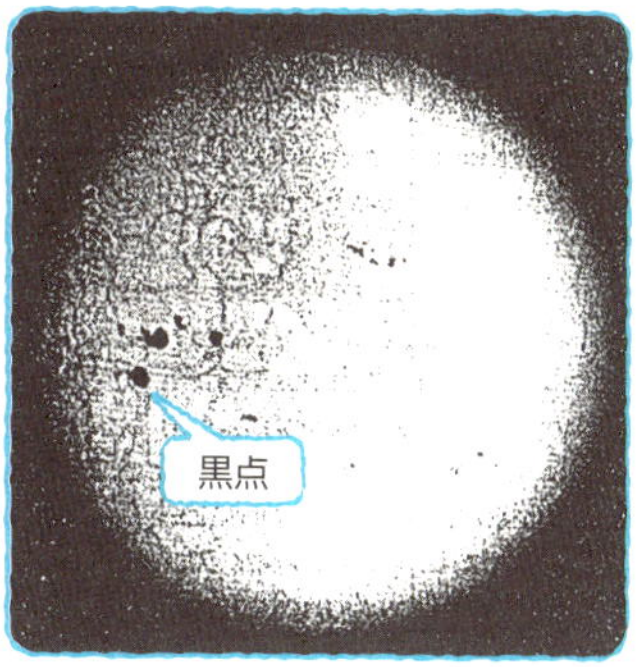

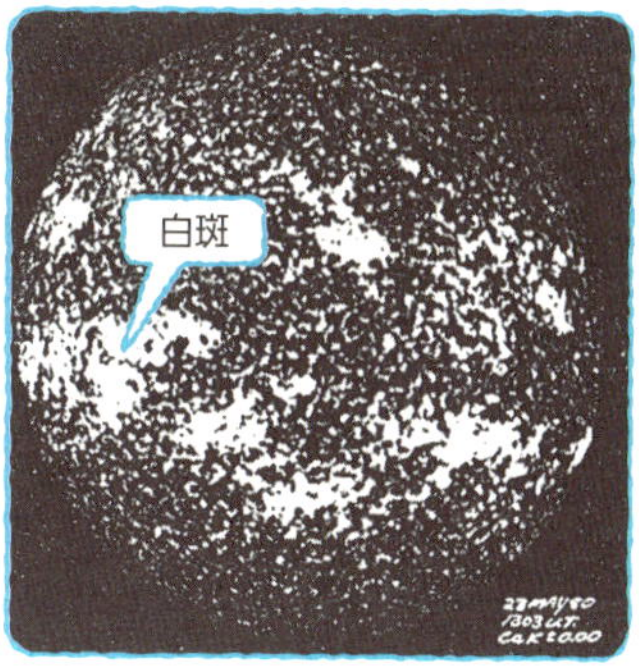

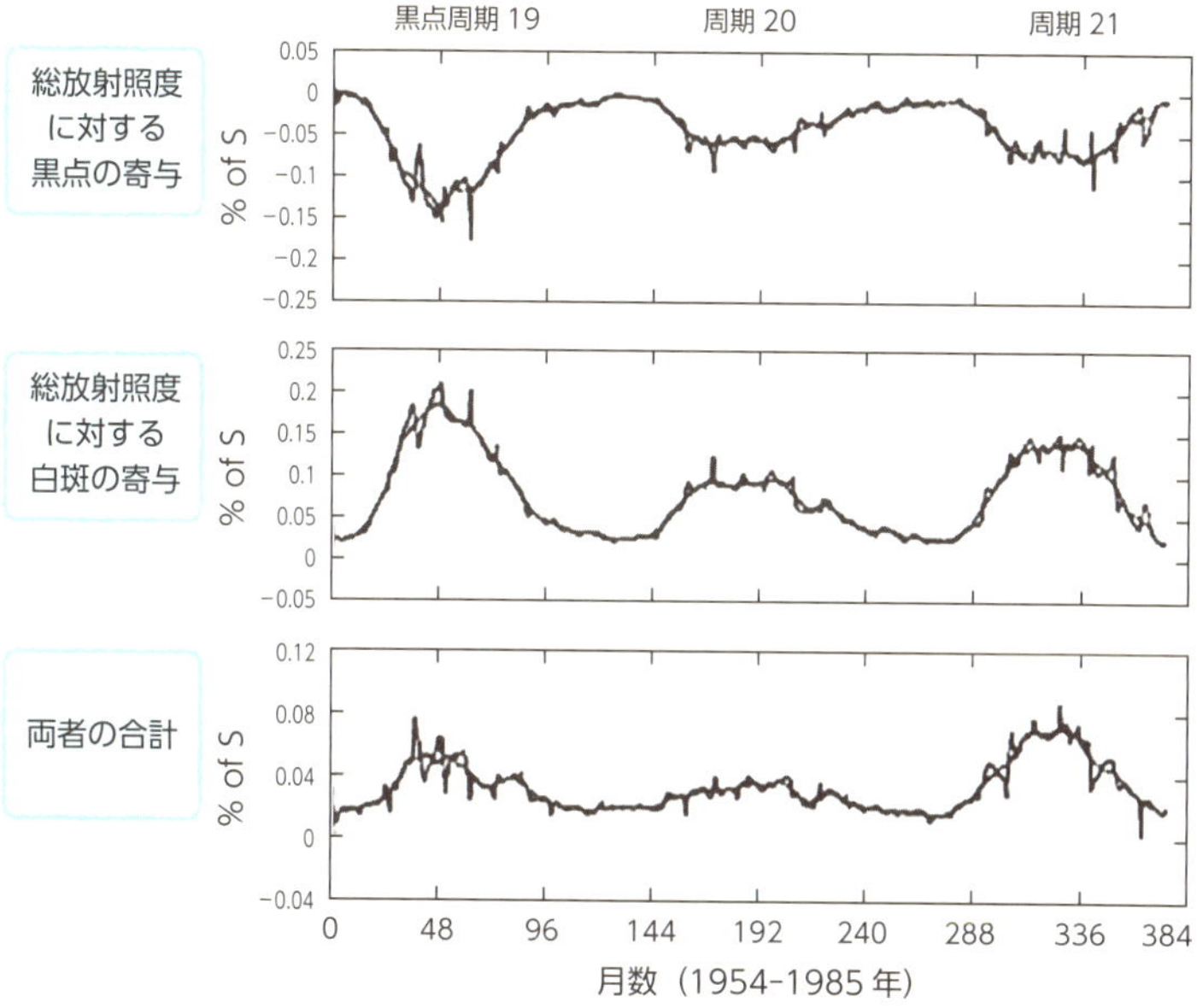

(Lean and Foukal 1988 に基づく)

5-2 太陽放射量と黒点数

衛星観測による太陽放射量変動の記録 (1979-2000)

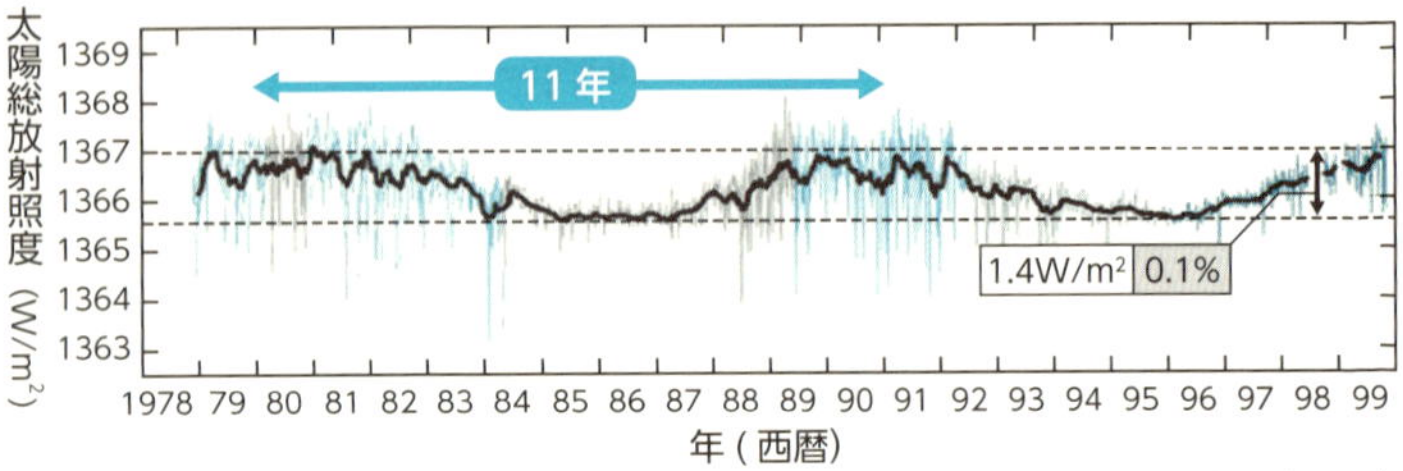

(Encyclopedia of Earth より)

太陽総放射照度と年間平均黒点数の相関

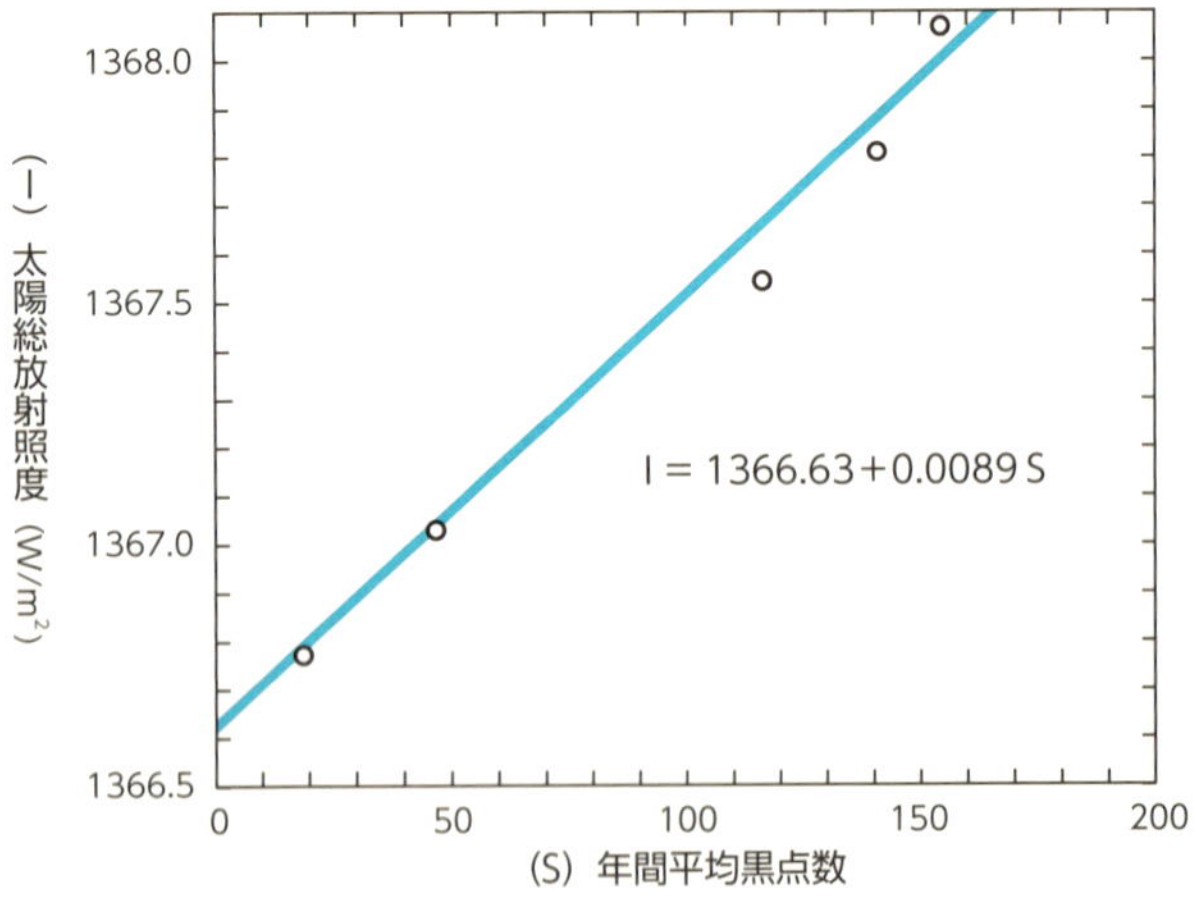

(Damon and Sonett 1991 に基づく)

る測定器によって微妙に値がずれているので、そのずれを補正して最終的に太陽の明るさの変動曲線を描きます。図の曲線に細かいギザギザがたくさんあるのは、太陽の自転が原因です。太陽の黒点が地球に面した側にくるか、それとも裏側に隠れるか、それが原因でこのギザギザ（短周期の明るさの変動）が生まれます。このデータは一九七九年から二〇〇〇年までの記録ですが、ギザギザを適切に均して見ると、いわゆる11年の周期で大体0・1％ぐらいの振幅で変化しています。0・1％なら、たいした影響はなさそうですよね。

ところで、太陽黒点の数については衛星が打ち上げられるずっと前から観測されていました。だから黒点数と太陽の明るさの関係を知ることができれば、過去の黒点数のデータを使って、太陽の明るさの変化をもっと過去まで遡れることになります。そこで、黒点数と太陽の明るさの間の関係を求めてみると、そこそこきれいな関係があって、黒点が多いほど太陽は明るかったのです（図5‐2の下のグラフ）。同様に、太陽活動がどういう周期で変化したのかもわかってきました。太陽活動はどのくらいのタイムスケールで変化していたと思いますか？

図5‐3は、過去約400年間の太陽黒点数の変化です。図を見てすぐわかるように、いちばん周期が短く、かつ明確な黒点数変動が11年周期の変化です。一般には11年周期と言われていますが、じつは周期は正確に11年とはかぎらない。短い場合で8年から9年、長い場合で12年ぐらいあります。この周期の長さが太陽活動に関係しており、周期の長い時期には太陽活動が弱まっていることもわかってきました。

さらに図をよく見ると、11年周期以外にもう少し長い周期が見えます。約11年周期の上にくるのが、大体88年ぐらい。これもぴったり88年ではなくて、88年を中心に80年から100年ぐらいの間で変化しているらしい。さらに長い周期もあるように見えますが、記録が短かすぎてはっきりしません。

加えて、西暦一六五〇年～一七〇〇年ころにかけて、太陽に黒点がなかった時期が見られます。これは「マウンダー極小期」と呼ばれており、太陽から黒点が消えた時代として有名です。

マウンダー極小期と小氷期

このマウンダー極小期が、ヨーロッパの小氷期と呼ばれる時代と合っているのではない

5-3 太陽黒点の周期（1600-2000年）

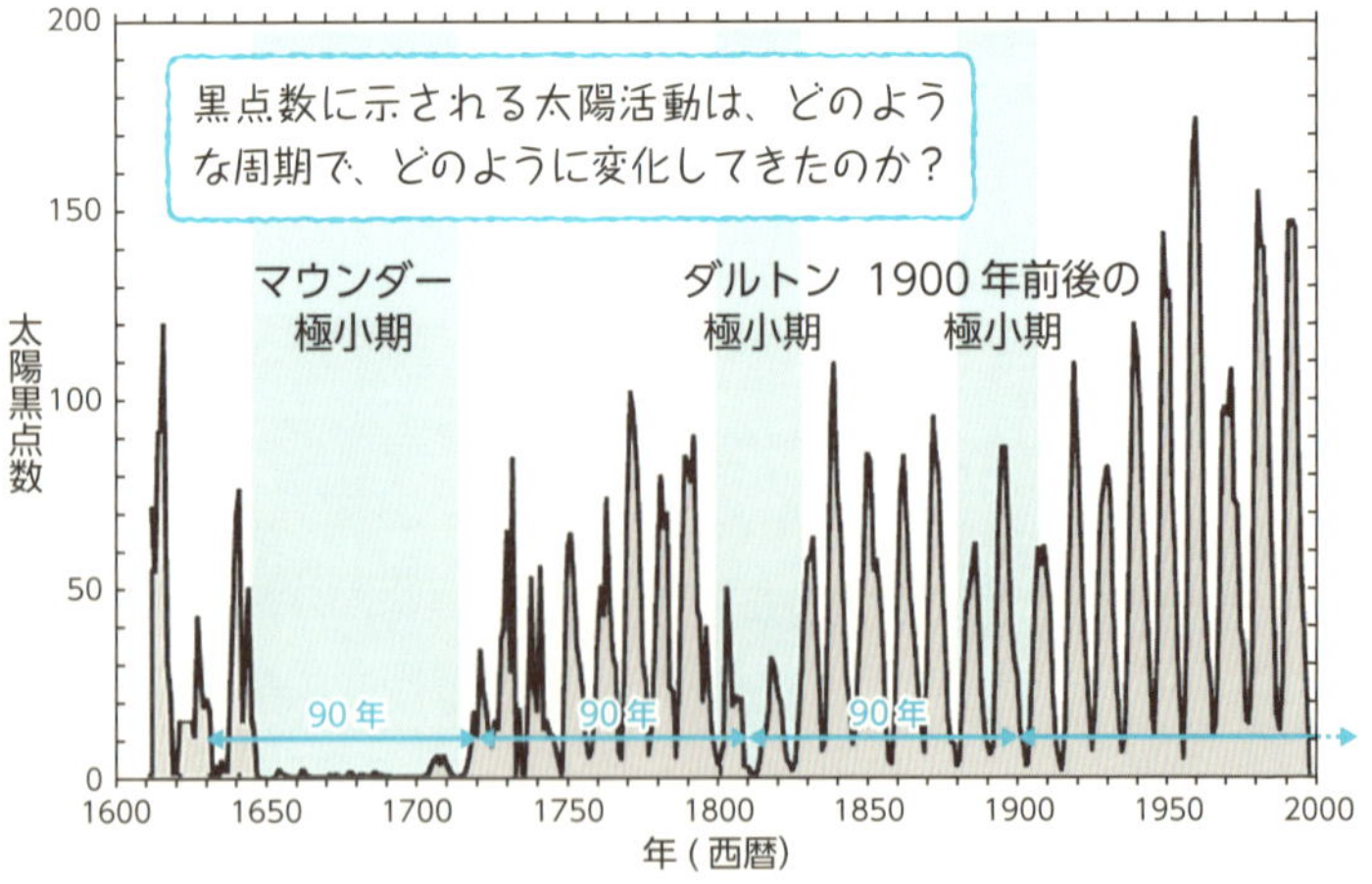

(Beer et al. 2000に基づく)

か。そういう説をちゃんとした科学誌に初めて書いたのが、ジャック・エディという人です（図5‐4）。

この人は天文学者、太陽物理学者なのですが、気候変動にも興味を持って、小氷期に関するいろいろな文書記録を調べました。先ほど、黒点数の記録は西暦一六〇〇年までたどれるという話をしましたが、じつを言うと西暦一七〇〇年以前は、あるところである期間、僧侶などが黒点数を記録し、その人が死んでしまうと記録が途切れて、別のところでまたそういう記録が取られるといったように、記録が飛び飛びにしか存在しない。それらをつなごうと一生懸命調べても、西暦一六五〇〜一七〇〇年ごろにかけて、どうしても黒点の記録が見つからない。しかし記録がないのはたまたまそれを記録する人がいなかったからなのか、本当に太陽に黒点がなかったからなのかが、なかなかわからないわけですね。それをエディさんが一生懸命調べて、太陽を観測する人はいたけれども黒点がほとんどなかったのだと突きとめたのです。

エディさんは同時に、ヨーロッパの気候のさまざまな記録を調べて、たとえばこれ（図5‐4）はテムズ川が凍ったと言われる時期の絵なのですが、そういったものが時期的にマウンダー極小期と合っているらしいことを見いだし、『サイエンス』というアメリカの有名な科学誌に論文を書いたのです。これをきっかけに、太陽活動と気候変動の関係が話題にのぼり始めました。しかし、まだまだ反対する人のほうが多く、彼はその後何年もかかってその考えを徐々に広めていったのです。

――マウンダー極小期と小氷期について、日本でも太陽の活動がちょっとおかしいとか、ものすごくふぶいた年が続いたとか、そういった記録は古文書のようなもので残っているのでしょうか。

残っているはずです。それから、古気候記録としても解析がされています。マウンダー極小期ではないですけれど、太陽活動とモンスーンの間にはかなりいい相関が生まれることがあって、たとえば関西地域の雨量と太陽活動が関係しているようです。因果関係は完全にはわかっていないけれども相関がみられるという研究は少なからずあります。中国の古文書などを掘り起こして、小氷期のときに中国がどうだったかというような研究もなされています。エディさんはそういう記録を丹念に集めて、マウンダー極小期と小氷期が関係するのではないかという説を最初に言い出した人なのです。だから、太陽活動と気候変動との関係の話は、むしろ古文書記録の解析から始まっていると言えます。

　わたしも、エディさんが一九九〇年ごろに来日されたときにお会いしていろいろお話を聞き

5-4

ヨーロッパのいわゆる「小氷期」は
マウンダー極小期にあたる？
Jack Eddy
(1931-2009)

凍りついたテムズ川（1677 年ごろ）

Abraham Hondius "Frozen Themes" (1677)、ロンドン博物館所蔵

ましたが、非常に熱心で、人の話によく耳を傾ける方でした。そうやって情報を集めながら一つ一つ証拠を固めていったのです。

先ほど太陽の明るさの変動幅は0・1％というお話をしましたが、よく考えれば、たかだか30年の衛星観測記録に基づいた話ですよね。一方、二つ前のグラフでは80年周期とか、ひょっとしたらもっと長い周期があって、太陽の黒点が全然ない時代もあったことを示しました。では、黒点がなくなったときには、太陽の明るさはどのくらい減るのでしょう。そういうことを考える人がやはりいるのです。どのくらい変わると思いますか？

じつはこれも正解はわからないのですが、現在わかっている範囲でどういうことが言われているかをご紹介しましょう。

一つには、太陽と質量、年齢が似た星を探してそれらを観測し、それらがどの程度明るさを変えるのか、変えるときの様式がどうなっているのかを調べる研究があります（表5-1）。太陽と類似した星もたいていは太陽と同じく明るさを変化させていますが、その周期は11年とはかぎらず、数年、あるいは短いのになると数カ月ぐらいの周期で変化している星もある。ほとんどまたたきのない星もある。それらがどれだけ暗くなっているか比較して推定すると、0・24％ぐらいだそうです。さらに、他にも星を暗くする原因をあれこれ考えて全部足した場合、最大でおよそ0・35％の変化になるそうです。このことから、太陽の明るさの変動幅は0・24％ぐらいと考えるのが妥当なところで、どんなに頑張っても0・35％程度以上に変動させるのは難しいというのが結論です。もちろんこれは

表 5-1　マウンダー極小期における太陽総放射量変化の推定

	太陽型の恒星における Ca II 線放射強度（実測）		総放射量の推定値	
	K	HK	総放射量 (S)	$(S-S_A)/S_A \times 100$
黒点、白斑、網状模様がない場合	0.0758	0.156	1365.43	−0.15%
明るさの周期的な変動のない場合（平均）	0.0686	0.145	1364.28	−0.24%
可能なかぎり活動が弱まった太陽	0.0588	0.130	1362.71	−0.35%

S_A（太陽総放射量）＝1367.54 W/m²
(Lean et al. 1992 に基づく)

太陽と似た星と比較してどうなっているかという、いわば比較恒星学的とでも言うべき類推ですが、ある程度は根拠になる。この考えに基づいて、マウンダー極小期が太陽黒点の活動がない状態に相当すると考えると、明るさはその時期0・24％低下していたと考えられるわけです。

じつは、気象学者が「太陽は気候にほとんど影響しない」という主張を強くしたのは、衛星観測データ、特に太陽の明るさの変動幅が0・1％しかないというデータが一九八〇年代に出てきたのが理由でした。先ほどお話しした放射平衡の式を使って、太陽の明るさが0・1％変わった場合に地表温度がどれだけ変わるのかを計算すると、温度の増加はわずか0・07℃。ほとんど変わらないのです。大きめの値、0・3％で計算してみても、0・25℃の上昇です。無視はできないですが、とても大きい値とは言えないですね。

ですから、太陽の明るさが0・1％ぐらい変わっても、あるいはマウンダー極小期のような無黒点状態になって明るさが0・24％下がっても、地表面温度にはあまり影響しないという考え方が、一九八〇年から一九九〇年ぐらいには支配的でした。だから、太陽活動が気候変動を引き起こしていると主張しても気象学者にはなかなか受け入れられなかった。

一方、古気候学者たちはエディさんの主張に耳を傾けて太陽活動と気候変動の関係を探り始めたのですが、それが一九七〇年代以降のことです。これにはいろいろ理由があって、堆積物の縞——年輪みたいなものですが——の厚さを測ると、どういうわけか11年周期がよく出てくるといったことなどがきっかけの一つです。しかし古気候学者が興味を持ったもう一つの理由は、過去の太陽活動の変動を復元する方法の開発が進んだためです。そういう方法が手に入ると、やはりそれを使って過去の気候変動と比べてみたくなる。ですからそういう研究が、特に一九八〇年代から積極的に試みられ始めました。

太陽活動の変動の痕跡

では過去の太陽の活動をどのように復元するのでしょう。これでは問いがあまりに漠然としすぎているので、その前にもう少し具体的な質問をします。太陽活動の変動を先ほどは総放射量（明るさ）の変動としてお話ししましたけれども、それ以外に変動はどういう形で表れうるのでしょうか？　かなり詳しい人でないと思いつかないかもしれないけれども、いかがですか？

——フレアとかプロミネンスみたいな形で、太陽から出てきたプラズマの流れ、太陽風の強さとか。

いいですね。太陽風が出てきたのは、いい線をついています。

――太陽の磁場が弱まったり強まったりして、ほかの星に影響が出るのでしょうか。つまり、地球に異常が起きたり、放射線量などが増える？

そうです、いいですね。それが過去の太陽活動の変動を復元する原理の中核的な役割をするのです。では、ここでは、太陽活動に伴う重要な変動を二つお話しします。

まず一つめに重要な変動は、太陽光のスペクトル分布の変動です。図5‐5は太陽光のスペクトルを示しています。現在の太陽は、この青線で示したようなスペクトル分布を持っていて、地球に届くエネルギーの大半は、可視領域の光が担っています。太陽が明るくなると、これがどう変わるのでしょうか。以前はどの波長も同じように、たとえば一律に

5-5 太陽放射のスペクトル

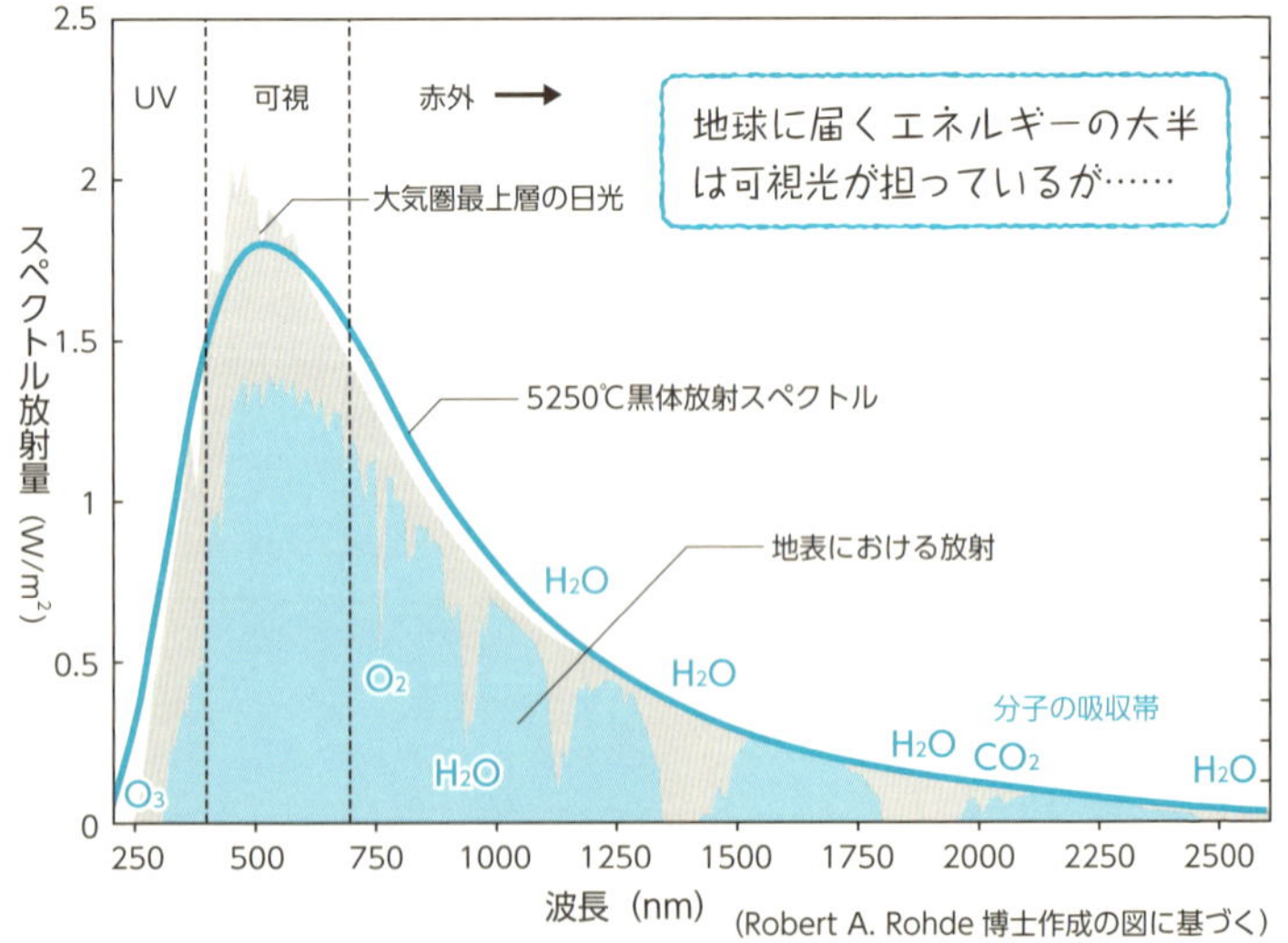

（Robert A. Rohde 博士作成の図に基づく）

０・１％、強くなったり弱くなったりすると考えられていたのですが、実際はそうではないことがわかってきました。それが一番目のポイントです。それにはどういう意味があるのか、次に説明しましょう。

図５・６は、一九七九年から一九九五年までの、さまざまな波長ごとの太陽の明るさ、スペクトルの強さの変動を示しています。波長が２００～２５０ナノメートルというのは、われわれの目では見えない紫外線の領域です。図の下にいって４００ナノメートルになると、ぎりぎりで人間の目で見える領域に入ります。２００～２５０ナノメートルの紫外線の領域では、太陽活動が最大のときと最小のときの光の強さが４％ぐらい違います。一方、全放射量では、先述のように、０・１％程度の変化。そして、中間の３５０～４００ナノメートル

5-6　太陽活動に伴う波長別の放射量変動

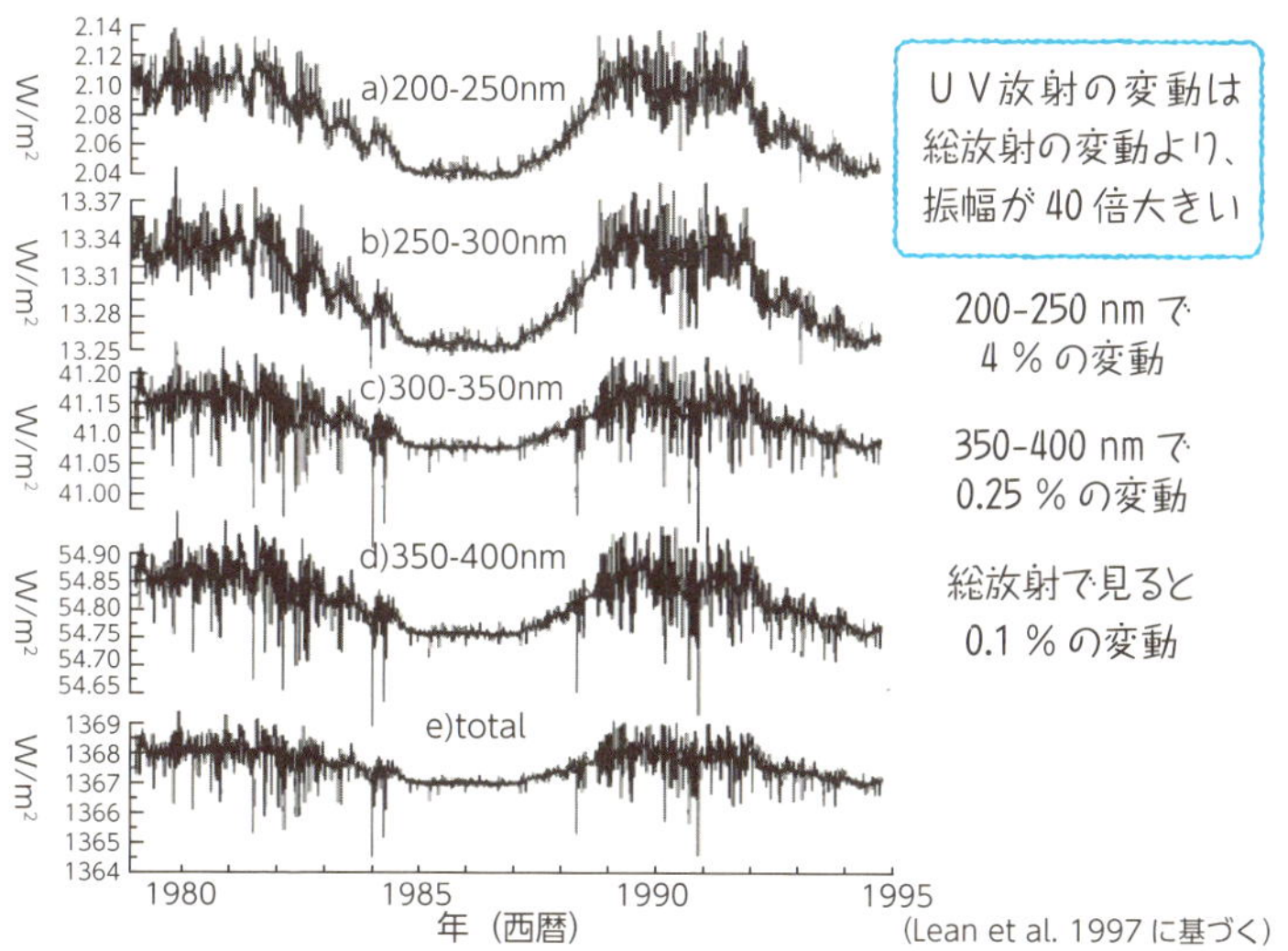

(Lean et al. 1997 に基づく)

の領域だと0・25％程度。すなわち、太陽放射のエネルギーの大半を担う可視領域での変化はほとんどないけれども、紫外領域では（じつは赤外領域でもそうなのですが）変化の割合が大きいのです。紫外領域の光の寄与は、エネルギーの総量に対しては微々たるものですが、いま問題にしているのは変動の割合です。紫外領域での変動は、割合としてはすごく大きい。それが重要なのです。

二番目の重要な変動は、地球に到達する宇宙線の強度の変動です。太陽にも磁場があり、その強さや空間的なパターンは太陽活動に伴って変化します。その太陽の磁場が、太陽系外から太陽系に入ってこようとする宇宙線――「銀河宇宙線」というのですけれども――を防いでいる。磁場が強いと、宇宙線を曲げて、太陽系の中に入ってくるのを妨げる効果が強まります。逆に磁場が弱くなると、銀河宇宙線がたくさん入ってくるようになる。この現象が、過去の太陽活動を知る手がかりになるのです。

銀河宇宙線とは、基本的に90％が陽子、10％がα線、あとβ線、γ線がほんの少しずつという組成のもので、超新星爆発などでつくり出されます。それが太陽系外の宇宙から飛んでくるのを、太陽磁場が防いでいる。完全に防いではいないのですが、太陽活動が強いとより防御が強くなり、弱くなると防御が弱くなる結果、地球に入ってくる銀河宇宙線の量が変動するのです。

では、銀河宇宙線が地球に入ると何が起こるのか？　図5‐7にあるように、地球の上層大気の分子とぶつかって、それをこわすのです。

図は、宇宙線が大気中の酸素や窒素の分子にぶつかって、それをバラバラにする様子を示していま

5-7 銀河宇宙線(GCR)

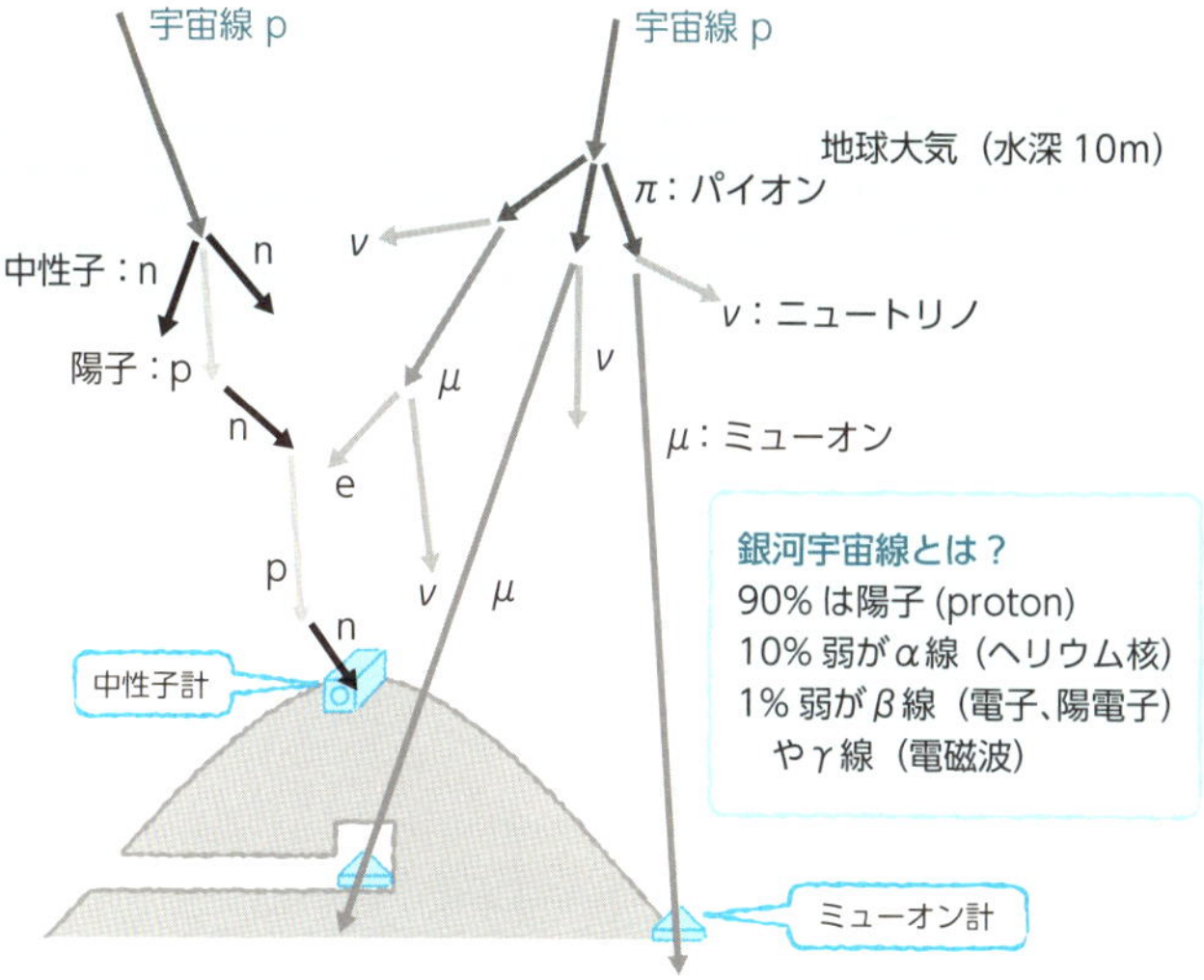

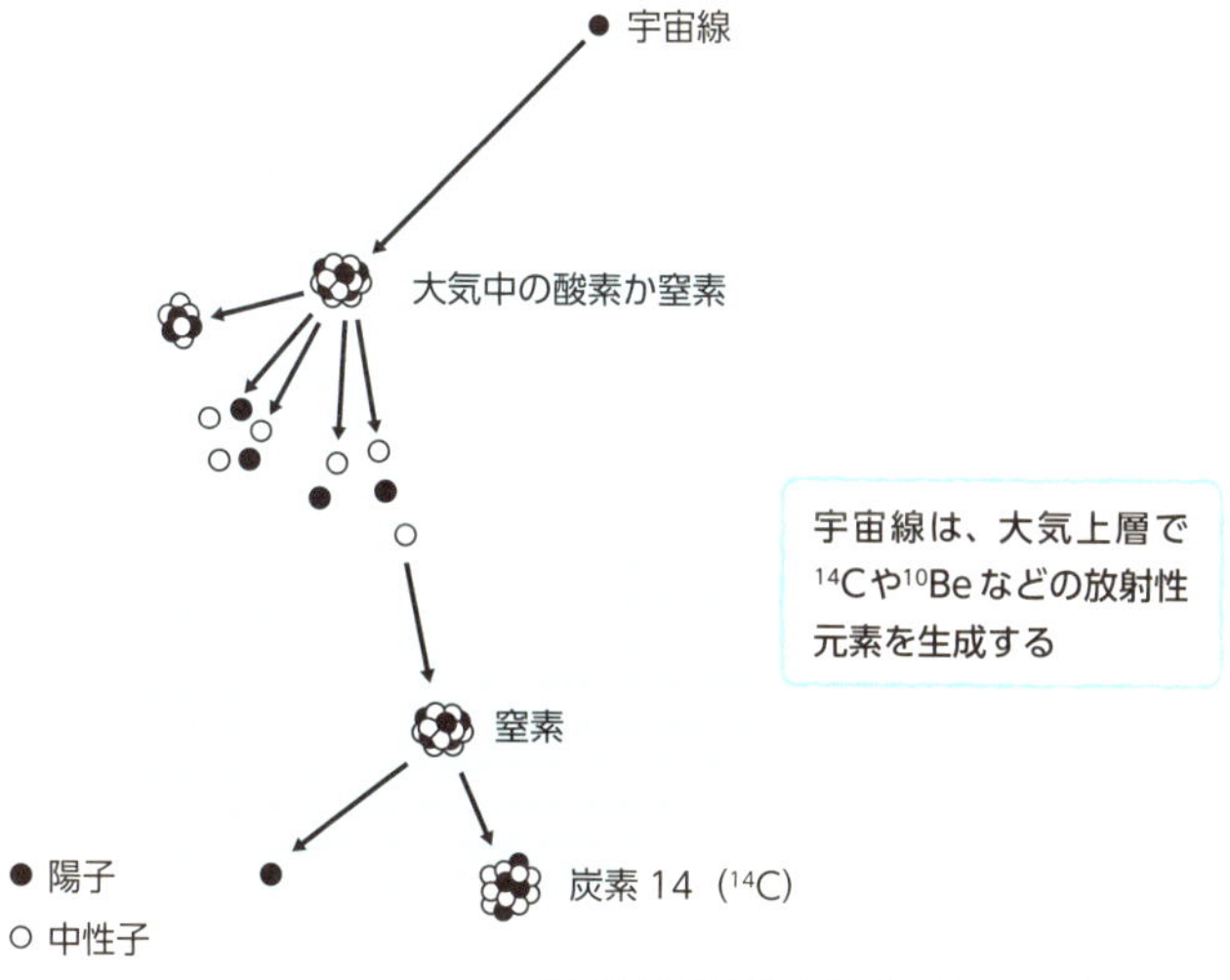

（信州大学理学部宇宙線実験研究室ウェブサイトより）

す。そして、その際に生まれた中性子がまた窒素分子とぶつかったりして、炭素14などをつくり出す。炭素は、普通は原子量が13か12で、14というのは放射性の炭素です。放射性ですから、どんどん崩壊して数が減っていく。炭素14は、何に使われることで有名ですか。

――古いものの年代測定に使う。

そうです。土器や人骨の年代を測る道具として使われています。宇宙線がたくさん入ってくると、大気中でもこの炭素14がたくさんできます。ベリリウムという元素についても同じようなことが起こって、ベリリウム10という放射性ベリリウムがつくられます。過去の太陽活動の復元のためにそれらを利用したのです。

ついでにここでもう一つお話ししてお

5-8 月平均黒点数変動と宇宙線強度変動の関係

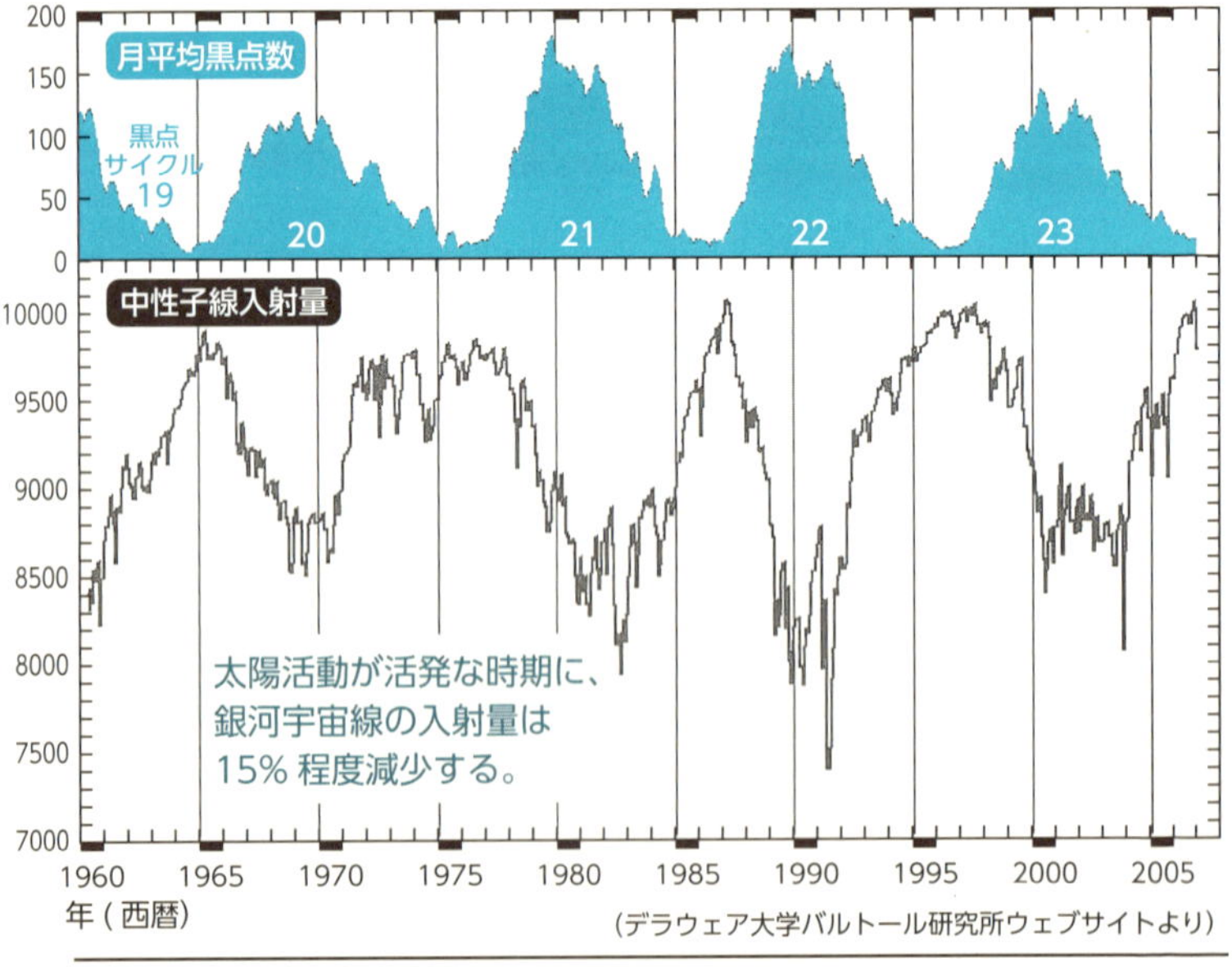

(デラウェア大学バルトール研究所ウェブサイトより)

くと、地球表面で銀河宇宙線が入ってくる量を測るという場合には、実際には中性子の量を計っています。それをもとに、入ってくる宇宙線の強さを推定します（図5-8）。

では、地球に入射する銀河宇宙線の量を太陽活動がコントロールしているという証拠は何でしょうか。図5-8の上の青色で書いたグラフは太陽黒点数の変化を示します。そして、下のグラフが中性子計で測っている地球への中性子入射量。これは宇宙線の入射量を反映している。この二つのグラフを比較すると、中性子入射量にも11年周期の変化があることが見てとれます。それだけではなく、ピークの高さや幅も太陽黒点数変動とかなり似た形で変化しているのがわかる。こうしてみると変動の幅は結構大きいのですね。極大値が1万に対して極小値が8000ですから、変動の割合としては最大で20％を超えます。宇宙線の地球への入射量の変化の割合は大きいのです。

じつは、銀河宇宙線の入射量は、地球自体の磁場の変化にも影響されます。ただ、地球の磁場は11年周期のような短いタイムスケールではあまり変化せず、もっと長いタイムスケールで変化するので、数年～数百年という短いタイムスケールでは考えなくてよいことがわかっています。数百年より長いタイムスケールの変化を考える際には、地球の磁場の影響も考慮する必要が出てきます。

過去の太陽活動を復元する方法

さて、銀河宇宙線が大気の上層で炭素14やベリリウム10などを生み出すことと、地球に入射する宇宙線量が太陽活動の影響を受けて変化することがわかりました。この二つから、過去の太陽活動の変化をどうやって復元するか、察しがつきますか？

先ほど、たとえば炭素14の生成率は、太陽活動が強いときは少なくて、弱いときは多いという話をしました。だったら、過去に遡ってそれを測ってやればいいわけです。過去のある時期における大気中の炭素14の濃度を測ることができれば、その変化を調べることによって太陽活動の変化を見ることができる。

それが原理なのですけれども、一つ問題があります。炭素14にしてもベリリウム10にしても、時間とともに崩壊していくのです。たとえば、いまここに一千年前から年輪を刻んでいた木の切り株があるとしますよね。その年輪の中の炭素14の濃度をいま測っても、それは年輪ができたときの炭素14の濃度ではない。では、どうしたらよいでしょうか。

――半減期から逆算することはできないですか。

逆算できます。そのためには何がわかればいいですか。

――別の方法で年輪の年代がわかっていれば、逆算してそれができたときの炭素14の濃度が求められる。

そのとおりです。木の年輪であれば、輪を数えればそれぞれの輪が何年前にできたものかがわかりますよね。そうやって年代のわかっている年輪に含まれる炭素14の現在の濃度を測り、その年輪ができてからいままでに、時間の経過に伴って崩壊した分を補正してやると、その年輪ができた当時の炭素14の濃度（初期値）がわかる。そういう方法で炭素14の濃度の初期値を推定する研究が一九七〇年ぐらいから始まりました。ベリリウムでも同じような方法が使えます。ただしベリリウムは年輪には入っていないので、氷を使います。グリーンランドや南極の氷床の氷の縞を使って年代を推定する方法があります（図5 - 9）。

過去の太陽活動の変化の復元の方法をもう一度最初からおさらいすると、まず銀河宇宙線というのは、基本的にはランダムに宇宙空間を飛んでいます。それが太陽系内に入ってこようとするのですが、太陽の磁場活動や太陽風によってこれが防げられる。太陽活動が強いかどうかが、銀河宇宙線の地球への到達量を決めているのです。地球の上層大気に銀河宇宙線が入ってくると、炭素14とかベリリウム10といった「放射性核種」がそこで生成されます。そのうち、炭素14のほうは CO_2 中の炭素となって大気の中で拡散して均一化

5-9　宇宙線起源放射性元素の生成

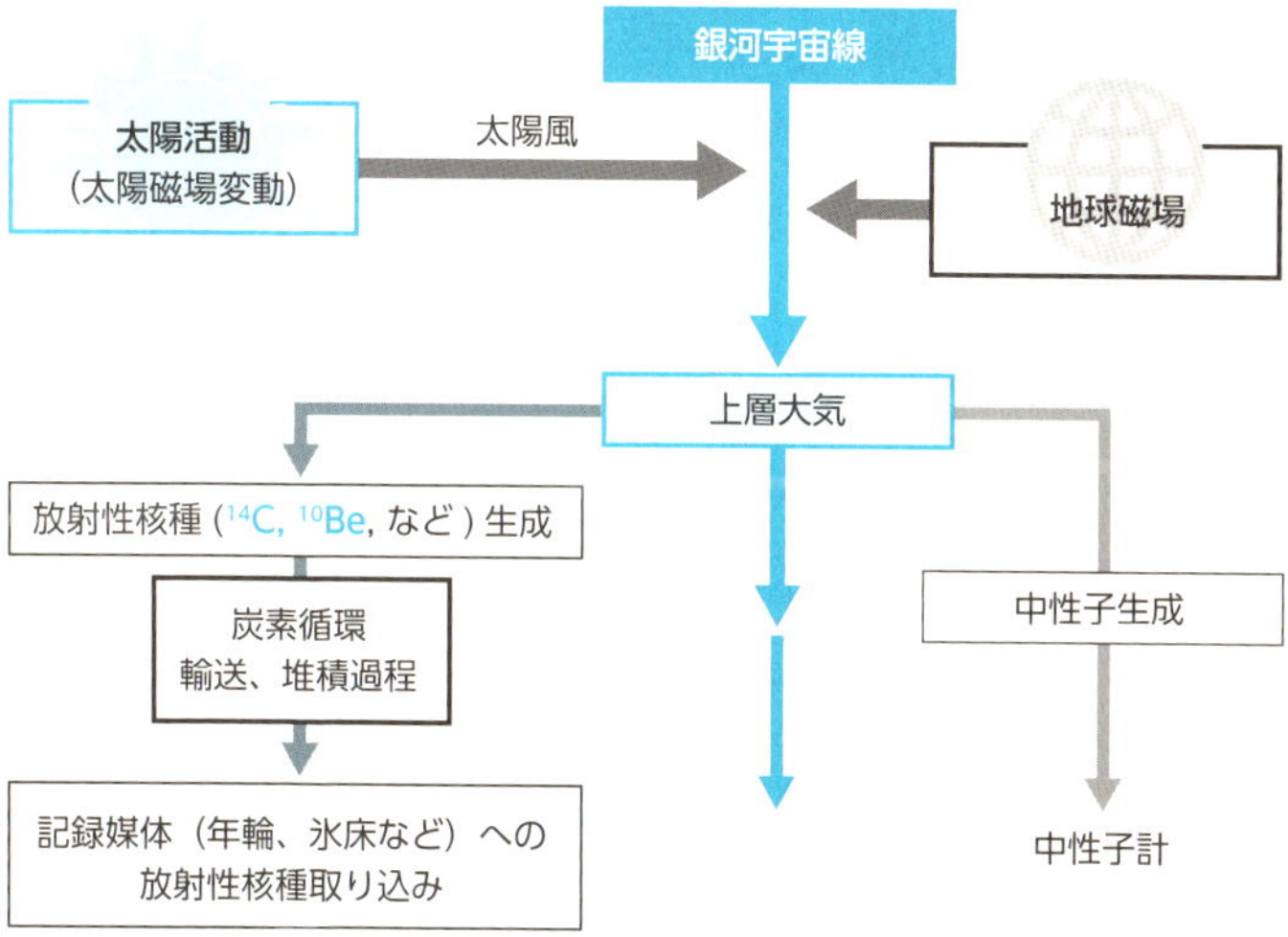

し、それを植物が光合成によって年輪に取り込んで固定する。ベリリウム10のほうは、形成されるとすぐにエアロゾル（微小な液滴）に取り込まれて地表に落ちてきます。これが氷床中に不純物として混入するので、それを測ることができる。そこから先ほどの理屈で、ベリリウム10や炭素14の濃度の初期値を、年輪や氷の縞を一年一年、過去に遡って数えていくことによって求め、その時代変動から過去の太陽活動を復元することができるのです。

ベリリウム10や炭素14の濃度の初期値から太陽活動を復元するためには、炭素14やベリリウム10の濃度と太陽放射量や宇宙線入射量との間の換算式が要ります。ようするに、炭素14の濃度の変化が、太陽活動の明るさの変化に換算してどのくらいにあたるのかを表す関係式を立てる必要がある。その関係を示したのが図5-10（カラー図版）の上のグラフで、青が中性子の入射量の変化、つまり銀河宇宙線入射量の変化を示したものです。赤が黒点数の変化、灰色の網かけをしたのが、炭素14の濃度変化です。これら三つを重ねてやると、完全ではないですが、そこそこ合っているのがわかる。このようにして、炭素14の濃度の変化（あるいはベリリウム10の濃度変化）が太陽の黒点数でいえばどのくらいの変化に対応しているかを換算し、その関係をもとに過去の太陽活動の変化を復元します。

そういう目でもう一回この図を見てみると、衛星での観測に対応した現在の11年周期の振幅に対して、たとえばマウンダー極小期の振幅は2倍弱です。先ほどご紹介した比較恒星学的推定では、2・4倍でしたので、そこそこ合っていることがわかります。

いまでは炭素14やベリリウム10の濃度変化が過去９０００年までくわしく復元されています。図5-

10の下のグラフは、それぞれについて長周期の変化を取り除いた結果ですが、両者の変動がよく合っていることがわかります。このように二つの独立した指標で同じ変化が見えていることからも、これら二つの指標が銀河宇宙線の入射量変動を表しているに違いないと考えられるわけです。

この結果を周期解析して、太陽活動にどういう周期があるのかを調べた結果が次の図5‐11です。時代によって周期構造が若干は変わっているので、図は時代をいくつかに分けていますが、大局的には、先ほどお話しした88年周期が明確に見えています。その次は150年ぐらい、それから220年ぐらい、そして400年ぐらいの周期があることがわかります。じつはもっと長い2500年ぐらいの周期も存在するのですが、今日は時間の関係でその話は割愛します。

このように、太陽活動の周期は階層構造を持っているのです。そのうち、われわれが明るさの変化幅まで含めてある程度知っているのはせいぜい400年周期まで。それより長い周期の変化についてはよくわかっていません。図5‐10の縦軸は「ソーラー・モジュレーション・ファンクション」といって、放射性核種の濃度をもとにしてつくった、太陽活動の変化を表す関数です。過去9000年間の変動幅は1000ぐらいで、マウンダー極小期の変動幅とあまり変わりません。この記録を信用すれば、太陽活動に伴う総放射量の変化は過去9000年を通じて0・2％程度だったと推定できます。

ここまでをまとめると、第一に、黒点の変動に伴う太陽の明るさ（全放射量）の変化は0・1％ぐらいですが、紫外領域のように放射スペクトルの裾野にいくと、その変動幅は増加し、たとえば4％ぐらい、つまり40倍ぐらいになる。第二に、銀河宇宙線の入射を反映する中性子フラックスも、じつは

5-11 宇宙線入射強度の変動の周期

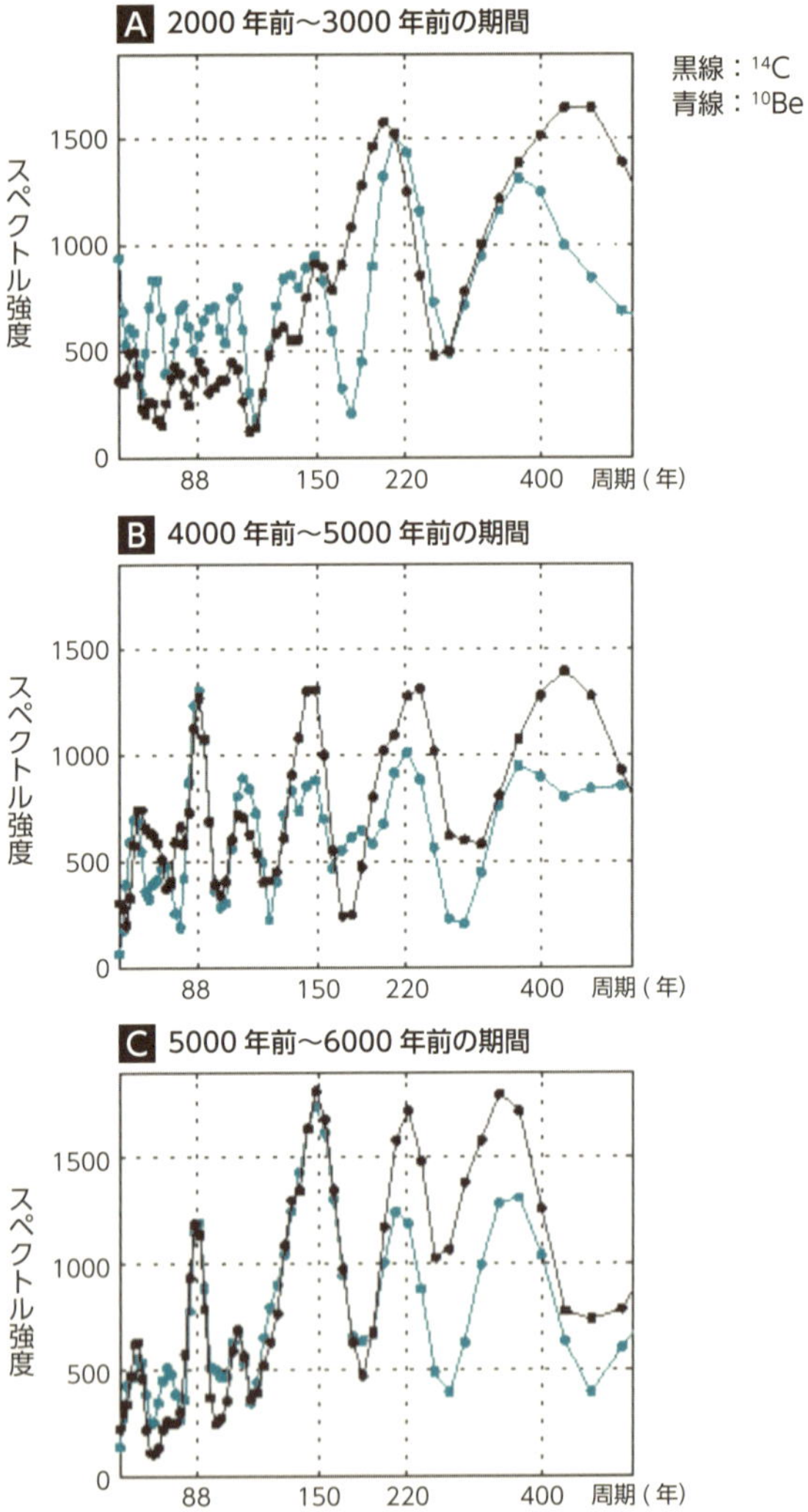

(Knudsen et al. 2009 に基づく)

黒点数の変動と非常によい相関を示していて、その変動幅は20％ぐらいもある。第三に、炭素14やベリリウム10といった宇宙線放射核種を使って太陽活動の記録を９０００年前まで伸ばす試みがなされていますが、その変動幅は、マウンダー極小期以降の変動幅とあまり変わらない。だから、マウンダー極小期の状態をちゃんと把握できれば、太陽がいちばん暗くなった状態を把握したことになるだろうということがわかってきたのです。

古気候と太陽活動

マウンダー極小期の気候

それでは、マウンダー極小期の気候はどんな様子だったのか。マウンダー極小期の前に、中世温暖期（Medieval Warm Period）という時期があったので、この二つを寒い時期と暖かい時期というふうに対比させて議論することが多いのですが、次の図５‐12に示すのもそういった研究の一例です。右側のグラフは、木の年輪の幅をもとに過去１５００年間の全球平均気温の変化を復元した結果で、グラフを見ると、全球気温は西暦一〇〇〇年以降徐々に下降していたのが、西暦一八〇〇年以降上昇に転じています。これがホッケーのスティックの格好に似ているので「ホッケースティックカーブ」と

5-12 中世温暖期と小氷期の平均気温には大きな差がない

右のグラフでは複数の方法で得られた平均気温の推定値が重ねて示されている。横軸は1961-1990年の気温の平均値を0にとって表した偏差。

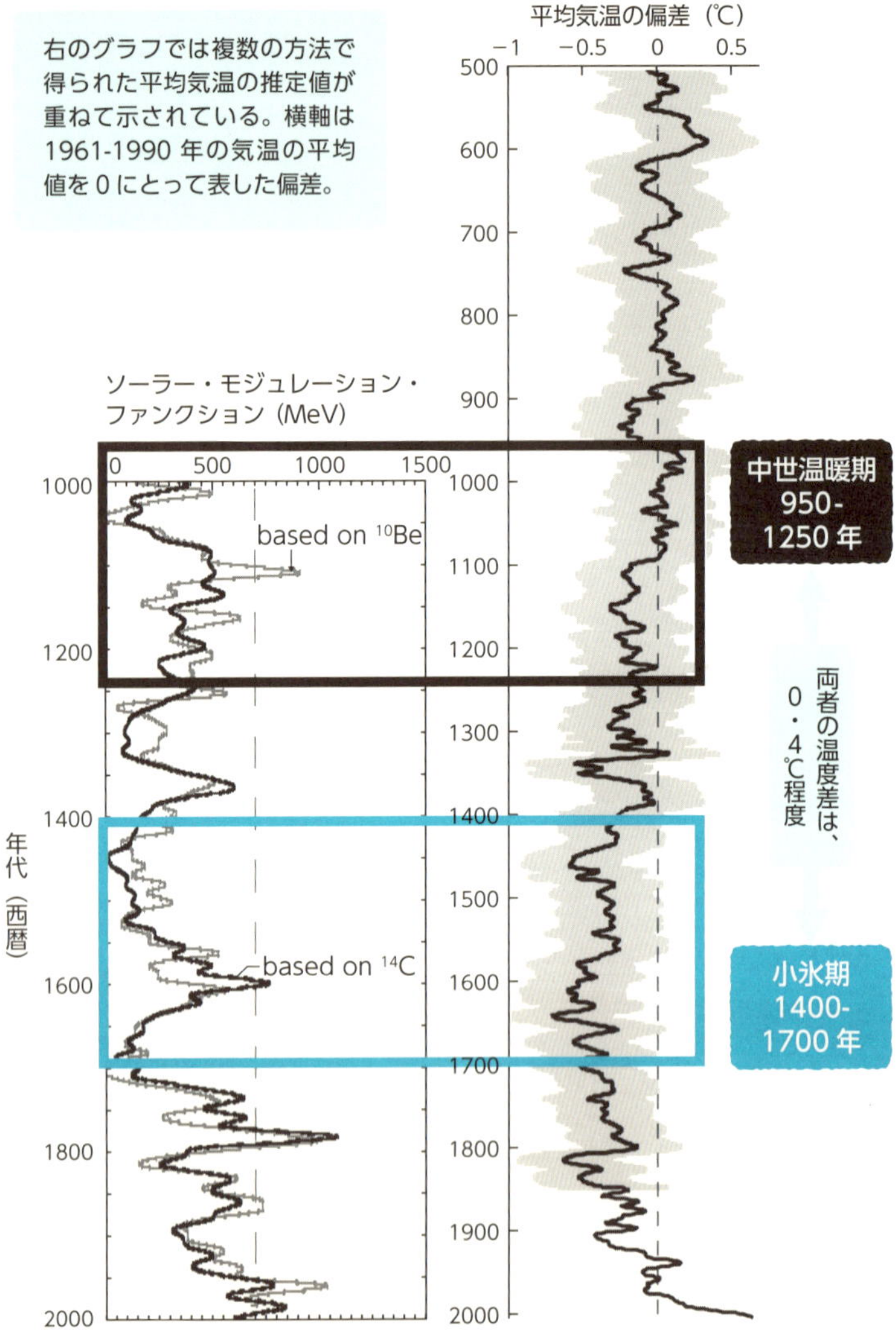

（Muscheler et al. 2007［左のグラフ］、Mann et al. 2009［右のグラフ］に基づく）

呼ばれるのですが、これが本当かどうかでいろいろな議論が巻き起こっているのです。

今回は一八〇〇年以降の温暖化の話はしないで、いわゆるマウンダー極小期と小氷期——「リトルアイスエイジ」と呼ばれている時期——の関係について話します。小氷期の定義は人によって違うのですが、図では西暦一四〇〇年から一七〇〇年と広めにとってあります。図から明らかなように、小氷期のいちばん最後のあたりがマウンダー極小期に対応しています。また、中世温暖期は九五〇年から一二五〇年あたりです。左側のグラフにある太陽活動の指標の時代変化と合わせてみると、中世温暖期はどちらかといえば太陽活動が活発な時期に対応しています。一方、小氷期のほうは、その中ごろに比較的太陽活動が活発な時期が挟まっていて、その前後に不活発な時期がある。

このグラフが示すように、じつは中世温暖期と小氷期の間での全球平均気温の差はたかだか0・4℃ぐらいで、あまり大きくはないのです。しかしいろいろな文書記録では、小氷期にはヨーロッパはとても寒かったと言われています。

ではこの二つの時代で気温の地理分布はどうだったのでしょうか？　従来は、ある特定の地域の古気候記録を基に、そこで気温がどう変わったかを議論することが多かったのですが、近年はデータがどんどん増えてきて、変化を空間的に示すことができるようになってきました。それが図5‐13（カラー図版）の上段と中段の図です。この図は基本的に年輪のデータ（年輪の幅や色のコントラストなどからそれが形成されたときの気温を推定することができます）を使って復元されたもので、中世温暖期と小氷期の気温が、平均からどれだけずれていたかを示しています。濃い青になるほど平均よりも寒かった、濃いオレンジになるほど平均より暑かったことを示します。

この図から何が見てとれるでしょうか？　人によって見るところは違うかもしれないですが、全体で見ると、中世温暖期のほうが小氷期よりはオレンジが多い。つまり暖かいのですが、中世温暖期でも寒いところはあるし、小氷期といっても暖かいところはある。ですから、これが太陽活動に伴う変化であるとすると、どうも単純に全体が暖まるとか寒くなるという変化ではなくて、パターンの変化と言ったほうがよいのではないかというふうに見える。

それをもう少し明確にした図を見てみましょう。Aの図の温度偏差からBの図の温度偏差を引いたのが下の図で、世界の各地点で、小氷期に対して中世温暖期がどのくらい暖かかったかを示していま す。図を見ると確かに中世温暖期のほうが全体に暖かくなっていますが、それ以外にこの図からどういう特徴が見えるでしょうか。

——北半球と南半球の違い。

そうですね。一つは、北半球高緯度域がやたらに暖かいですね。ヨーロッパの北とかカナダ。もう一つは、青の多いところが少しだけれども存在しますよね。どこにあるかというと、東赤道太平洋域です。この二点が目を引きます。

図5‐13は全球の図でしたけれども、ヨーロッパ周辺はもっと細かい研究がされていて、図5‐14はヨーロッパにおける中世温暖期と小氷期での、降水量、気圧、風、気温の差を示した図です。見てわかることの第一は、ちょうどスペインのあたりに気圧が高くて乾燥した領域があり、スカンジナビ

アのほうには、気圧が低くて湿潤な領域があるということです。このパターンは、北大西洋振動――NAO（North Atlantic Oscillation）といいますけれども――の気候パターンによく似ています。大西洋周辺に住んでいる人たちがNAOとネーミングしたのですが、じつはこれはヨーロッパだけの現象ではなくて、全球的に、特に北半球で強く起こっています。これを北半球全体について見たものが、北極振動です（図5-15）。

北極振動（AO）については、皆さんも聞き覚えがあるかもしれません。特に二〇一〇年あたりに新聞を賑わしました。どういうものかというと、南北半球の極域には低気圧がずっと存在します。そして、その周りには相対的に気圧の高い部分が分布します。極を真上から見ると気圧の高いところがドーナツ状

5-14 ヨーロッパにおける、中世温暖期と小氷期の気象条件の偏差

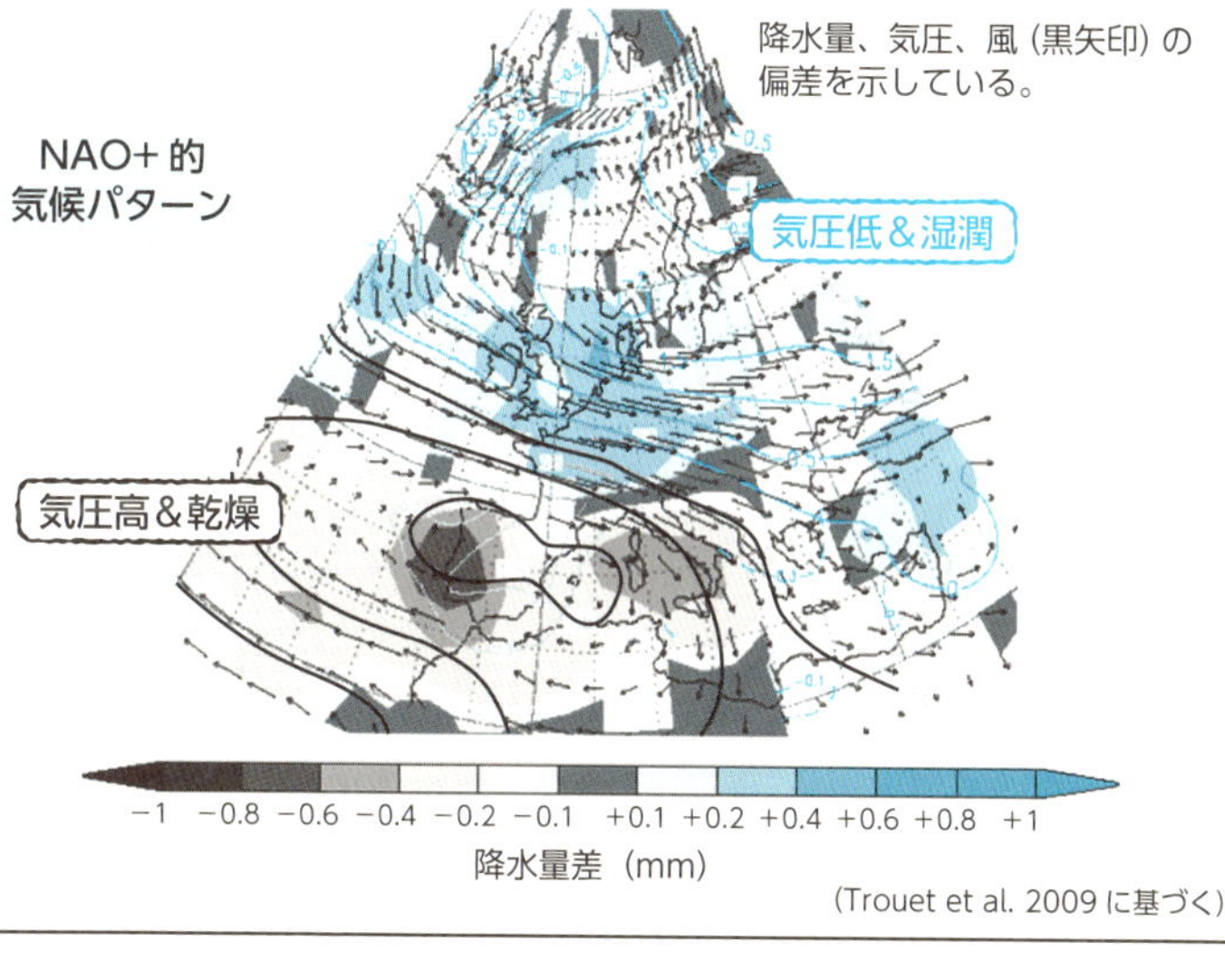

降水量、気圧、風（黒矢印）の
偏差を示している。

（Trouet et al. 2009に基づく）

の分布をしていて、極周辺の低気圧域とそれを取り囲む高気圧域のコントラストが強くなったり弱くなったり、振動しているのです。それを極振動と言い、北半球では北極振動、南半球では南極振動と呼ばれます。この北極振動の「プラス」のモードというのは気圧のコントラストが強い時期のことで、北の極域は低気圧がより強くなって、それより南の中緯度域は高気圧があれば、それがより強くなっている状態です。逆にそれが弱くなるのが、極振動が「マイナス」の時期です。先ほどのＮＡＯは北極振動の一部で、ＮＡＯプラスは北極振動のプラスに対応します。

つまり、この北極振動が太陽活動と関係しているらしいというデータが、先ほどの中世温暖期と小氷期の気温の偏差を取った図でも見えているし、ヨーロッパだけを詳しく調べた図でもかなりはっきりと見えているのです。

二〇一〇年の冬は、北極振動がマイナスの状態だったと思うのですが、ヨーロッパやアメリカで大雪が降って、それは北極振動のせいだと新聞などで騒がれたと記憶しています。その場合も、大雪が降るようなところが北半球高緯度全域に広がっているわけではなく、ある特定の地域で大雪になる。先述のように、どちらかといえば空間的なパターンの変化なのです。地球全体が暑くなる、寒くなるのではなくて、パターンが変わってある特定の地域が非常に寒くなる。また別のところは、むしろ暖かくなる、そういった変化です。

5-15 北極振動（AO）

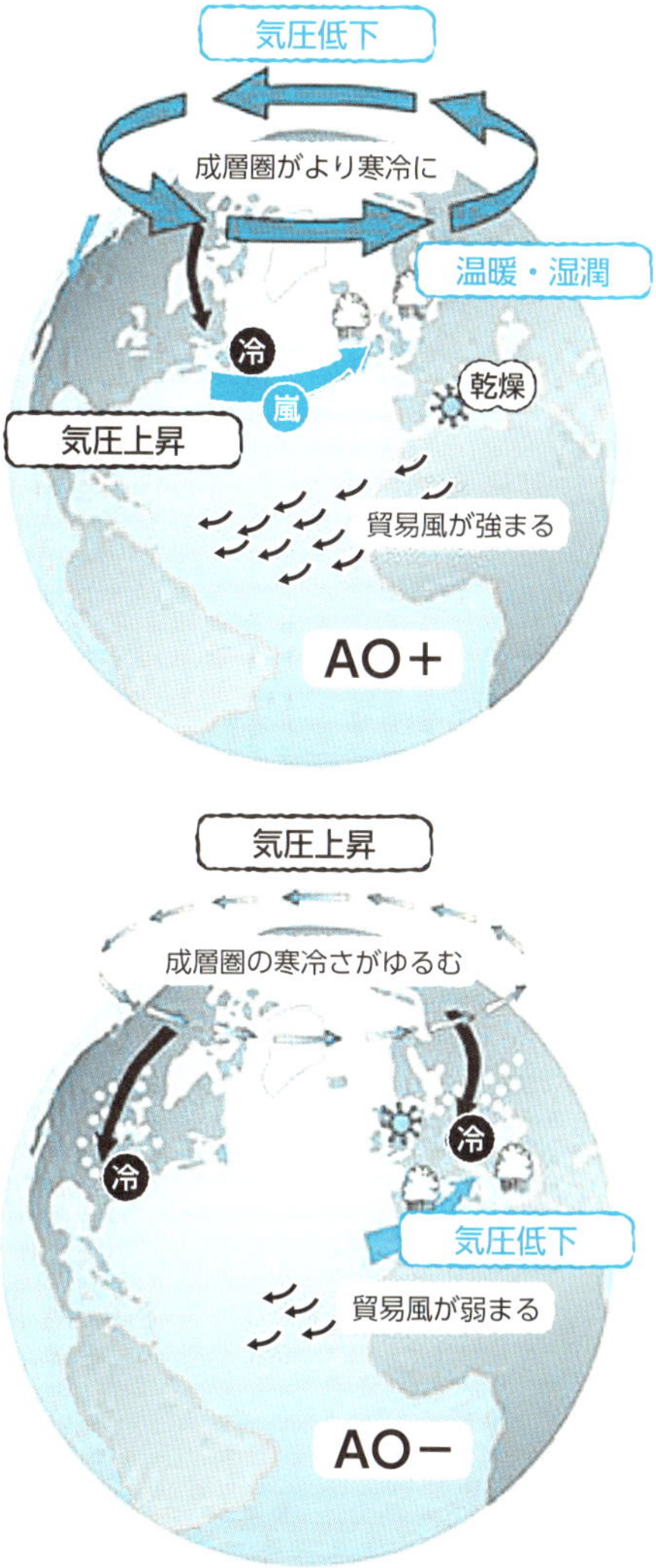

（ワシントン大学 J. Wallace 博士による図に基づく）

太陽活動と気候パターン

このように、古気候学分野の研究から、太陽活動と気候変動が関係しているらしいというデータがどんどん出てきました。それを追うような形で、二〇〇〇年代に入ってからは、現在の観測記録でもそういう関係が見えるという論文も出てきました。理由はおもに二つあって、一つには、気象学者たちは、最初は放射平衡だけで考えていたのだけれど、どうもそれだけではなさそうだということがわかってきて、古気候学のほうからも太陽活動と気候変動の関係が見えてきたので、そういう目で観測記録を見直してみたら関係

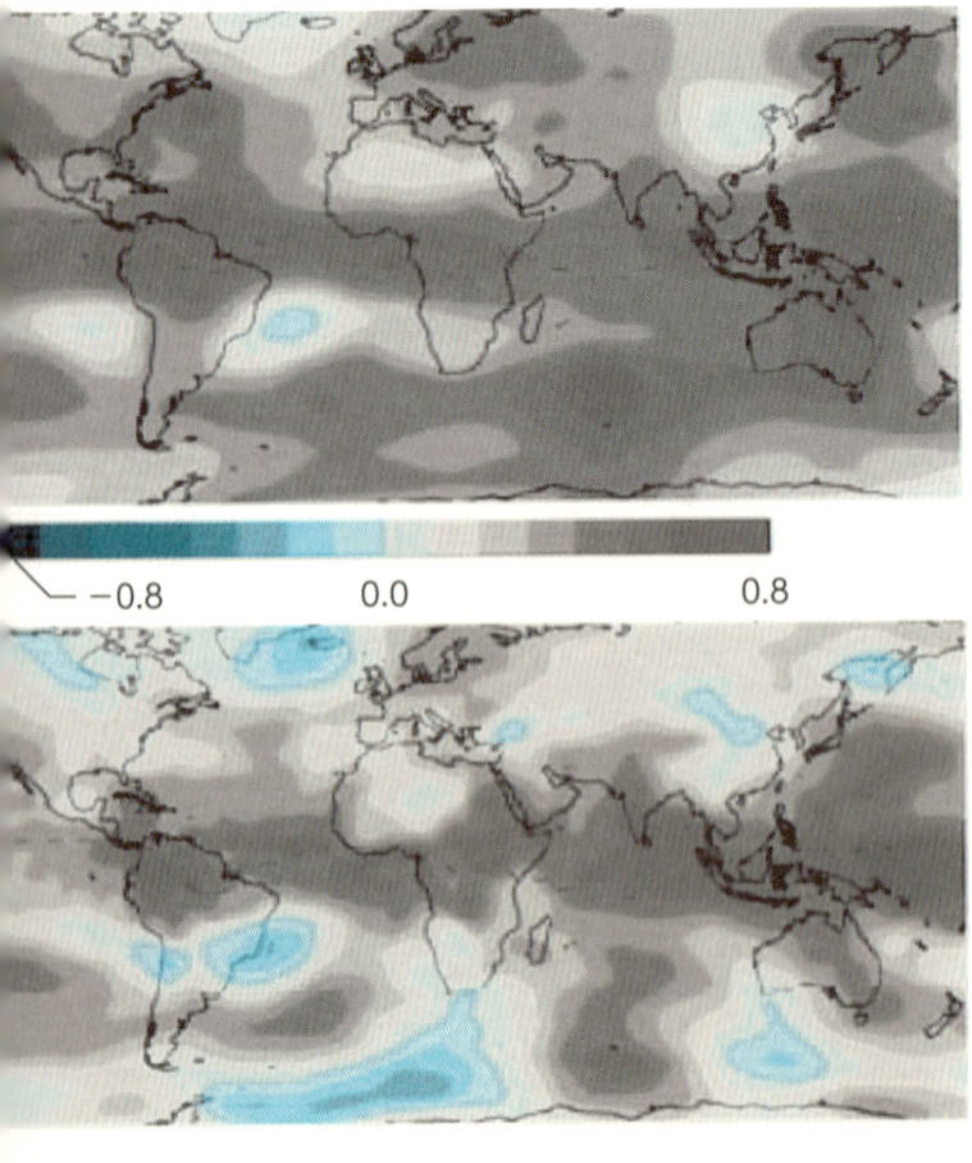

(a) 対流圏上部 (500-200 hPa) の厚さと太陽活動 (F10.7) がよく相関する部分が濃いグレーで示されている。左のグラフは緯度ごとにこの相関の大きさをプロットしたもの。
(b) は同じことを対流圏下部 (1000-500 hPa) の厚さについて見たもの。

(Gleisner & Thejill 2003 に基づく)

が見えてきたという面もある。しかしもっと大きい理由は、衛星による観測記録がたまってきたことです。衛星観測が始まった当初は、太陽の黒点周期で言えば一回分しか記録がありませんでした。データが乏しいと統計的に有意な違いはなかなか出せない。しかし、いまや衛星観測を始めて30年を超しましたから、黒点周期三つ分の記録を持っているわけです。そうすると太陽活動が極大の時期と極小の時期でどんな違いがあるのかも観測記録から見えるようになってきました。それがいちばん大きいと思います。

観測記録からいろいろなことが見えてきます。図5-16はその一例ですが、この図は、太陽活動と対流圏上部および下部の厚さの相関係数（相関の強さを示す指標）の地理的分布を示した図です。太陽活動の指標としては、F10・7という10・7センチメートルの長波での太陽の明るさを使っています。先ほどお話したように、可視領域では太陽活動に伴う明るさの変動はほとんどないのですが、非常に波長が長い領域や短い領域では、太陽活動に伴う明るさの変動が見えてきます。大気の影響を受けて

5-16　対流圏の厚さと太陽活動との相関

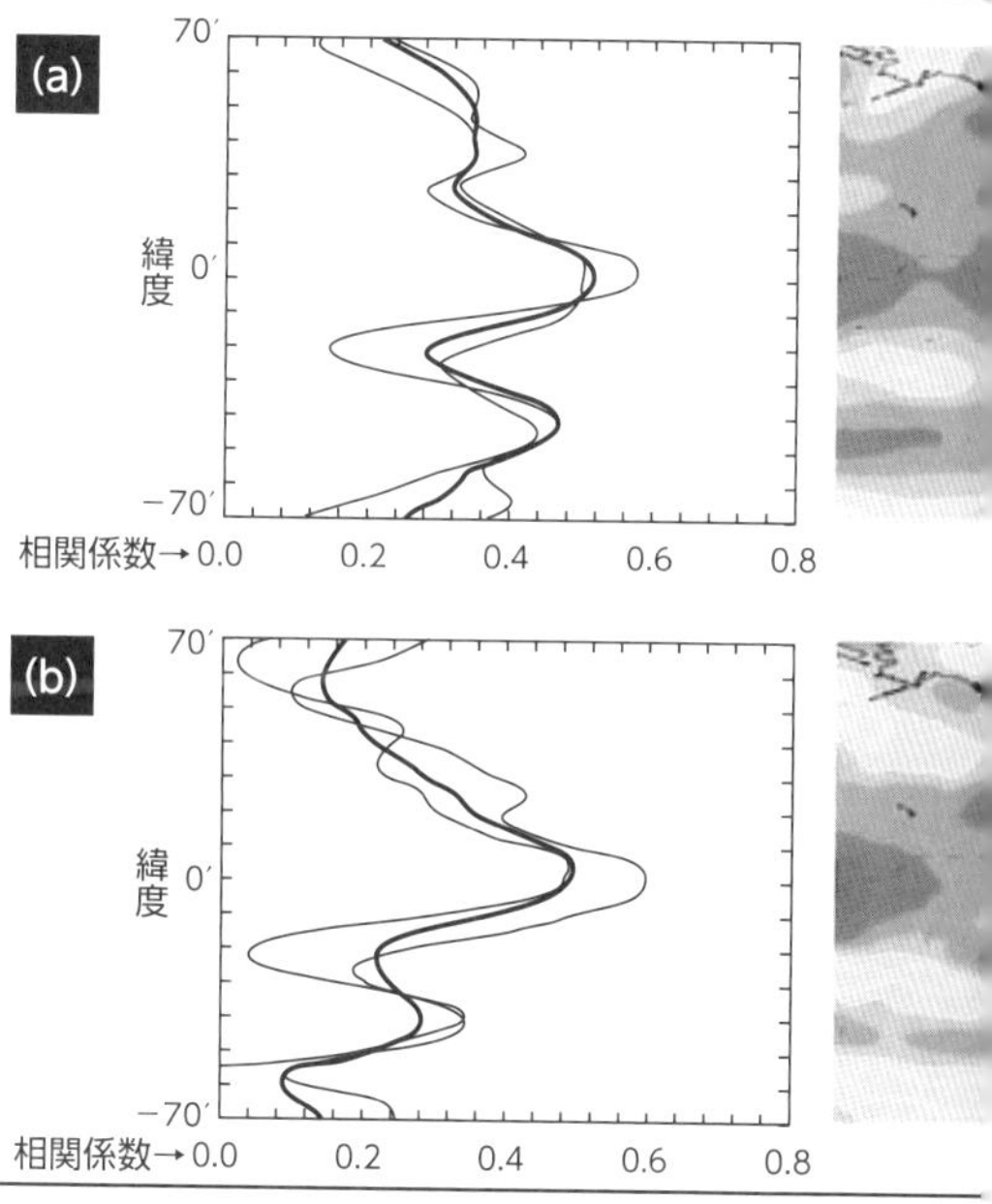

いてもその変動が十分よく見えるので、昔からこのF10・7という長波長の光の強さが太陽活動の指標に使われてきました。図5‐16の上の図を見ると、特に赤道付近と、中緯度域で高い相関が見られるのがわかります。対流圏下部の厚さとの相関を示す下の図でも、特に赤道付近では相関が見えています。左側のグラフは、縦に緯度、横に相関係数をとったものですが、やはり赤道付近で相関係数が高くて0・5～0・6あります。また中緯度域でふたたび相関が増すのが見てとれると思います。

これは何を意味するのでしょうか？　図5‐17は地球の子午面方向の断面で、地球の大気循環がどのように成り立っているかを示しています。大把みに言えば大気の循環には、赤道域で上昇流を起こして亜熱帯域で下降流をつくる「ハドレー循環」と、それとかみ合うように、中緯度域で下降して高緯度域で上昇する「フェレル循環」、さらにそれとまたかみ合うように高緯度域で回る「極循環」があります。これらが、赤道を境に対称に両半球に存在しています。

つまり地球の大気循環は、緯度方向に三つの循環が歯車のようにかみ合わさってできているのです。そして、両半球のハドレー循環がかみ合った赤道域では上昇気流が非常に強く、そこに雨をたくさん降らせます。その結果、その下には熱帯雨林が分布する。一方、中緯度域では下降流が卓越しています。赤道域で上昇して雨を降らせて、カラカラになった空気を中緯度域に吹きおろします。その結果、その下には砂漠が発達するわけです。

図5‐16において太陽活動と対流圏の厚さの相関が強かったのは、一つはこの上昇気流が起こっているところ、もう一つは、下降流が起こっているところです。図5‐16が意味していたのは、太陽活

5-17 太陽活動と大気循環のパターン

太陽活動活発時に
ハドレー循環の高さおよび幅が拡大

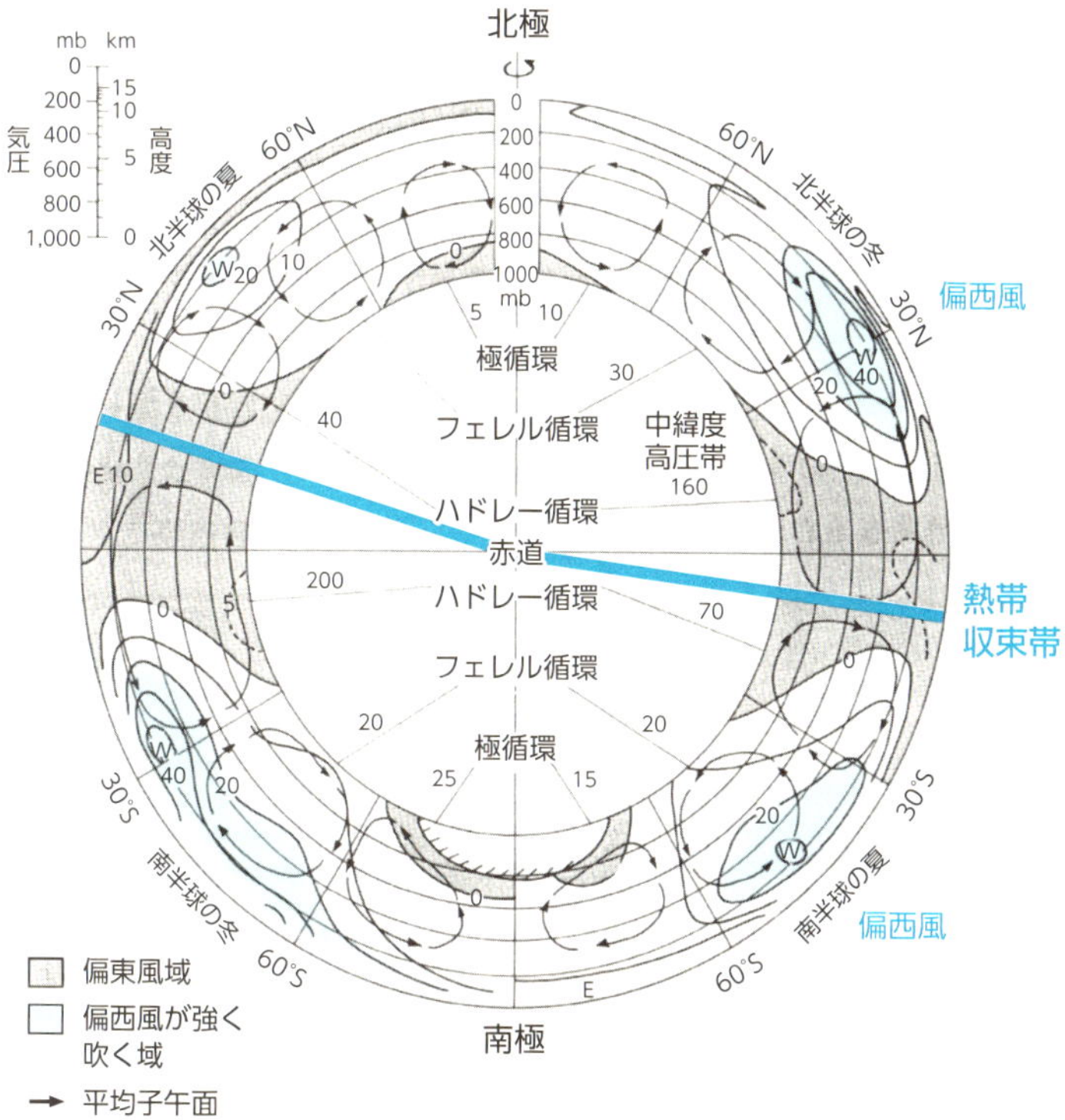

(浅井ほか『大気科学講座2 雲や降水をともなう大気』掲載の図に基づく)

熱帯収束帯は大気循環によって赤道付近でできる低気圧地帯のこと。
太陽活動が強まるとハドレー循環が高緯度方向に拡大する。

動が強まると赤道域（熱帯収束帯と言います）の上昇流が強まって対流圏の厚さが増すとともに、ハドレー循環自体ももう少し高緯度まで広がるということなのです。ハドレー循環が拡大してフェレル循環を置き換えた部分では気温が上がり、対流圏の厚さも厚くなる。このように、太陽活動が活発化したときにハドレー循環の上昇流は強くなるし、幅も広がることが、観測事実としてかなり確立してきました。ここ数年、海外の学会でもこの話題を扱ったセッションが増えてきて、全体的にそれを肯定する論調になっています。

次の図5‐18（カラー図版）はいま言ったことを別の視点で見せた図です。子午面方向の断面上で、太陽活動が極小の時期に比べて、極大の時期ではどこで温度が上がっているかを示しています。極大期の気温は、緯度0（赤道）付近の大気の上層と、ハドレー循環の外縁部分で上がっています。このパターンは、ハドレー循環自体が上と横に伸びて広がっていると考えるとよく説明でき、先ほどの考えを支持します。

さらに、先ほどもお話ししたように衛星観測データがたまってくるにつれ、太陽活動が最大のときと最小のときの差として、どういうパターンが生まれるかを調べられるようになってきました。その一例が図5‐19（カラー図版）です。これは太陽活動極大期と極小期の1、2月における地表面温度の差を、その空間分布として示したものです。図から、どのような特徴が読み取れますか？

赤道のところで水温が下がっていますね。太陽活動が活発なときに東赤道太平洋の水温が下がっている。先ほど、中世温暖期と小氷期の地表面温度の差をとったときに、全体としては中世温暖期のほうが暖かかったけれど、東赤道太平洋だけ冷たくなっていましたね。それと同じ傾向が見られるのです。このパターンを見て、あっ、あれだと思う人がいたらすごいのだけれども、どうでしょう？

――ラニーニャの。

そうです。ラニーニャのパターンです。ラニーニャ的なパターンが、太陽活動が強いときに出ると言えそうだということが見えてきた。

一方、太平洋10年スケール振動（PDO: Pacific Decadal Oscillationと呼ばれます）という気候モードの存在が、気象データ解析から提唱されているのですが、そのPDOのパターンにも似ています。どういうことかというと、たとえば太平洋の表層水温の空間分布の時代変化を解析すると、いくつかの空間分布パターン（ここでは、モードと言うことにしましょう）の足し合わせで説明できることがわかります。そのうちで、変動を最も多く説明するモードがPDOのモードであり、そのモードの影響が大きくなったり小さくなったり、いわば振動していると見ることで、太平洋の表層水温の空間分布の変動のかなりの部分が説明できます。その振動を太陽活動が増幅する役割を果たしているらしいということがわかってきました。

――少し前にラニーニャ現象が起きたと話題になっていたのですが、それについても太陽の活動と何かしら関係があったのですか？

太陽活動の最大時と最小時の表層水温差をとるとラニーニャ的なパターンが出てくるのは間違いありませんが、それだけではあくまでパターンがラニーニャと似ているという観察事実にすぎません。

少し詳しい話になりますが、パターンとしてはエルニーニョやラニーニャとよく似ているけれど、じつは継続時間はそれらよりずっと長い現象が、地質学的過去に繰り返し起きていたことも、だんだんわかってきました。エルニーニョ、ラニーニャのような現象が「ＥＮＳＯ」と呼ばれているのに対して、継続時間が数百〜数万年と長い現象は「スーパーＥＮＳＯ」という名前で呼ばれていますが、その形成メカニズムはＥＮＳＯとはたぶん、違っています。そしてこのスーパーＥＮＳＯが太陽活動と関係している可能性があります。

面白いのは、地球温暖化によっても、どちらかというとラニーニャ的なパターンが出てくるのです。だから、先ほどの話を延長すれば、いわゆるエルニーニョ、ラニーニャの現象と太陽活動とのダイレクトな関係が言えるかというと、そうとは言えない。ラニーニャは数年おきに起こっていますよね。単純にそれと太陽活動との相関を調べても、ほとんど相関はないと思います。一方、エルニーニョあるいはラニーニャの出現頻度の時代変化と太陽活動の間には関係がある可能性が高いと思います。

太陽活動が気候に影響するメカニズム

ここまでをまとめますと、古気候記録や観測記録を総合的に見ると、太陽活動に連動して高緯度地域では北極振動に似たパターンが生まれている。低緯度地域では、エルニーニョ、ラニーニャに似たパターンの変動が起こっている。赤道域から中緯度域ではハドレー循環が強まったり弱まったりしているらしい。

全球平均の気温への影響の話はあまりしませんでしたが、じつは太陽活動が最大のときと最小のときの全球平均の気温差は、あまり大きくないのです。そこがポイントです。太陽活動が気候に与える影響は、地球全体を暖かくするとか寒くするというよりは、パターンを変える。それもランダムに変えているわけではなくちゃんと規則性を持っていて、地球自体が持っているいくつかのパターンを強めたり弱めたりしているらしいとわかってきました。

こうしたことがここ10年ぐらいの間に急速に明らかになり、太陽活動が気候に影響を及ぼすということが、いまではかなり有力な見方になってきています。ただ、それは単純に暖かくなる、寒くなるというものではなく、むしろ暖かくなる地域と寒くなる地域、湿潤化する地域と乾燥化する地域のパターンの変化として現れ、それには地球を構成するサブシステムがその振動を強めたり、弱めたりすることが関与しているらしいこともわかってきました。あとは、どういう物理化学メカニズムがそういうことを引き起こしているかがわかれば、問題の解決へとぐっと近づくと思います。あと5年ぐらいでだいたい解明されるのではないかと思うのですが、現在は有力な仮説が三つ挙げられています。

最後に、それらをご紹介します。

一つ目が、太陽の明るさの変化は微々たるものだけれど、それでも直接的な総放射量の変化が太陽放射を最も多く受ける赤道域では効くのだという説です。図5-20は比較的単純化したモデルで行ったシミュレーションの結果に基づく解釈ですけれども、シミュレーションの詳細は複雑なので、ここでは定性的な話だけをします。

太陽活動が活発化すると赤道域は加熱されます。先ほど太陽活動の活発化による直接的加熱が引き起こす温度変化は0・1℃に満たないという話をしましたが、それは全球平均の話で、赤道域は太陽に垂直に向いているので極域に比べると加熱の程度が大きいのです。東赤道太平洋では、深層水の湧昇が起こっていますが、それは、貿易風が吹いて、それが大陸側から沖合に向かって表層の水を流し、それを補うように下から冷たい水が上がってくることにより起こるのです。その結果、赤道太平洋の西と東での温度差——ENSOを特徴づけるのがこの温度差です——が発生するのですが、この温度差がいったん発生すると、さらに貿易風を強めて湧昇を強める。すると温度差がさらに強まる。そして、ついにはラニーニャ的なパターンを生み出すというのです（図5-20）。

二つ目の説は、オゾンに注目しています。これがいま、多くの研究者がいちばん重要だと考えはじめている説です。大気中、特に成層圏にはオゾンがたくさんあります。そして、オゾンは温室効果ガスです。しかも、オゾンを加熱するには紫外線（UV）が最適なのです。太陽活動に伴う変動は、可視領域ではたかだか0・1％ですけれど、先述のように紫外領域では4％も変わります。ですから太陽活動に伴って、じつは成層圏や、その上の中間圏の温度は大きく変わる。ただし最近まではそうした変動が地表に伝わるメカニズムがよくわかっていませんでした。なぜわからなかったかというと、通常の気候変動予測や気象予報によく使われるような大型コンピューターを用いた大気循環モデルでは、通常、成層圏下部までしか考えていなかったからです。それより上空は考えていない。成層圏上部まで含めて、さらにオゾンの影響を組み込んだモデルを使うと、大気上層での加熱が下層に伝わる様子がだんだん見えてきたのです。

ようするに、太陽からの紫外線の変動がオゾンによる加熱効果を大きく変えている。大気上層では温度変化だけ見ると、とてつもなく大きく変わっているのです。大気上層ではガスの濃度は非常に薄いので、大気の質量としては圧倒的に多い対流圏に、そんな濃度の薄い大気上層での変化がどう伝わるのかがむしろ疑問だったのですが、風を介してだんだん下に伝わって、最終的には地表にまで到達する様子がシミュレーションによって復元できたという研究が最近出てきました。

5-20　太陽活動と気候変動をつなぐメカニズム――（その1）

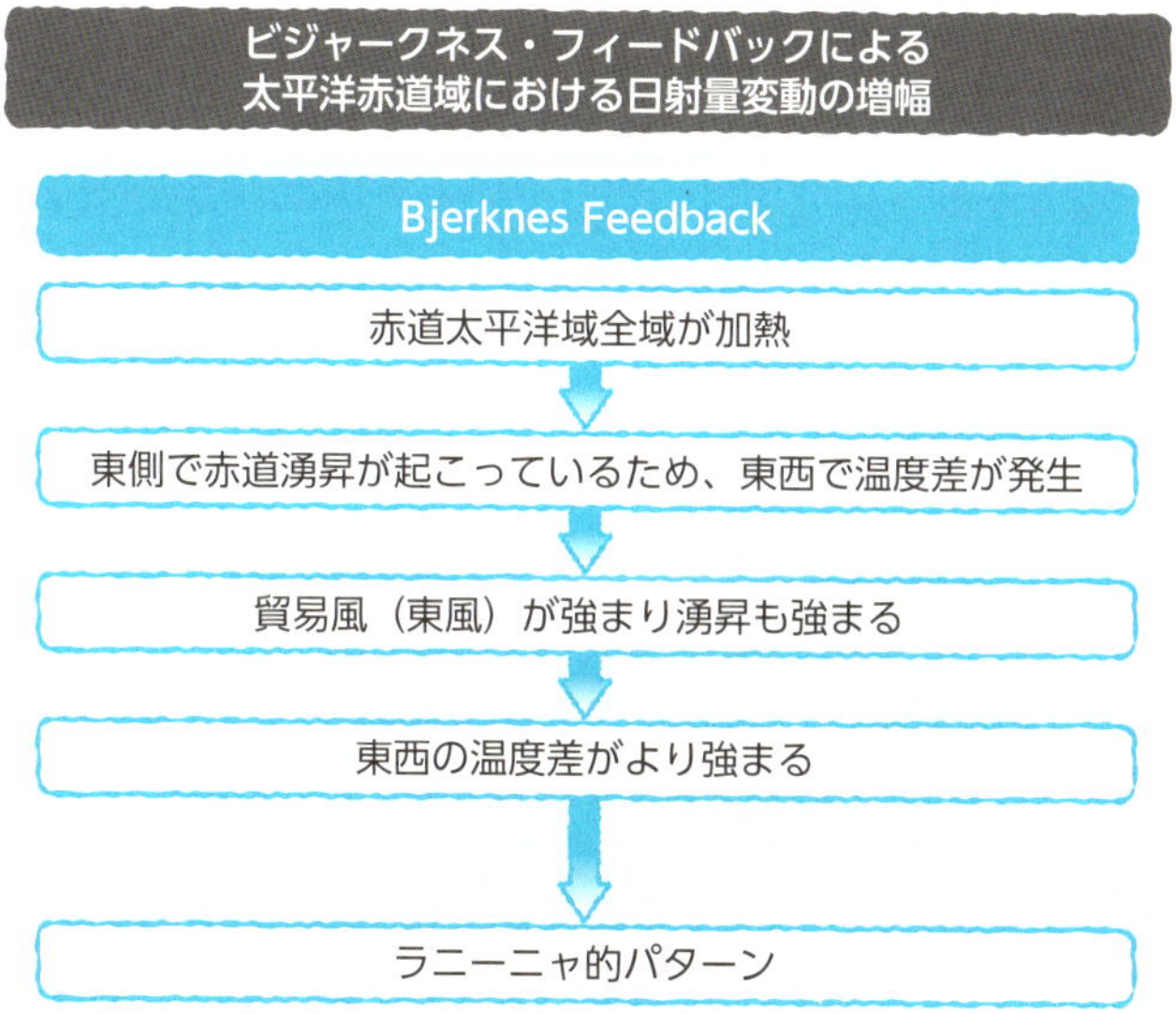
ビジャークネス・フィードバックによる
太平洋赤道域における日射量変動の増幅
Bjerknes Feedback
赤道太平洋域全域が加熱
東側で赤道湧昇が起こっているため、東西で温度差が発生
貿易風（東風）が強まり湧昇も強まる
東西の温度差がより強まる
ラニーニャ的パターン

しかも、紫外線は大気上層でオゾンをつくり出す反応を促進するのです。図5‐21の上のグラフの細い線が大気上層（成層圏上端あたり）の紫外線のフラックス（流量）の変動です。それに対して、黒い点がオゾン濃度の変化。オゾン濃度が太陽活動の11年周期に応答して変動している、しかも、太陽活動が活発なときにはオゾンによる加熱効果を強めるほうに働いていることが明らかになってきました。

紫外線のオゾンに対する効果を組み入れて、マウンダー極小期にどのような気候変化が起こったかを見るモデル実験も行われています。図5‐21の下はその例の一つですが、やはり暖かいところ、寒いところの分布パターンはモザイク状になっていて、地球全体が寒くなっているわけではないですね。

この図から見てとれるのは、極域で寒くなっており、その周りは相対的に暖かくなっていることです。これは先ほどお話しした北極振動のパターンと似ていますね。最近、さらに高度なシミュレーションの研究が『ネイチャー・ジオサイエンス』という雑誌に出て、太陽活動の変化によって、きれいな極振動を生み出すことができることを示しました。このときの半球平均の温度の変化というのはたかだか0・3℃ですが、その気温の分布パターンが大きく変わります。北極振動のマイナスのモー

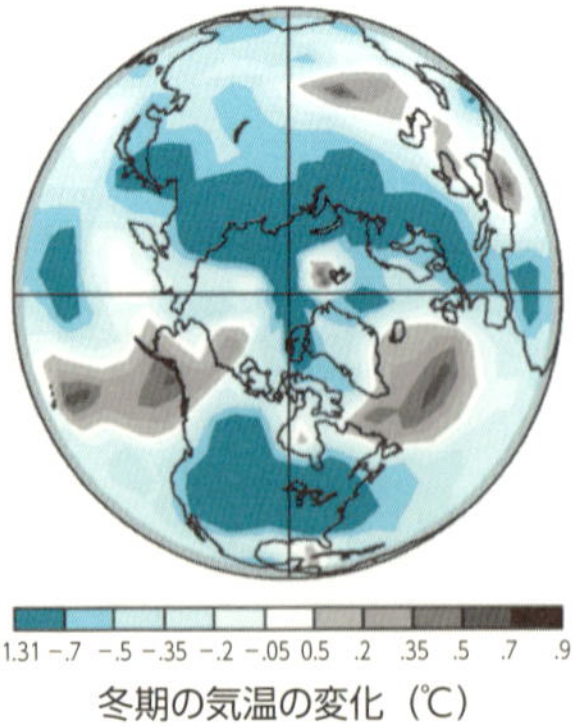

冬期の気温の変化（℃）

5-21 太陽活動と気候変動をつなぐメカニズム——(その2)

太陽活動に伴うUV変動による オゾン生成率変動+オゾンによる温室効果変動

(a) 205 nm UV入射量（細線）と1.5 hPa面でのオゾン含有率（黒点）の変動

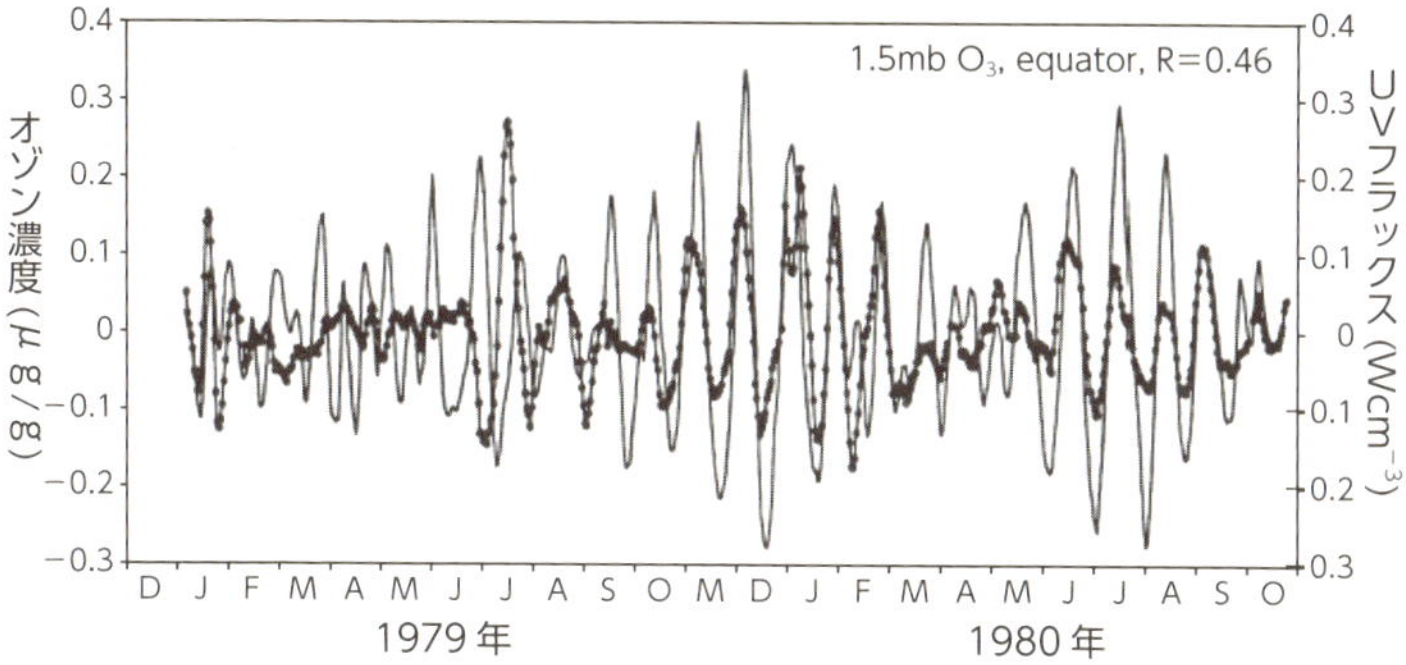

（Hood 1999に基づく）

マウンダー極小期における寒冷化のシミュレーション結果
（太陽活動のオゾン濃度への影響を考慮）

AO-に似たパターンがつくり出された

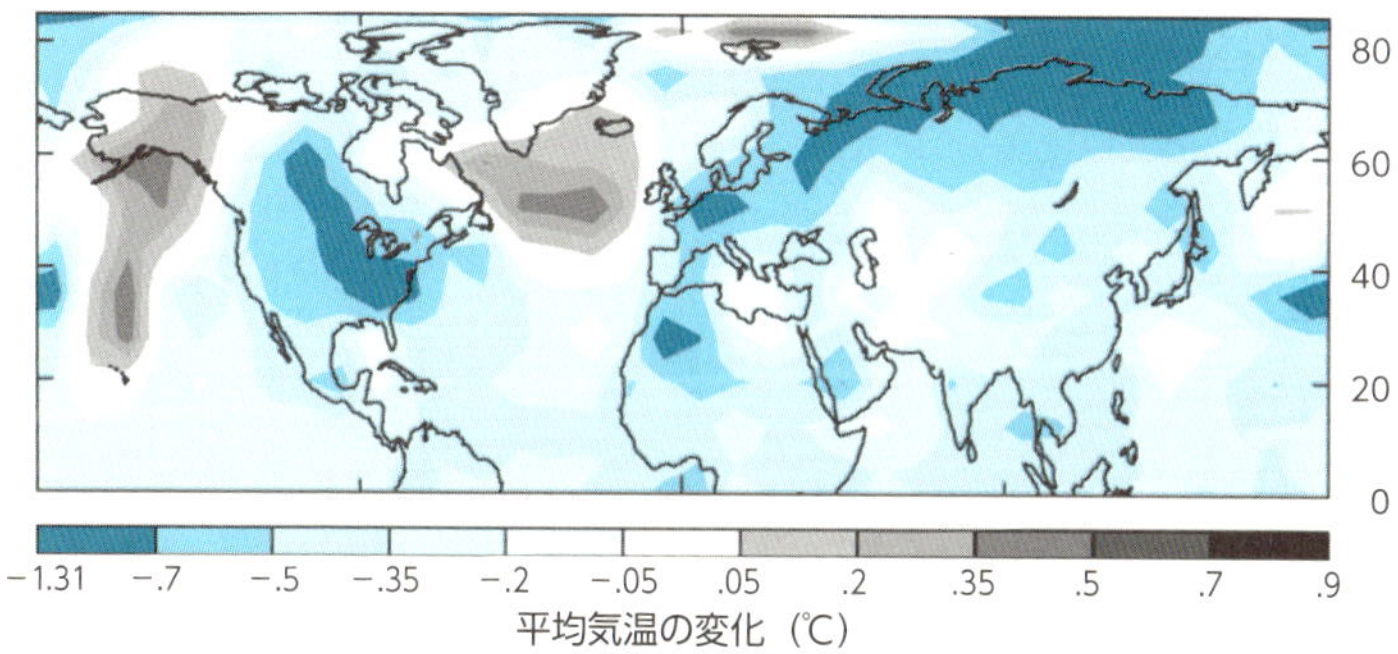

半球で平均すると温度低下は 0.3℃程度と小さいが、地域的変化の規模はずっと大きい

（Shindell et al. 2001に基づく）

ドに似たパターンが、シミュレーションでつくり出されたわけです。

最後にもう一つの説は、宇宙線と雲の量の関係に注目します。これは一部の研究者が非常に熱意をもって宣伝しているもので、これが真理だと思っている方も多いようです。わたしは、この宇宙線と雲の量の関係を全否定するわけではないのですが、じつはまだ十分検証されていない説明だと思います。もともとスベンスマークという人が主張したのですが、その主張の根拠を示したのが次の図5-22の上のグラフです。

このグラフの黒線は地表での中性子フラックスの変化ですが、これは銀河宇宙線の入射量の変化と見ることができます。青線は、衛星写真の解析に基づく、地球を覆う低層雲の量です。彼らは、宇宙線フラックスと低層の雲の量がこれだけきれいに関係しているので、これは宇宙線が大気中で雲をつくることを示していると主張しています。宇宙線で雲をつくりだすことが可能であることを一応実験で示しているので、まったく根拠のない説というわけではありません。しかし、たとえば図5-22の下を見ると、これは低層雲の量と宇宙線の入射量の相関の空間分布を示した図なのですが、地球全域でよい相関を示しているわけではなく、相関の高いところは中緯度域です。

先ほど気象データをもとに、太陽活動が活発になるとハドレー循環が拡大するという話をしました。したがって、ハドレー循環などの大気循環が変化することによって、中緯度域の雲の量が変わる可能性もあります。実際、太陽活動の気候への影響を見るために、オゾン生成の光化学反応を考慮に入れてシミュレーションをすると、やはり中・低緯度の気候パターンが変わるのです。スベンスマークは、

5-22 太陽活動と気候変動をつなぐメカニズム——(その3)

宇宙線が雲をつくり、気候を変える?

(a) 銀河宇宙線入射量と低層雲量の関係

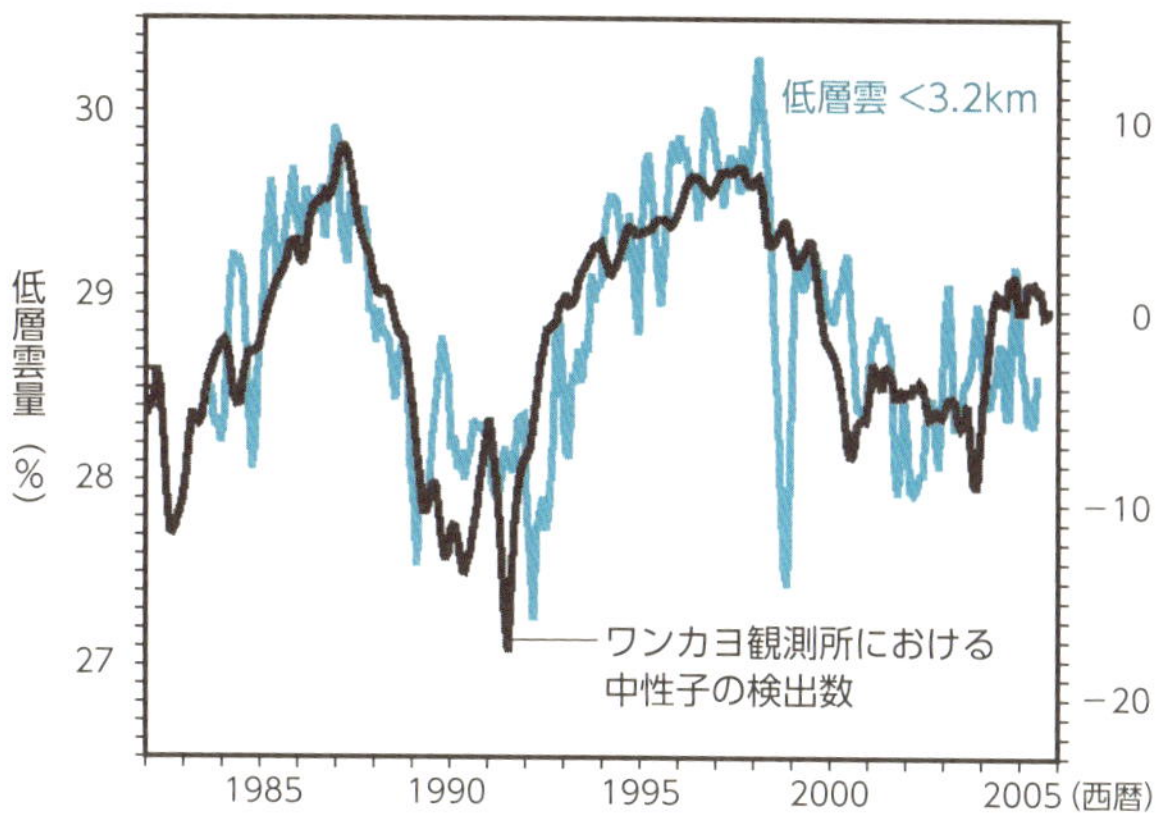

(Svensmark 2007 に基づく)

(b) 宇宙線入射量と低層雲量の相関の空間分布

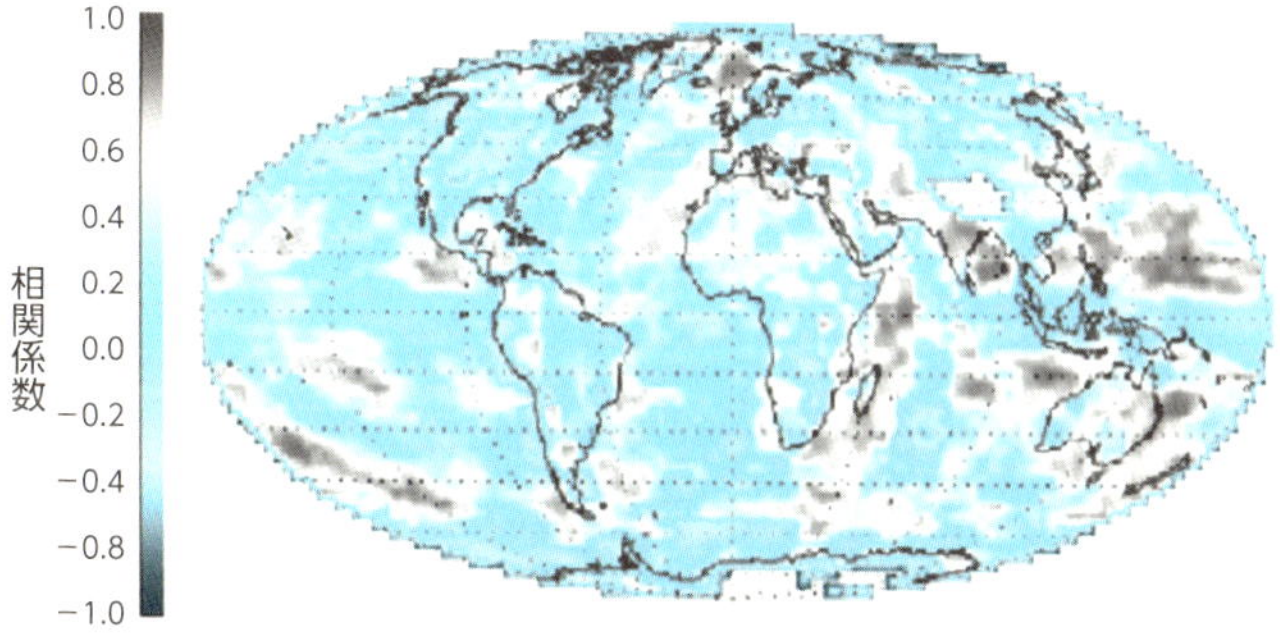

正の相関は、中低緯度にかぎられる。経度方向にも一様でない。

(Marsh and Svensmark 2000 に基づく)

宇宙線と雲の量の変動パターンが似ているから因果関係があるという論理を使っていますが、今日お話したように宇宙線の変動パターンと太陽活動のパターンも似ています。太陽放射量の変化により中・低緯度の大気循環が変われば、当然雲の量も変わりますよね。そういうプロセスによっても雲の量の変化は説明できてしまうのです。だから、銀河宇宙線が雲をつくってそれが気候を変えているという説は、因果関係のステップを一ステップ抜かして宇宙線と雲の量を直接結びつけようとしているようにも見える。その抜けているステップをつながないかぎりは、ほかの二つの説と同じ水準には到達しないと思います。

温暖化への寄与

今日の話で、太陽活動が気候に影響を与えていることを、ある程度は納得していただけたのではないでしょうか。世の中でなされている議論には、往々にして、太陽活動が温暖化の原因で CO_2 ではない、もしくは CO_2 が原因で太陽活動は関係ない、そういう二者択一的なものが多いのですが、実際は恐らく両方が関係していると思われます。では、どちらがどのくらい関係しているのか。それを明らかにすることがこれからの課題になってくると思うのです。図5‐23は結論ではありません。現在進行中の地球温暖化を、統計的にはどう見ると説明がつくのか、それを考える試みの例です。

図5‐23のAのグラフの黒線が世界の平均気温の時代変化です。太陽活動の変化、人為的な CO_2

濃度の変化、火山噴火、そしてＥＮＳＯのすべてが、これにある割合で影響していると考え、それぞれにある係数を掛けて足し合わせてやるとすると、どういう係数を掛けたときにいちばん実際の変動に近い結果が出るかを見たものです。物理化学的な根拠は入っておらず、ただ係数を変えながら実際のデータとの相関を見て、最も近い結果を出す係数の組み合わせを求める。どこか競馬の予想みたいで、とにかく当たることをよしとするようなアプローチですが、そういうことを試した例です。先ほどお話ししたようにＥＮＳＯも太陽活動とリンクしているので、ＥＮＳＯを独立要因として入れるべきかどうかも議論の余地がありますが、ここでは一応入れています。

そうすると、図の青線に示されるように、実際のデータとそこそこ合う結果が得られます。図５‐23のＢは、実際のデータと合う条件でそれぞれの要因が温度に換算してどれぐらい影響しているかという内訳を示しています。

ＥＮＳＯはせいぜい０・０１ぐらいとあまり効いておらず、太陽放射も０・０７と小さい値です。これに対し、人間活動によるCO_2濃度変化の影響は０・８と一桁大きい。じつは、太陽放射の０・０７という値も、放射平衡を考えたときには妥当な値なのです。ただ、ここでもう気づいた方もいるかと思いますが、これは平均温度での議論ですけれども、太陽活動は平均温度を上げるよりも気候パターンを変えるほうの影響が大きいのでしたね。それを考えないと、真の意味での太陽活動の気候への影響の評価はできないと思います。

ここまでをまとめると、（１）太陽の総放射量変動の影響は、赤道域で起こる正のフィードバック

5-23 太陽活動は地球温暖化をどのくらい説明するか？

(A) 平均気温の時代変化の観測値（黒線）と、
それに最も良く合うように各要因を組み合わせたモデル（青線）

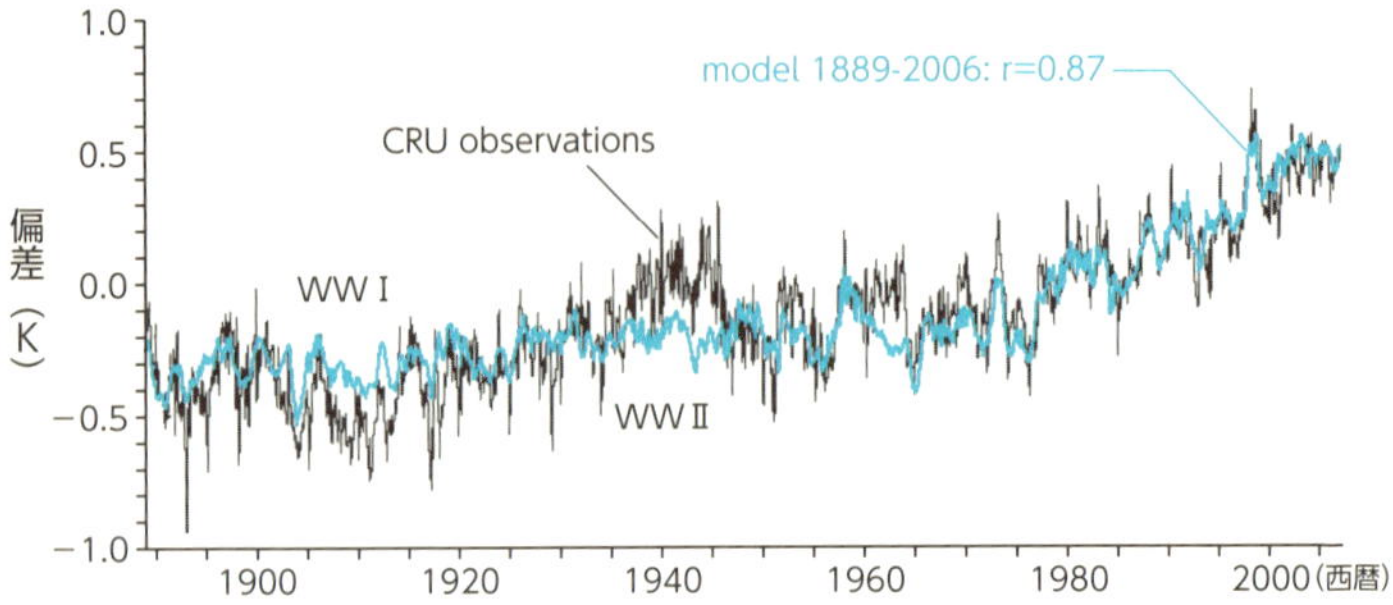

$T_R(t) = c_o + cE_E(t\text{-}\Delta t_E) + c_V V(t\text{-}\Delta t_V) + c_S S(t\text{-}\Delta t_S) + c_A A(t\text{-}\Delta t_A)$

ただし、Δは lag で、それぞれ 4, 6, 2, 120 カ月を仮定

過去 117 年間の地表温度の変動を ENSO、火山活動、太陽放射、人間活動の影響の足し合わせで表現したもの（重回帰によるフィッティング）。

(B) 各要因を、重回帰をもとに温度に換算した結果

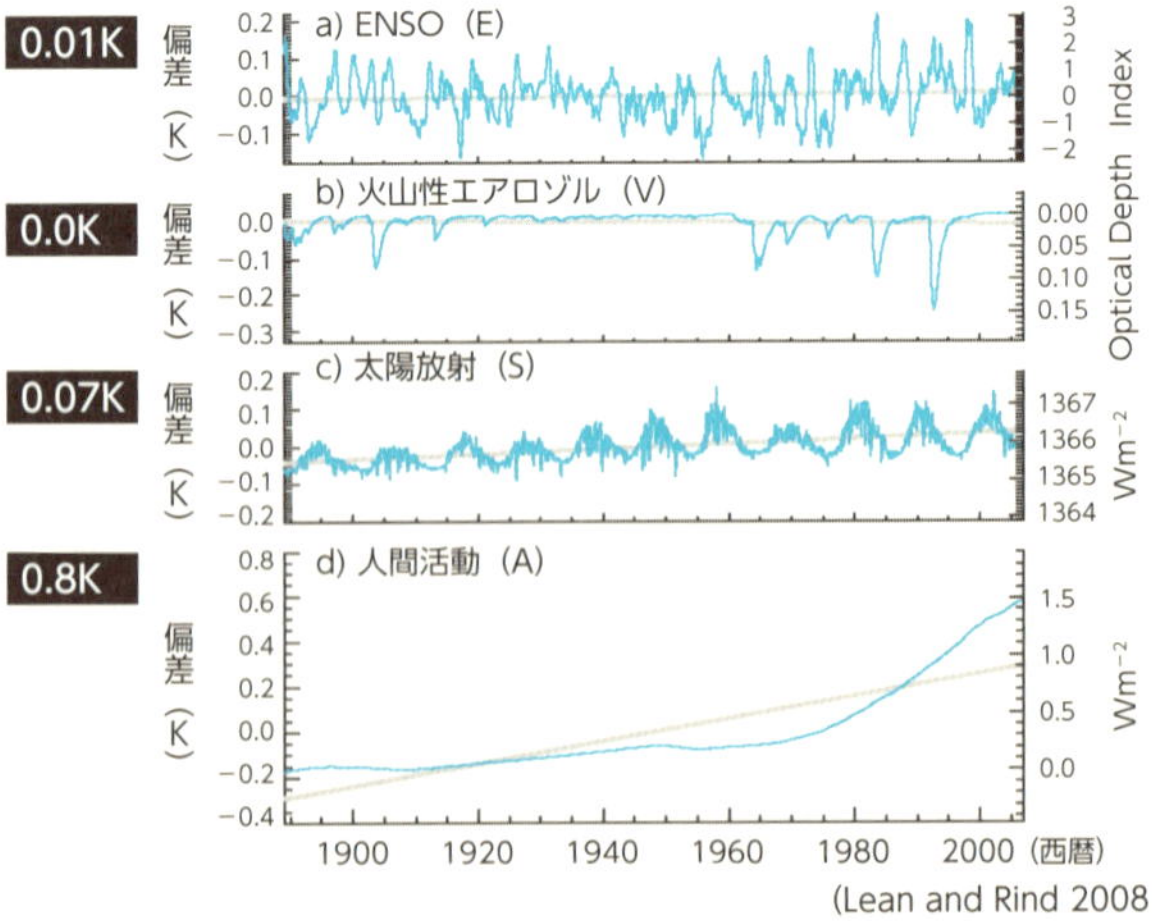

(Lean and Rind 2008 に基づく)

で増幅されている可能性がある。（2）いちばん大きい影響を与えていると思われるのが、紫外線による成層圏でのオゾンの生成とオゾンを暖める温室効果で、これが特に中・低緯度における大気循環を通じて気候に影響を及ぼしている可能性が大きい。これはシミュレーションでも再現できるようになってきていますので、かなり確実に言えそうです。それから、この（1）と（2）を両方考慮したシミュレーションも試みられるようになり、それによって実際観察される変動の大体7〜8割ぐらいは説明できると言われています。（3）銀河宇宙線が雲の量を変える可能性は否定しません。しかし、まだ十分に検証されたといえる説ではありません。

二十世紀以降の温暖化の8〜9割は、やはりCO_2に起因する可能性が高いのですが、残りの1〜2割が太陽活動に起因する可能性があるというのが、ゆるぎない結論とまでは言えないのですけれども、今日の話題の結論です。

――太陽活動の影響としては地球の平均温度よりもパターンの変化のほうが大事だというお話だったのですが、タイで集中豪雨が起こったり、砂漠化が進むといった、局所的な異常気象と太陽活動との相関は研究されているのでしょうか？

太陽活動と個別の気象現象の関係についての研究は、まだ十分になされていないと思いますが、図5-15でも見たように、たとえば北極振動のパターンと豪雪には関係があることが統計的にも示されています。図5-15はマンガですけれども、北極振動が弱まったときに、どこに冷たい寒気が出てきて雪を降らせやすいかはわかっている。また、この北極振動と太陽活動が関係しているらしいことは、今日お話ししたように明らかになってきている。ただ、重要なのは一対一対応ではないのですね。北極振動も太陽活動だけで起きているわけではなく、それ自体が固有に振動しているのだけれども、それに太陽活動の影響が加わると振幅が増大するという性質のものだと思います。

——紫外線量が増えるとオゾンが増えるというお話に関して、極地では逆にオゾンが減っているという話も聞くのですが、それは今日のお話に出てきた変動に比べると無視できる程度なのでしょうか。

それはひょっとして、人為起源のフロンガスなどが原因で上空のオゾン濃度が低下するという話でしょうか？　いわゆるオゾンホールの問題ですね。その影響はあると思います。人為起源のフロンガスなどが原因で、南極にオゾンホールができたのは有名な話ですが、成層圏におけるオゾン濃度の低下は、成層圏の温度の低下を引き起こしているようです。また、これに伴って、オゾンホールの下では、通常より明るい色の雲が形成されて太陽光を遮断し、温暖化を抑制しているという報告もあります。

——太陽活動が11年周期だという話に関連して、マウンダー極小期の前に12・5あるいは13年周期があって、その後にマウンダー極小期がきたと聞いたことがあります。そして、今年が12・5年周期だと。この次の周期がもし13年に延びたら、その後は寒い時期が来るのでしょうか。

よくご存じですね。マウンダー極小期の直前から極小期の間にかけて太陽活動の周期が長いのです。先ほどお話ししたベリリウム10とか炭素14を使って周期を調べる研究によって、マウンダー極小期のころは12年前後の長い周期になっていたことがわかっています。

それに関係して、いま、もう一つ重要なご指摘がありました。これは太陽観測の分野ではかなり大きな話題になっています。何のことかというと、現在、太陽活動のサイクルの23が終わってサイクル24に入っているのですが、サイクル23の周期が思いのほか長かったのです。そのせいでアメリカの大気宇宙局の予想がことごとく外れて、毎月予想の修正を繰り返す始末でした。サイクル24が始まる二〇〇八年の黒点極小期における太陽の明るさは、通常の極小期よりも下がっていました。明らかに暗くなっているのです。ただし明るさの減少は想定の範囲内で、マウンダー極小期に推定されるレベルまではまだいっていません。図5-24は太陽の黒点周期の長さと太陽活動（太陽黒点数）の関係を示した図ですが、黒点周期が長い時期は太陽活動が弱まった時期とよく一致しています。図にはマウンダー極小期が入っていませんが、この範囲では12年が最長で、一方、最近の過去五つのサイクルの周期は10・5、11・5、10、10・5ときて、直近のサイクル23で12・5年に延びているわけです。だから、これからマウンダー極小期になるという見方は、あながち根拠のない話とも言えません。

本章222ページの図5-3の、過去400年間の黒点数変動の図に戻って約90年周期の繰り返しをよく見ると、われわれが生まれるちょっと前に始まった約90年周期の期間（一九〇〇年ごろ〜）がすでに100年を超えており、そろそろ終わってもいい。そういう意味では、少なくとも約90年周期の極小期にきていると言ってもよさそうです。マウンダー極小期はさらにそのもう一つ上の周期で起こっているので、いまその極小期がきたのかどうかは、まだちょっとわかりません。

サイクル23から24にかけての極小期についても、太陽の総放射量の変動だけならたいしたことはないのですが、最近大きな話題になっているのは、太陽光のスペクトルが大きく変わっている可能性です。先ほど太陽の活動に伴って太陽光のスペクトルが変わるという話をしましたよね。紫外領域や赤外領域での変動のほうが可視領域の変動より大きいという話もしました。その変動の程度がいま、サイクル23から24にかけて通常の11年周期よりもはるかに大きいという報告がされているのです。それが本当かどうか、現在検証されています。スペクトルをとる衛星が打ち上がったばかりなので、その衛星が正しいデータを出しているのか、それとも測定機器の問題なのかをまだ議論しています。もしそれが正しいとすると、変動は結構大きい。それを正しいとして行われたシミュレーションの結果によると、見事に北極振動のパターンが出ており、太陽活動

5-24　太陽黒点数の変動と、太陽黒点周期の変動

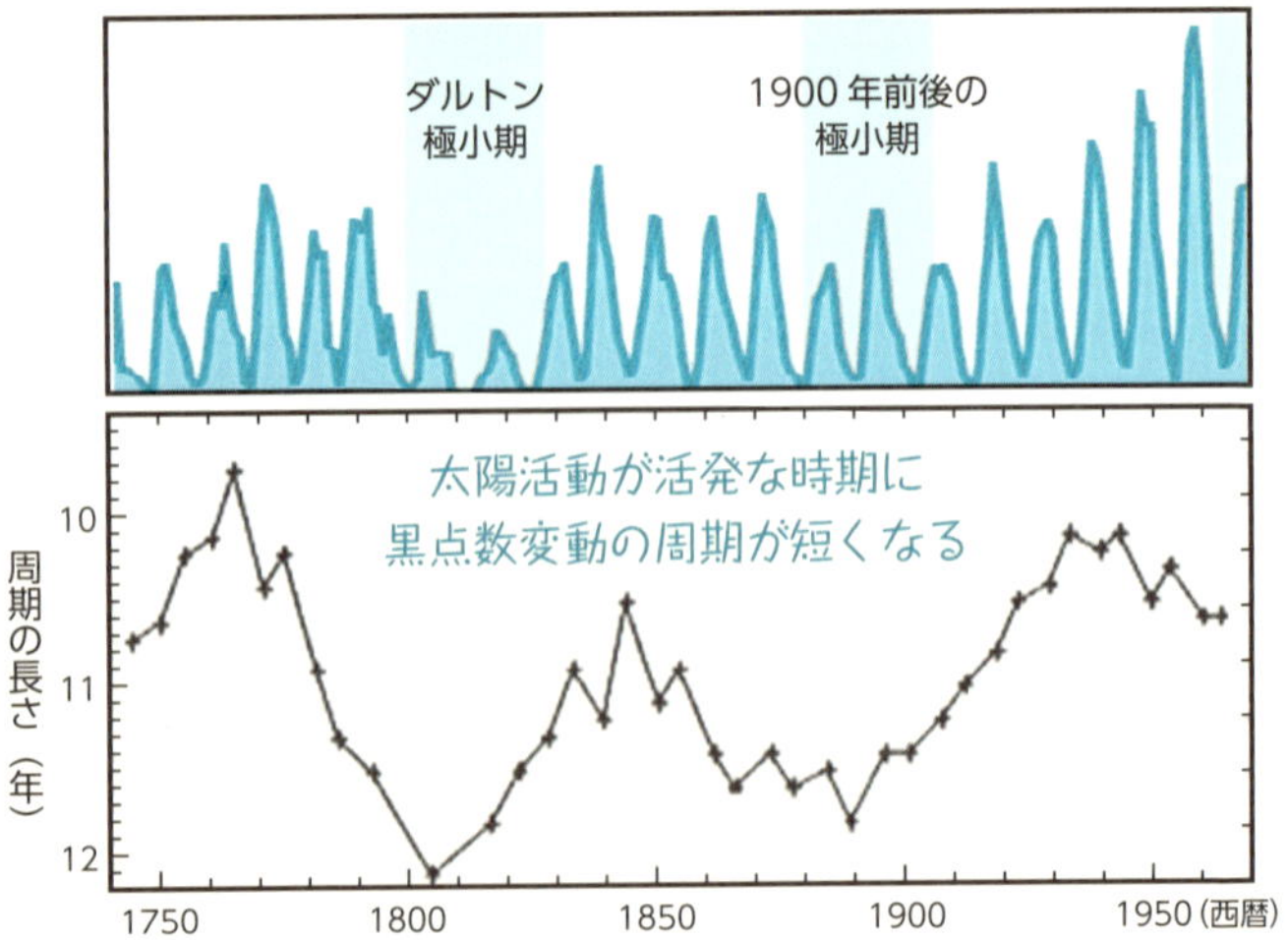

(Friss-Christensen and Lassen 1991 に基づく)

だけで北極振動が説明できてしまうというのです。

マウンダー極小期でも全球平均気温としてはたかだか0・3～0・4℃の低下と推定されます。そういう意味では、仮にマウンダー極小期がきても地球全体の平均気温にはそんなに影響はないのですが、気候のパターンの変化が大きく生じてもおかしくないのです。そうした太陽活動極小期がこれから10年、20年続くとすると、それが終わる前に太陽活動の気候への影響予測ができるかどうか、今後研究者の間で競争になってくるのではないかと思います。

サイエンスカフェを終えて

今回のサイエンスカフェは、私にとって、一般の方々を相手に、単発でなく一つのテーマについてのシリーズものとして、しかも、対話形式のセミナーの形で講義を行う初めての試みでした。はじめは、参加される皆さんから反応があるか、回を追うごとに人が減って、誰もいなくなってしまうのではないかと若干の不安もありましたが、いざやってみると参加された方からの反応もまずまずで、高校の時の同級生なども聞きに来てくれて、私のほうも回を追うごとに次の回が来るのが楽しみになってきました。それゆえ、5回目が終わったときには、ちょっと寂しく思ったものです。また、漠然と6回目もやるつもりでいながら、5回で終えてしまったため、最後に全体をまとめる話をすべきだったという思いも残りました。そこで、この場を借りて、今回のサイエンスカフェを通じて、皆さんに何をお伝えしたかったのかを簡単にお話ししたいと思います。

何を目指して、このサイエンスカフェを企画したのか?

二〇一〇年の秋ごろでしょうか。私の高校時代のクラスメートでもある日立環境財団の神山和也さんから気候変動を題材にしたサイエンスカフェのお話をいただいたとき、私は、ほとんど躊躇なくお引き受けしました。それは、ちょうどそのころ、地球環境問題に関する一般の方々やマスコミによる情報のとらえ方について、古気候学者の立場から伝えるべきことがあるのではないかと考えていたところだったからです。また、神山さんの「地球温暖化やそれに伴う気候変動について、さまざまなことが言われているが、その真偽を判断するための基礎的な概念を一般の人にわかりやすく説明する必要がある」という考えに賛同したからでもあります。

二十一世紀は、人類が、地球温暖化に伴う気候、環境変動の問題に直面せざるをえない時代と言えるでしょう。そして、近い将来に、自然を積極的に改変すること（いわゆるジオ・エンジニアリング）によってこの問題を解決するか、生活様式やレベル、価値観を変えることによって解決するか、の決断を迫られる場面に遭遇することになるかもしれません。そして、その決断は、人類の将来を大きく左右するほど重要なものになる可能性があります。その際には、人々一人一人が自ら情報を集めてそれを吟味し、納得のいく判断をする必要があります。しかし、人々は現状で、客観的かつ論理的な判断をするに十分な知識や情報を持っていると言えるでしょうか？

二十一世紀は、情報化の時代でもあります。地球温暖化やそれに伴う環境変動に関する問題を例にとっても、膨大な量の情報が巷に出回っていて、しかもその質や信頼性もさまざまなため、専門外の人には、どの情報が正しいのか、信頼に足るものか、なかなか判断ができない状況にあるのではないでしょうか。これには、いくつかの理由が考えられます。

まず第一に、こうした情報、たとえば大気中のCO_2濃度上昇に伴う地球温暖化に反対する見解の多くが、一方的な主張（解釈）のみを誇張した形で示しており、それを支持する証拠も都合がよいもののみを巧みに選び出していて、その提示の仕方が断片的あるいは抽象的であるため検証しにくい、ということがあります。一方、温暖化がすでに進行していると主張する側の説明は、一般に、より包括的、論理的ですが、その内容は往々にして専門的で論理は複雑であり、専門外の人には難解に感じられます。つまり、一般の人には、主張を裏付ける証拠や、その証拠から主張を引き出す際使われた論理を自分で吟味するすべが十分に与えられていないのです。

第二の理由は、マスコミの取り上げ方にあるように思います。地球温暖化が十分な科学的理論と根拠に裏付けられていることは、その道の専門家にとっては既成の事実であり、9割以上の科学者が温暖化支持派だと思います。残りの1割弱の科学者についても、その多くは、まだ証拠が十分でないとする慎重派で、CO_2濃度上昇に伴う地球温暖化を全否定する科学者は1%にも満たないのではないでしょうか。にもかかわらず、マスコミは、しばしばこうした超少数派の意見を、温暖化支持派と対等に扱う。ごく少数だが、温暖化に反対する意見もある、というような紹介の仕方ならまだしも、二つの見解が対等であるかのような扱いをする。これが地球温暖化に対する世界各国の対応を遅らせ、問題を深刻化させる原因となってきたのです。これは、一つには、多数派に与せず少数派を守るをよしとするマスコミの習性があるのかもしれません。しかしもう一つには、マスコミが、その問題を、自ら科学的、論理的、客観的に吟味、評価する能力を持っていないことが原因であるような気がします。この傾向は、欧米よりも日本において顕著で、それは、マスコミの中に科学の専門家がいない、あるいは少なすぎるのが原因であるように思えます。

第三には、地球環境問題を科学的側面からしっかりとらえる基礎教育が十分に行われていないということがありそうです。日本のように天然資源に乏しい国にとっては、人材や知の蓄積こそが最も有望な資源です。そして、よい人材を育てるためには、しっかりとした基礎教育が必要です。しかしながら、現在のところ、日本の地球環境教育は、表面的、非系統的で、問題の本質を見据えた議論や判断ができる能力を育成するようにはなっていないように思えます。

つまり、市民一人一人が、地球温暖化やそれに伴う気候、環境変動に関する情報を自ら集めてその質や信頼性を評価し、そうした問題に対して人類がとるべき道について自らの理解に基づいて論理的な判断を下すことが求められ始めており、そのためには、地球の気候システムがどのような構造を持っており、気候がどのようなメカニズムで維持され、あるいは変動しているのか、その概要や大枠を理解する必要があります。にもかかわらず、そうした理解を広めるための教育や啓蒙システムが整備されていないのです。

私と神山さんは、そのような現状認識で意見が一致しました。そして、こうした現状を少しでも変えるための試みとして、このサイエンスカフェを企画したのです。

サイエンスカフェでお伝えしたかったこと

地球温暖化や気候変動に関する解説書や教科書はいろいろありますが、それらの多くは、十九世紀後半から二十世紀前半の気象観測結果を気候状態の基準と考え、そこからのずれを議論しています。また、その議論の多くは専門的ではあるが個別的であるため、問題の全容や背後にある論理がなかなか把握しづらいように思います。一方、一般向けの啓蒙書においても気候状態の基準に対する考えは同じで、そこからの変化の定性的な説明に終始しているように見えます。言わば、木を見て森を見ぬがごとき議論のように思えます。確かに、地球温暖化やそれに伴う気候変動のメカニズムは複雑です。大気や海洋、雪氷や生物圏といった、気候システムを構成するサブシステムが複雑に作用し合い、しかも各サブシステム内およびサブシステム間の挙動には、物理学的、化学的、生物学的な過程が入り混じって関与しているので、専門家でも、なかなか全容を把握できないのです。

しかし、だからといって一般市民は、地球温暖化や気候変動の科学的側面を理解しなくてよい、専門家に任せておけばよい、というわけではありません。いわゆる〝専門家〟に任せきりにすることの危険さを、私たちは二〇一一年の東日本大震災とそれに伴って起こった福島での原発事故から学んだのではないでしょうか。温暖化や気候変動の全容を詳細まで理解するのは難しいかもしれませんが、最も本質的な過程やその意味を理解することは可能です。本質的な過程の背後にある理論を理解できれば、少なくとも、明らかにおかしい解釈やそれに基づく判断を識別できます。今回のサイエンスカフェで私が目指したのは、「気候を維持する本質的な過程や気候変動を引き起こす主要なメカニズム、そしてそれらを説明する理論」を、その本質をゆがめない範囲で簡略化して、極力わかりやすく説明することでした。

第1回のポイント

まず、第1回に、地球表面の温度が、①太陽の明るさ、②それをどれだけ反射するか（アルベド）、③温室効果（射出率＝反射されずに吸収された熱の輻射を大気がどれだけ吸収するか、として表現しました）、の三つの要因で決まっていることをお話ししました。

第1回でお話しした全球凍結とそこからの脱出は、地球の歴史の中で最も劇的な気候ジャンプの例ですが、地球の気候が複数の安定なモードを持っていて、その間をジャンプすることによって気候変動が起こることを示しています。また、同じく第1回には化学風化速度の温度依存性を例に、地球の気候システムには、気候状態をあるモードで安定させ、それを維持しようとする「負のフィードバック」と呼ばれる機能が存在し、気候を変化させようとする外的要因（たとえば太陽の輝度などの変化）がある限界値（しきい値、あるいは閾値と呼びます）に達するまでは、気候の変化を抑制しようとすることも示しました。さらに、気候モードのジャンプがいったん起こってしまうと、外的要因が元の値（前のモードにとっての閾値）以下に戻っても、気候モードは必ずしも元の状態には戻らないことも示しました。つまり、ジャンプした先のモードにとっての閾値は、ジャンプ前のモードにとっての閾値と必ずしも同じとはかぎらないのです。言い換えれば、ある気候状態と別の気候状態の間で、行きと帰りの道筋が必ずしも同じではないということです。

第2回のポイント

　第2回では、氷期―間氷期サイクルを例に、気候変動のメカニズムをどう探るのかというお話をしました。まず、地球が太陽のまわりを回る公転軌道の離心率、地軸の傾斜角、公転軌道の長軸に対する地軸の向きと言った、いわゆる地球軌道要素の変化という地球外要因が、地球に到達する太陽光（日射量）の緯度分布や季節分布の変動（これが狭義のミランコビッチ・サイクルです）を引き起こすことを説明しました。そして、氷期―間氷期サイクルが、ミランコビッチ・サイクルに応答した地域的な気候の変化が地球システム内部のさまざまな過程によって増幅されて、やがて地球規模の大きな気候変動を引き起こす現象の代表例であることを紹介しました。

　次に、地球全体が1年間に太陽から受けるエネルギーの総量がほとんど変わらない状況でも、その緯度分布や季節分布を変えることにより各地域での季節性の強さやその緯度方向のコントラストが変化すること、地表を構成するある特定のサブシステム（たとえば氷床）が、ある特定の季節（たとえば夏）の日射量に対して敏感であると、その緯度、季節における日射量変動がそのサブシステムによって増幅されること（この増幅過程を正のフィードバックと呼び、アイス・アルベド・フィードバックは、その代表例です）、そして、その変動が、サブシステム間の相互作用により別のサブシステムへと伝わっていくことをお話ししました。さらに、大気中の二酸化炭素濃度が氷期―間氷期サイクルに連動して変化していることから、二酸化炭素濃度の変化が、北半球の信号を（日射量変動のパターンが北半球とは逆である）南半球に伝える役割を果たしている可能性を指摘しました。

つまり、第2回では、地球表層はさまざまなサブシステムから構成されていて、ある特定の信号に対して敏感なサブシステムが存在すると、たとえその信号が微弱であっても、そのサブシステムが持つ正のフィードバックにより増幅されて大きな信号になり、さらに、別のサブシステムにも伝わっていく、ということをお伝えしたかったのです。いわば、地球には、指圧のツボのような場所があって、そこにある特定の刺激が加わるとそれが増幅されて大きな変動を引き起こすというわけです。

第3回のポイント

第3回では、氷期―間氷期サイクルの信号を地球全体に伝播させるのに重要な役割を果たしていると考えられる大気中 CO_2 濃度の変動メカニズムに焦点をあてて、地球システムが持つ複雑な仕組みについてお話をしました。実は、この時、明確にはご説明しなかったのですが、氷期―間氷期サイクルに伴う約100ppmの CO_2 濃度変化とそれに伴って起こる正のフィードバック過程で、氷期―間氷期サイクルに伴う全球平均気温の変化（5℃前後）のほとんどを説明できると言われています。つまり、過去の気候変動の記録を見ても、大気中の CO_2 濃度の変化が、その気候変動を引き起こした直接的主要因と言って間違いないのです。

地球の歴史をさかのぼって気候変動とその原因を調べてゆくと、大気中の CO_2 による温室効果がさまざまなタイムスケールでの気候変動に関わっていることが見えてきます。ただし、注目するタイムスケールによって、大気中のCO_2濃度を変動させる要因や、それに関わるサブシステムの構成が変わるということもお話ししました。たとえば、100万年を超えるタイムスケールでは、大気＋海洋と固体地球との間での炭素のやり取りが大気中のCO_2濃度を決めています。そして、石油や石炭は、その過程で植物が大気中のCO_2を固定、除去した結果として形成されたものなのです。現在、われわれ人類は、こうして地球システムが長い時間をかけて大気中から除去して貯蔵していたCO_2を、その数万倍の速度で元に戻しているのです。一方、氷期–間氷期サイクルに伴うCO_2濃度の変動のように、数十万年～数十年くらいのタイムスケールでのCO_2濃度変動を考える場合は、大気と海洋の間でのやりとりが重要になってきます。

そこでさらに、氷期–間氷期間でCO_2濃度が100ppmも変化した事例について、それを引き起こした物理、化学、生物学的過程について説明しました。さまざまな過程が複雑に絡み合って、大気中のCO_2濃度を制御していることを知っていただきたかったからです。たとえば、溶解ポンプは海水へのCO_2の溶解の程度が温度の低下とともに増大するという物理過程に基づいていますし、アルカリポンプはCO_2を溶かし込んで酸性になった海水が深海底で石灰質な微化石の殻を溶かすことにより中和する化学過程に基づいています。そして、生物ポンプは、表層水中でプランクトンが光合成によってCO_2を固定し、その死骸が沈降して深層水中で酸化分解することによりCO_2を深層水に一時的に押し込める生物＋物理＋化学過程に基づいているという具合です。さらに、それぞれのポンプの強さは、深層水形成時の水温、深層水の循環様式や循環速度、陸から海洋への栄養塩の供給速度、供給場所、そして海洋表層で繁殖するプランクトンの種類や量などに影響されて変化することをお話ししました。たとえば深層水の水温も深層水形成海域での冬季の冷却の程度に依存します。そして、それらは、究極的には地球における気候分布に制御されています。

これは、どういうことを意味するのでしょうか？　第2回で、地球軌道要素の変動は、日射量の緯度分布、季節分布の周期的変動を起こしたが、地球全体が一年間に受ける日射量の総量はほとんど変化させなかったというお話をしました。しかし、日射量の緯度分布、季節分布の変動は、気候帯の分布を変化させるには十分です。そして、そのようにして起こった気候分布の変化がさまざまなサブシステムに作用して大気中の CO_2 濃度を変化させ、それが地球全体の平均気温を変化させて氷期—間氷期サイクルを生みだしたのです。

第3回では、このように、地球システムにおいてはちょっとした気候分布パターンの変化が、地球表層を構成するさまざまなサブシステムにおけるさまざまな過程に影響を与え、そうした過程のなかに正のフィードバック機能を持つものが含まれると気候変動が増幅されて大きな変化を生みうるのだということをお伝えしたかったのです。

第4回のポイント

第4回では、大きな CO_2 変動を必ずしも伴わないが、気候の変動幅が大きく、かつ急激な例として、ダンスガード＝オシュガー・サイクル（ＤＯＣ）を取り上げました。この変動は南北半球で逆転していたため、全球平均気温の変動という点では、恐らく大したことはなかったと思います。また、ハインリッヒ・イベント直後のＤＯＣに伴っては、20ppm程度の大気中 CO_2 濃度の変化があるものの、それ以外のＤＯＣでは、明確な CO_2 濃度変化を伴いません。つまり、地球表層を構成するサブシステムの挙動がある特定の地域における気候の変化を増幅して、全球規模で気候分布パターンを大きく変化させるタイプの気候変動の例として取り上げました。そして、その変動には、氷床と海洋（特に大西洋）というサブシステムが深く関わっていたこと、特に氷床は、あるサイズを超えると自励振動を始める性質を持っているのだというお話をしました。

さらに、氷床の自励振動の際に氷床が崩壊して北大西洋に流出することにより、表層塩分の変動を通じて海洋深層水循環の変動を引き起こし、さらにそれが気候変動を生みだし、その変動が増幅されるとともに他の地域に伝播していったこと、特に、こうして引き起こされた深層水循環様式の変化が、南北半球で逆位相の気候変動を引き起こしたことを説明しました。つまり、地球表層を構成するサブシステムの中には、サブシステム（たとえば氷床）の状態に影響を与える外的要因（たとえば降雪速度や表層温度など）がある閾値を超えると自励振動を始めるものがあり、その変動が別のサブシステムの敏感な部分に伝わると信号が増幅されるとともに他地域に伝播されていくのです。

第４回ではまた、たとえば深層水循環に見られるように、サブシステムには複数の安定状態（モード）がある場合があり、サブシステムの状態を決める外的要因（たとえば淡水の流入）がある閾値を超えると、サブシステムの状態があるモードから別のモードへジャンプする性質を持つということをお話ししました。あるモード（モードAとしましょう）には、その状態を保とうとする負のフィードバック過程が働いていますが、安定に保つ負のフィードバックにも限界があり、その限界を超えると、別のモード（モードBとしましょう）にジャンプするというわけです。そして、閾値を超えてジャンプを引き起こした外的要因が、モードAにとっての閾値以下に下がったとしても、必ずしもモードBからモードAに戻るとはかぎらないことについてもお話ししました。このことは、第1回に全球凍結とそこからの脱出を例に一度ご説明していますが、サブシステムが持つこうした特性（ヒステリシスと呼ばれます）が、さまざまな時間、空間スケールで、気候モードジャンプを生み出しているのだということを重ねて強調したかったのです。

第5回のポイント

第5回では、太陽活動の気候への影響という話題を取り上げました。これは、近未来の気候変動を考える上で避けて通れない重要なテーマであるにもかかわらず、客観的かつ包括的に扱った解説が少ないと感じていたからです。それに、大気中の二酸化炭素濃度の増加に起因する地球温暖化を否定しようとする議論の中で、しばしば太陽活動の気候変動への影響に関する議論がでてきます。二十世紀後半に観測されてきた地球温暖化は太陽活動の活発化が原因だとか、これから太陽活動の減衰期に向かうので、温室効果ガスに起因する地球温暖化は心配しなくてよいとか、問題を極端に単純化して、断片的観察を拡大解釈して巧みに二者択一の問題にすり替えるような議論です。政治や巨額の研究費などが絡むと、こうしたエセ科学的議論が出てきて人心を惑わせます。そして、こうしたエセ科学が人類の地球環境問題への対応を大きく誤らせる危険性さえ含んでいるのです。これからの時代は、一般市民も、こうしたエセ科学的議論を見分ける目を養う必要があると私は考えています。そして、今回のサイエンスカフェでのお話も、そうした考えに基づいて行ったつもりです。

話を元に戻しましょう。第1回に、地表温度を決める主要因が三つあることをお話ししました。それは、地球に到達する太陽放射、アルベド、そして大気の温室効果などに起因する射出率です。億年スケールでの太陽放射の増加を別にすれば、太陽放射の変化はほとんどないと、これまで漠然と言われてきました。それは、一つには、衛星観測に基づけば、太陽の黒点数変動に伴った太陽放射量の変動がせいぜい0・1％程度しかなく、放射平衡を仮定した場合のこの変動に伴う地表温度変化は無視できるほど小さいこと、もう一つには、観測記録より長い数百年から数千万年といったタイムスケールで、太陽放射量を大きく変えるような太陽活動のメカニズムが知られていないことがあったのだと思います。一方で、古気候記録のほうからは、衛星観測が始まるずっと前から、太陽黒点周期にあたる11年周期や22年周期、さらにその上の階層に相当する88年周期がしばしば報告されてきました。しかし、周期が合うというだけでは、太陽活動が気候変動を起こしているという十分な証拠にはなりません。0・1％足らずの太陽放射量変動を増幅するメカニズムが必要なのです。

衛星による太陽活動の観測が進むにつれ、まず、太陽活動と気候変動をつなぐメカニズムがわかってきました。太陽黒点活動に伴う総放射量の変動は0・1％足らずですが、放射スペクトルの裾野部分にあたる紫外領域での放射量の変動は、4％以上にものぼります。もし、地球システムのある特定部分が、紫外領域での放射量変動に敏感に応答すれば、総放射量としては微弱な太陽活動に伴う変動が大きく増幅される可能性があります。このように敏感なサブシステムとして最も有力なものが上層大気中のオゾンです。オゾンは強力な温室効果ガスであり、太陽活動に伴う紫外線放射量の変動により大気上層におけるオゾン濃度が変化します。一方で、太陽活動に伴う太陽磁場の変動が太陽系外から地球に入射する銀河宇宙線の量の変動を引き起こし、それが低層の雲の量を変化させることにより気候変動を引き起こすという説もあります。しかし、宇宙線が雲をつくり出すメカニズムとそれを支持する根拠に不明な点が多く、この説の真偽の検証にはもう少し時間がかかりそうです。

いずれにせよ、地球表層には、さまざまな種類の信号を増幅するサブシステムがいろいろと存在し、たとえば紫外線のように、エネルギー的には微弱な信号であっても、それに敏感に応答するサブシステムが存在すれば、増幅され、その影響が周囲に伝播していくことが、この例から学びとれると思います。

もう一つ、この回のお話で言いたかったことは、気候変動というのは、必ずしも地球全体が一様に暖かくなるとか寒くなるとかいうような単純なものではなく、むしろ、気候分布のパターンの変化として現れたり、変動の振幅や周期が変わったりといった形で現れるのだということです。ですから、ヨーロッパやアメリカで大雪があったり、大寒波が襲ったりすると、すぐに地球温暖化は嘘だという主張が出てくるのは、おかしな話なのです。

おわりに

十九世紀から二十世紀にかけては科学技術の時代でした。人々は科学技術がわれわれの生活を便利に豊かにしてくれると期待し、それを実感していました。エネルギーや資源は無尽蔵にあり、人間活動に伴って発生する汚染もいずれ自然が浄化してくれると考えていました。そして、生活を便利に豊かにする科学技術は善であり、政治家や財界は、それを推進しやすいように社会の構造、物の価値観をつくり上げてきました。二十世紀も半ばを過ぎると、まず、地域的な環境汚染問題が顕在化し始めました。やがて、一部の科学者たちがエネルギーや資源にも限りがあり、自然の環境浄化能力にも限界があることに気付きはじめました。地球温暖化の議論が始まったのもこのころです。しかし、それが科学者の間で広く受け入れられ、より広く社会がこの考えを受け入れるまでにさらに半世紀近くを要してしまいました。そのように長い時間を要した理由については、すでにこの章の初めに述べた通りです。とにかく、この対応の遅れにより地球温暖化はすでにかなり進行し、人為的なCO_2放出を止めただけではすぐにはもとに戻らないところまできています（図）。人類がこのままCO_2を放出し続ければ、現在の気候モードを維持するメカニズムが機能する限界（閾値）を超え、急激な気候モードジャンプが起こってしまうかもしれません。また、そのような非可逆的で急激なモードジャンプは、気候システムだけではなく、生態系でも起こるかもしれません。

現在の速度で CO_2 を放出して、一定量に達したところで放出を止めた場合に、その後500年間に予想される影響

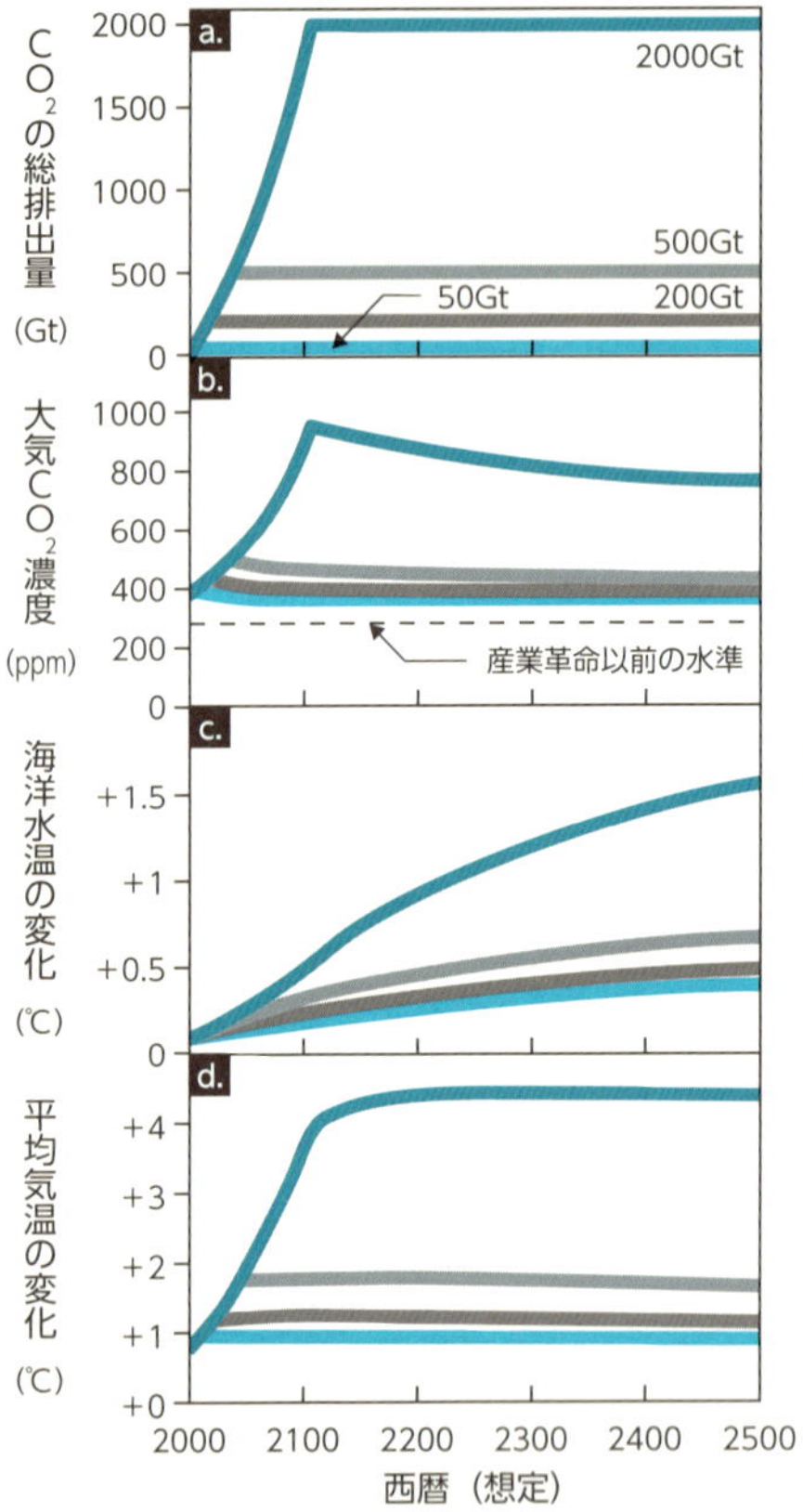

CO₂濃度が減少し始めた後も、海洋水温は上昇を続け、平均気温も下がらないことに注目

2005 年以降もこれまで通りの速度で CO_2 を放出し、CO_2 放出がそれぞれ 50, 200, 500, 2000 Gt に達した時点で放出を止めて、残存する CO_2 濃度のその後の変化や、その後の海洋水温および気温への影響を見たもの（太線のグラフ）。CO_2 放出が止められた後も、大気中の CO_2 濃度はなかなか元に戻らず、平均気温は下がらないという結果を示している。気温が戻らない理由は、熱容量の大きい海が温められ続け、その温度が上昇し続けるため。

(Matthews and Caldeira 2008 に基づく)

二十一世紀に入って、エネルギー、資源、そして自然の持つ浄化能力に限界がある事実を社会もようやく受け入れ始めました。しかし、問題のとらえ方がまだ近視眼的で、その場しのぎであるように思います。たとえば、政策やライフスタイルの提言などで「持続可能な循環型社会を」というキャッチフレーズをしばしば耳にしますが、その中味は真の意味で持続的とは言えません。せいぜい数百年の間は破綻せずに済む、温暖化とその影響を人類の許容範囲内で抑えられる、という程度の意味で使われているのです。これは、IPCCのCO_2放出シナリオについてもいえることです。おそらく、今後数百年の間、壊滅的な地球温暖化や環境悪化を回避できれば、その間に人類の英知が問題解決策を見いだしてくれるだろうということなのでしょう。しかし、このことを、一般の人々はどのくらい正しく認識しているのでしょうか？

真の意味での持続可能な社会は、人為的なCO_2の放出と自然界あるいは人為的なCO_2の固定除去が釣り合っており、かつその状態（いわゆる動的平衡状態）における大気中のCO_2濃度やそれに対応した地球の気候状態が人類と社会にとって許容範囲内である必要があります。さらに、大気中のCO_2濃度増加やそれに伴う地球温暖化の影響は、気候変動に留まらないことが最近わかってきました。すなわち、海洋酸性化や湧昇流域を中心とした沿岸環境の無酸素化です。これらは、気候変動と相まって沿岸域の生態系に大きな影響を及ぼし、生物の絶滅や生態系の崩壊を引き起こす危険性があります。つまり、事態はもっと深刻かもしれないのです。二十一世紀に生きる私たちは、こうした人類存続の危機に待ったなしで対処していかなければなりません。そして、適切な対処を行うためには、こうした事態を俯瞰的に眺め、包括的にとらえることが必要なのです。

　これまで述べてきたように、人為的なCO_2の放出による大気中のCO_2濃度の増加とそれに伴う地球温暖化の可能性について科学者が気づいてから、世界各国がこの問題の対応へその重い腰を上げるまでに50年近い月日を要しました。そして、その後の対応もどちらかといえば場当たり的で不十分なものであると言わざるをえません。今後は、こうした地球規模の環境問題に、より迅速にかつより包括的に対応していくことが望まれます。

　福島の原発事故の例を見てもわかるように、国家や、さらには人類全体の将来を左右するような物事の判断は、ごく一部の科学者や政治家に任せっぱなしにしておくべきことではありません。科学技術の進歩に伴って、専門分野が果てしなく複雑化、細分化している現在、専門家が必ずしも問題の全容を俯瞰的に眺めて問題の本質を的確に抽出し、適切な判断を下せる能力を持っているとはかぎらないからです。複雑な気候システムにおいて多様なプロセスが絡み合って生ずる地球環境問題に的確かつ迅速に対処していくには、さまざまな知識や経験を持った意識ある人々が、問題の概要を科学的、俯瞰的、包括的に理解し、しがらみのない立場から独自の意

会場のFolio

企画・司会の神山さん

運営スタッフの山崎さん（右）と渋谷さん（中）

志と視点に基づいて議論し、判断を下すことが必要だと思います。そしてそのためには、気候変動や地球温暖化の基本過程や原理について、専門家以外の人々も広く理解していることが望まれます。

今回のサイエンスカフェは、このような現状認識のもと、地球温暖化やそれに伴う気候変動問題の科学的基礎を、専門家ではない人々がなるべく容易に理解できるように伝えることを目指して行いました。実際に一般の人々の前で講義をしてみると、基本過程や原理の本質を、歪めることなく簡略化し、わかりやすく伝えることの難しさをあらためて痛感しました。しかし、毎回、サイエンスカフェに参加してくださった方々の熱意、日立環境財団の神山和也さん、山崎道子さん、渋谷紀子さんのご支援、ご協力のおかげで、当初の目的は達成できたと思います。さらに、これらの方々やみすず書房の市原加奈子さんのご助言、ご支援、叱咤激励のおかげで、こうしてサイエンスカフェの内容を本に纏めることができました。これらの方々に、心から感謝いたします。

索　引

サ

タ

ナ

ハ

マ

ヤ

ラ

図表出典一覧

（ただし、記載のない図表は著者作成．サイエンスカフェ会場写真はすべて、日立環境財団環境サイエンスカフェにご提供いただいた．）

図 1-1　小倉善光『一般気象学』，東京大学出版会（1984），p. 118, 図 5.7.

図 1-4　Goody R.M., *Atmospheric Radiation I: Theoretical Basis,* Clarendon Press (1964) に掲載の図に基づく．

図 1-6　Tajika, E and T. Matsui, The evolution of the terrestrial environment, in H.E. Newsom, J. H. Jones (eds.), *Origin of the Earth,* Oxford University Press (1990), pp. 347-370.

図 1-9　Tajika, E. and T. Matsui, T., Evolution of terrestrial proto-CO_2-atmosphere coupled with thermal history of the Earth, *Earth and Planetary Science Letters,* 113 (1992), 251-266.

図 1-12　田近英一「全球凍結現象とはどのようなものか？——理論研究は語る」，科学 , vol. 70, no. 5（2000），397-405.

図 2-1　田近英一「全球凍結と生物進化」，地学雑誌 , vol. 116, no. 1 (2007), 79-94.

図 2-2　国立極地研究所　極域データセンター・ウェブサイト「南極豆事典」より．http://polaris.nipr.ac.jp/~academy/jiten/kori/04.html

図 2-3　画像提供：北海道大学低温科学研究所　白岩孝行准教授.

図 2-6　画像提供：平成帝京大学　小森次郎講師.

図 2-7　ケンブリッジ大学 第四紀古環境研究グループ（Quaternary Palaeo-environments Group）のウェブサイトより．Maximum ice extent at the Last Glacial Maximum. http://www.qpg.geog.cam.ac.uk/lgmextent.html

図 2-11　Global Warming Art より．Robert A. Rohde 博士作成の図に基づく．http://www.globalwarmingart.com/wiki/File:Milankovitch_Variations_png

図 2-12　増田耕一「氷期･間氷期サイクルと地球の軌道要素」，気象研究ノート，177 号「大気・雪氷相互作用」（1993），第 7 章．

図 2-13　Global Warming Art より．Robert A. Rohde 博士作成の図に基づく．http://www.globalwarmingart.com/wiki/File:Milankovitch_Variations_png

図 2-14　Photo: Mark McCaffrey NGDC/NOAA. National Climatic Data Center のウェブサイト, NOAA Paleoclimatology slide set: "The Ice Ages" より．

Southern hemisphere glacial and estimated sea ice coverage. http://www.ncdc.noaa.gov/paleo/slides/slideset/11/11_178_slide.html

図 2-15 Photo: Mark McCaffrey NGDC/NOAA. National Climatic Data Center のウェブサイト, NOAA Paleoclimatology slide set: "The Ice Ages" より. Northern hemisphere glacial and estimated sea ice coverage. http://www.ncdc.noaa.gov/paleo/slides/slideset/11/11_177_slide.html

図 2-16 © Paramount Classics. 映画『不都合な真実』(An Inconvenient Truth) (2006, 日本公開は 2007) より.

図 2-17 コア中の気泡の画像 : © British Antarctic Survey. 氷床コアの画像 : © Lonnie Thompson (Byrd Polar Research Center)

図 2-18 Lüthi D. *et al.*, High-resolution carbon dioxide concentration record 650,000-800,000 years before present, *Nature* 453 (2008), 379-382.

図 3-2 Global Warming Art より. Robert A. Rohde 博士作成の図に基づく. http://en.wikipedia.org/wiki/File:Phanerozoic_Carbon_Dioxide.png データは右に基づく. Berner, R.A. and Z. Kothavala, GEOCARB III: A revised model of atmospheric CO_2 over Phanerozoic time, *American Journal of Science* 301 (2001), 182-204.

図 3-3 Monnin E. *et al.*, Atmospheric CO_2 concentrations over the last glacial termination, *Science* 291 (2001), 112-114.

図 3-4 NASA 作成の図に基づく. http://upload.wikimedia.org/wikipedia/commons/5/55/Carbon_cycle-cute_diagram.jpeg

図 3-6 Stowe, K., *Essentials of Ocean Science,* John Wiley & Sons (1987), p. 246, Fig 9.31.

図 3-7 NOAA National Oceanographic Data Center, World Ocean Atlas 1998, ANNUAL analyzed phosphate: Phosphate data を基に作成. http://iridl.ldeo.columbia.edu/SOURCES/.NOAA/.NODC/.WOA98/.ANNUAL/.analyzed/Z/0.0/VALUE/.phosphate/

図 3-9 Photo: Hans-Joachim Schrader (左上), および C. Samtleben and Uwe Pflaumann (その他の SEM 画像). 左上から時計周りに, Siliceous diatom (×600), centric warm-water form; siliceous radiolarian (×180); calcareous warm-water foraminifer *Globigerinoides sacculifer* (×55); tropical subsurface foraminifer *Globorotalia menardii* (×28); organic-walled tintinnid (×480); calcareous coccolithophore (×2100) with interlocking platelets ("coccoliths").

図 3-10 Weiss, R.F., Carbon dioxide in water and seawater : the solubility of a non-ideal gas, *Marine Chemistry* 2 (1974), 203-215; Skirrow, G., The dissolved gases—carbon dioxide, in J.P. Riley, G. Skirrow (eds.), *Chemical Oceanography* (2nd edn.) Vol. 2, Academic Press (1975), pp.

1-102, chap. 9.
図 3-11 Matsumoto, K., Radiocarbon-based circulation age of the world oceans, *Journal of Geophysical Research* 112 (2007), C09004, doi:10.1029/2007JC004095.
図 3-12 Broecker, W.S., The Biggest Chill, *Natural History*, vol. 96 (1987).
図 3-13 Duplessy, J.-C. and E. Maier-Reimer, Global ocean circulation changes, in J. A. Eddy and H. Oeschger (eds.), *Global Changes in The Perspective of The Past*, John Wiley (1993), pp. 199-207.
図 3-15 Galbraith, E.D., S.L. Jaccard, T.F. Pedersen, D.M. Sigman, G.H. Haug, M. Cook, J.R. Southon, and R. François, Carbon dioxide release from the North Pacific abyss during the last deglaciation, *Nature* 449 (2007), 890-893.
図 3-16 Marchitto, T.M., S.J. Lehman, J.D. Ortiz, J. Flückiger and A. van Geen, Marine radiocarbon evidence for the mechanism of deglacial atmospheric CO_2 rise, *Science* 316 (2007), 1456-1459.
図 4-2 Dansgaard W. *et al.*, Evidence for general instability of past climate from a 250-kyr ice-core record, *Nature* 364 (1993), 218-220.
図 4-3 Steffensen J.P. *et al.*, High-resolution Greenland ice core data show abrupt climate change happens in few years, *Science* 321 (2008), 680-684.
図 4-4 Photo: Anne Jennings. *IGBP Science*, No. 3, Environmental Valiability and Climate Change (2001), p.10.
図 4-5 Maslin, M.A., D. Seidov, and J. Lowe, Synthesis of the nature and causes of sudden climate transitions during the Quaternary, in D. Seidov, B. Haupt and M.A. Maslin, (eds.), *The Oceans and Rapid Climate Change: Past, Present and Future*, AGU Geophysical Monograph Series 126 (2001), pp. 9-52.
図 4-6 © Glaciers online, M.J. Hambrey.
図 4-7 上図: Strahler, Alan and Strahler Arthur, *Introducing Physical Geography*, John Wiley & Sons (1994), p. 537, fig. 18-4. (R.F. Flint, *Glacial and Pleistocene Geology*, John Wiley & Sons のデータに基づく.) 下図：Bond, G.C., W. Broecker, S. Johnsen, J. McManus, L. Labeyrie, J. Jouzel, and G. Bonani, Correlations between climate records from North Atlantic sediments and Greenland ice, *Nature* 365 (1993), 143-147.
図 4-8 Bond, G.C. *et al.*, Correlations between climate records from North Atlantic sediments and Greenland ice, *Nature* 365 (1993), 143-147.
図 4-9 Bond, G.C. and R. Lotti, Iceberg discharges into the North-Atlantic on millennial time scales during the last glaciation, *Science* 267 (1995):

1005-1010.

図 4-10 Oppo, D. and S.J. Lehman, Suborbital timescale variability of North Atlantic Deep Water during the past 200,000 years, *Paleoceanography* 10 (1995), 901-910.

図 4-11 Manabe S., Abrupt climate change and thermohaline circulation, in T. Matsuno and H. Kida (eds.), *Present and Future of Modeling Global Environmental Change: Toward Integrated Modeling*, Terrapab (2000), pp. 253-254.

図 4-13 Rahmstorf, S., Ocean circulation and climate during the past 120,000 years, *Nature* 419 (2002), 207-214.

図 4-19 Sampe T. and S.-P. Xie, Large-scale dynamics of the Meiyu-Baiu rainband: environmental forcing by the westerly jet, *Journal of Climate* 23 (2010), 113-134.

図 4-21 Broccoli, A.J., K.A. Dahl, and R.J. Stouffer, Response of the ITCZ to northern hemisphere cooling, *Geophysical Research Letters* 33 (2006), L01702, doi:10.1029/2005GL024546.

図 4-22 EPICA Community Members, One-to-one coupling of glacial climate variability in Greenland and Antarctica, *Nature* 444 (2006), 195-198.

図 4-23 Kageyama M., A. Paul, D.M. Roche, C.J. Van Meerbeeck, Modelling glacial climatic millennial-scale variability related to changes in the Atlantic meridional overturning circulation: a review, *Quaternary Science Reviews* 29 (2010), 2931-2956.

図 5-1 Lean J. and P. Foukal, A model of solar luminosity modulation by magnetic. activity between 1954 and 1984, *Science* 240 (1988), 906-908.

図 5-2 Encyclopedia of Earth より．http://www.eoearth.org/

図 5-2 Damon P.E. and C.P. Sonett, Solar and terrestrial components of the atmospheric C-14 variation spectrum, in C.P. Sonett, M.S. Giampapa, M.S. Matthews, *The Sun in Time*, University of Arizona Press (1991), pp. 360-388.

図 5-3 Beer J., W. Mende, R. Stellmacher, The role of the sun in climate forcing, *Quaternary Science Reviews* 19 (2000), 403-415.

図 5-4 Abraham Hondius, "Frozen Themes" (1677)，ロンドン博物館所蔵．

表 5-1 Lean J., A. Skumanich and O.R. White, Estimating the Sun's radiative output during the Maunder Minimum, *Geophysical Research Letters* 19 (1992), 1591-1594.

図 5-5 Global Warming Art より．Robert A. Rohde 博士作成の図に基づく．データは右に基づく．American Society for Testing and Materials

(ASTM) Terrestrial Reference Spectra. http://commons.wikimedia.org/wiki/File:Solar_Spectrum.png?uselang=ja

図 5-6　Lean J.L, G.J. Rottman, H.L. Kyle, T.N. Woods, J.R. Hickey, and L.C. Puga, Detection and parameterization of variations in solar mid and near ultraviolet radiation (200 to 400 nm), *Journal of Geophysical Research* 102 (1997), 29939-29956.

図 5-7　信州大学理学部宇宙線実験研究室ウェブサイトより．http://cosray.shinshu-u.ac.jp/crest/Lab/Research/GMDN/GMDN4.php

図 5-8　University of Delaware, Bartol Research Institute Neutron Monitor Program のウェブサイトより．

図 5-10　Muscheler J. *et al.,* Solar activity during the last 1000 yr inferred from radionuclide records, *Quaternary Science Reviews* 26 (2007), 82-97.

図 5-10　Knudsen M. F. *et al.*, Taking the pulse of the sun during the Holocene by joint analysis of ^{14}C and ^{10}Be, *Geophysical Research Letters* 36 (2009), L16701.

図 5-11　*Ibid.*

図 5-12　（左のグラフ）Muscheler *et al.,* Solar activity during the last 1000 yr inferred from radionuclide records, *Quaternary Science Reviews* 26 (2007), 82-97.（右のグラフ）Mann M.E. *et al.,* Global signatures and dynamical origins of the Little Ice Age and Medieval Climate Anomaly, *Science* 326 (2009), 1256-1260.

図 5-13　Mann M.E. *et al.,* Global signatures and dynamical origins of the Little Ice Age and Medieval Climate Anomaly, *Science* 326 (2009), 1256-1260.

図 5-14　Trouet V. *et al.,* Persistent positive North Atlantic Oscillation mode dominated the Medieval Climate Anomaly. *Science* 324 (2009), 78-80.

図 5-15　University of Wasington, John M. Wallace 博士による図に基づく．

図 5-16　Gleisner H. and P. Thejll, Patterns of tropospheric response to solar variability, *Geophysical Research Letters* 30 (2003), 1711.

図 5-17　浅井冨雄・武田喬男・木村竜治『大気科学講座 2　雲や降水を伴う大気』，東京大学出版会（1981），p. 4, 図 1.3 に基づく．

図 5-18　Gleisner H. and P. Thejll, Patterns of tropospheric response to solar variability, *Geophysical Research Letters* 30 (2003), 1711.

図 5-19　van Loon H. and G.A. Meehl, The response in the Pacific to the sun's decadal peaks and contrasts to cold events in the Southern Oscillation, *Journal of Atmospheric and Terrestrial Physics* 70 (2008), 1046-1055.

図 5-20　Hood, L.L., Effects of short-term solar UV variability on the

Stratosphere, *Journal of Atmonpheric and Terrestrial Physics* 61 (1999), 45–51.

図 5-21 Shindell, D.T. *et al.,* Solar forcing of regional climate change during the Maunder Minimum, *Science* 294 (2001), 2149–2152.

図 5-22 Svensmark, H., Cosmoclimatology: a new theory emerges, *Astronomy and Geophysics* 48, Issue 1 (2007), 1.18–1.24; Marsh, D. and H. Svensmark, Low cloud properties influenced by cosmic rays, *Physical Review Letters* 85 (2000), 5004–5007.

図 5-23 Lean, J.L., and D.H. Rind, How natural and anthropogenic influences alter global and regional surface temperatures: 1889 to 2006, *Geophysical Research Letters* 35 (2008), L18701.

図 5-24 Friis-Christensen, E., and K. Lassen, Length of the solar cycle: An indicator of solar activity closely associated with climate, *Science* 254 (1991), 698–700.

p. 284 の図 Matthews, H. and K. Caldeira, Stabilizing climate requires near-zero emissions, *Geophysical Research Letters,* 30 (2008), L04705.

著者略歴

（ただ・りゅうじ）

1954年生まれ．東京大学大学院理学系研究科地球惑星科学専攻教授．専門は地球システム変動学・古海洋学・古気候学・堆積学．著書（いずれも共著）に，『固体と地球のレオロジー』（東海大学出版会，1986）『海・潟・日本人——日本海文明交流圏』（講談社，1993）『地球と文明の周期』（講座 文明と環境 1）（朝倉書店，1995）『進化する地球惑星システム』（東京大学地球惑星システム科学講座）（東京大学出版会，2004）『海と文明』（講座 文明と環境 10）（朝倉書店，2008）『氷河時代の大研究』（PHP 研究所，2015）ほか．

多田隆治

気候変動を理学する

古気候学が変える地球環境観

2013年 3月28日　初　版第1刷発行
2017年12月 7日　新装版第1刷発行
2019年 1月10日　新装版第2刷発行

協力　公益財団法人 日立環境財団

発行所　株式会社 みすず書房
〒113-0033 東京都文京区本郷2丁目20-7
電話 03-3814-0131(営業) 03-3815-9181(編集)
www.msz.co.jp

本文デザイン・組版・図版制作・装丁　小塚久美子
印刷・製本所　萩原印刷
扉・表紙・カバー印刷所　リヒトプランニング

ISBN 978-4-622-08672-7
［きこうへんどうをりがくする］